METHODS AND PRACTICE OF
THE SECOND NATIONAL CENSUS OF
POLLUTION SOURCES

U0384235

第二次
全国污染源普查方法与实践

生态环境部第二次全国污染源普查工作办公室－编

中国环境出版集团。北京

图书在版编目（CIP）数据

第二次全国污染源普查方法与实践/生态环境部第二次
全国污染源普查工作办公室编. —北京：中国环境出版集团，
2022.11
　ISBN 978-7-5111-5166-7

　Ⅰ．①第…　Ⅱ．①生…　Ⅲ．①污染源调查—中国
Ⅳ．①X508.2

中国版本图书馆 CIP 数据核字（2022）第 094945 号

出 版 人　武德凯
责任编辑　李恩军
责任校对　薄军霞
封面设计　王春声

出版发行　**中国环境出版集团**
　　　　　（100062　北京市东城区广渠门内大街 16 号）
　　　　　网　　　址：http://www.cesp.com.cn
　　　　　电子邮箱：bjgl@cesp.com.cn
　　　　　联系电话：010-67112765（编辑管理部）
　　　　　发行热线：010-67125803，010-67113405（传真）
印　　刷　北京中科印刷有限公司
经　　销　各地新华书店
版　　次　2022 年 11 月第 1 版
印　　次　2022 年 11 月第 1 次印刷
开　　本　880×1230　1/16
印　　张　15
字　　数　364 千字
定　　价　120.00 元

【版权所有。未经许可，请勿翻印、转载，违者必究。】
如有缺页、破损、倒装等印装质量问题，请寄回本集团更换

中国环境出版集团郑重承诺：
中国环境出版集团合作的印刷单位、材料单位均具有中国环境标志产品认证。

第二次全国污染源普查资料

编纂委员会

主 任 委 员

孙金龙　黄润秋

副主任委员

库热西·买合苏提　翟 青　赵英民　刘 华　庄国泰　张 波

委 　 员

田为勇　刘长根　徐必久　别 涛　叶 民　邹首民　崔书红

柯 昶　刘炳江　李 高　苏克敬　邱启文　郭承站　汤 搏

江 光　刘志全　柏仇勇　曹立平　郭 敬　刘友宾　宋铁栋

王志斌　洪亚雄　赵群英

第二次全国污染源普查资料

编写人员

主 　 编

赵英民

副主编

洪亚雄　刘舒生　景立新

编 委（按姓氏笔画排序）

王 强　王夏娇　王赫婧　毛玉如　邢 瑜　朱 琦　刘晨峰

李雪迎　杨庆榜　吴 琼　汪志锋　汪震宇　沈 忱　张 震

陈敏敏　周潇云　郑国峰　赵学涛　柳王荣　谢明辉

国务院第二次全国污染源普查领导小组人员名单

国发〔2016〕59号文，2016年10月20日

组　长

张高丽　国务院副总理

副组长

陈吉宁　环境保护部部长

宁吉喆　国家统计局局长

丁向阳　国务院副秘书长

成　员

郭卫民　国务院新闻办副主任

张　勇　国家发展改革委副主任

辛国斌　工业和信息化部副部长

黄　明　公安部副部长

刘　昆　财政部副部长

汪　民　国土资源部副部长

翟　青　环境保护部副部长

倪　虹　住房城乡建设部副部长

戴东昌　交通运输部副部长

陆桂华　水利部副部长

张桃林　农业部副部长

孙瑞标　税务总局副局长

刘玉亭　工商总局副局长

田世宏　质检总局党组成员、国家标准委主任

钱毅平　中央军委后勤保障部副部长

★领导小组办公室主任由环境保护部副部长翟青兼任

国务院第二次全国污染源普查
领导小组人员名单

国办函〔2018〕74 号文，2018 年 11 月 5 日

组　长

韩　正　国务院副总理

副组长

丁学东　国务院副秘书长
李干杰　生态环境部部长
宁吉喆　统计局局长

成　员

郭卫民　中央宣传部部务会议成员、新闻办副主任
张　勇　发展改革委副主任
辛国斌　工业和信息化部副部长
杜航伟　公安部副部长
刘　伟　财政部副部长
王春峰　自然资源部党组成员
赵英民　生态环境部副部长
倪　虹　住房城乡建设部副部长
戴东昌　交通运输部副部长
魏山忠　水利部副部长
张桃林　农业农村部副部长
孙瑞标　税务总局副局长
马正其　市场监管总局副局长
钱毅平　中央军委后勤保障部副部长

＊领导小组办公室设在生态环境部，办公室主任由生态环境部
副部长赵英民兼任

工作办公室人员

主　任　洪亚雄

副主任　刘舒生　景立新

综合（农业）组　毛玉如　汪志锋　赵兴征　刘晨峰　王夏娇
　　　　　　　　柳王荣　沈　忱　周潇云　罗建波

督办组　谢明辉　李雪迎

技术组　赵学涛　朱　琦　王　强　张　震　陈敏敏　王赫婧
　　　　郑国峰　吴　琼　邢　瑜

宣传组　汪震宇　杨庆榜

此外，于飞、张山岭、王振刚、崔积山、王利强、范育鹏、孙嘉绩、
王俊能、谷萍同志也参加了普查工作。

序 言

掌握生态环境保护底数
助力打赢污染防治攻坚战

第二次全国污染源普查是中国特色社会主义进入新时代的一次重大国情调查，是在决胜全面建成小康社会关键阶段、坚决打赢打好污染防治攻坚战的大背景下实施的一项系统工程，是为全面摸清建设"美丽中国"生态环境底数、加快补齐生态环境短板采取的一项重大举措。在以习近平同志为核心的党中央坚强领导下，按照国务院和国务院第二次全国污染源普查领导小组的部署，各地区、各部门和各级普查机构深入贯彻习近平新时代中国特色社会主义思想和习近平生态文明思想，精心组织、奋力作为，广大普查人员无私奉献、辛勤付出，广大普查对象积极支持、大力配合，第二次全国污染源普查取得重大成果，达到了"治污先治本、治本先清源"的目的，为依法治污、科学治污、精准治污和制定决策规划提供了真实可靠的数据基础，集中反映了十年来中国经济社会健康稳步发展和生态环境保护不断深化优化的新成就，昭示着生态文明建设迈向高质量发展的新图景。

一、第二次全国污染源普查高质量完成

第二次全国污染源普查对象为中华人民共和国境内有污染源的单位和个体经营户，范围包括：工业污染源，农业污染源，生活污染源，集中式污染治理设施，移动源及其他产生、排放污染物的设施。普查标准时点为 2017 年 12 月 31 日，时期资料为 2017 年度。这次污染源普查历时 3 年时间，经过前期准备、全面调查和总结发布三个阶段，对全国 357.97 万个产业活动单位和个体经营户进行入户调查和产排污核算工作，摸清了全国各类污染源数量、结构和分布情况，掌握了各类污染物产生、排放和处理情况，建立了重点污染源档案和污染源信息数据库，高标准、高质量完成了既定的目标任务。这次污染源普查的主要特点有：

党中央、国务院高度重视，凝聚工作合力。张高丽、韩正副总理先后担任国务院第二次全国污染源普查领导小组组长，领导小组办公室设在生态环境部。按照"全国统一领导、部门分工协作、地方分级负责、各方共同参与"的原则，县以上各级政府和相关部门组建了普查机构。各级生态环境部门重视普查工作中党的建设，着力打造一支生态环境保护铁军，做到组织到位、人员到位、措施到位、经费到位，为普查顺利实施提供了有力保障。全国（不含港、澳、台）共成立普查机构9321个，投入普查经费90亿元，动员50万人参与，确保了普查顺利实施。

科学设计，普查方案执行有力。依据相关法律法规，加强顶层设计，制定《第二次全国污染源普查方案》，提高普查的科学性和规范性。坚持目标引领、问题导向，经过12个省（区、市）普查综合试点、10个省（区、市）普查专项试点检验，完善涵盖工业源41个行业大类的污染源产排污核算方法体系。采取"地毯式"全面清查和全面入户调查相结合的方式，了解掌握"污染源在哪里、排什么、如何排和排多少"四个关键问题，全面摸清生态环境底数。31个省（区、市）和新疆生产建设兵团以"钉钉子"精神推进污染源普查工作"全国一盘棋"。

运用现代信息技术，推动实践创新。积极推进政务信息大数据共享应用，有效减轻调查对象负担和普查成本。共有17个部门作为国务院第二次全国污染源普查领导小组成员单位和联络员单位参与普查，累计提供行政记录和业务资料近1亿条，通过比对、合并形成普查清查底册和污染源基本单位名录。首次运用全国环保云资源，建立完善联网直报系统。全面采用电子化手段进行普查小区划分和空间信息采集，使用手持移动终端（PDA）采集和传输数据，提高普查效率。

聚焦数据质量，强化全过程控制。严格"真实、准确、全面"要求，建立细化的数据质量标准，完善数据质量溯源机制，严格普查质量管理和工作纪律。组建普查专家咨询和技术支持团队，开展分类指导和专项督办，引入4692个第三方机构参与普查工作，发挥公众监督作用，推动普查公正透明。国务院第二次全国污染源普查领导小组办公室先后对普查各个阶段组织开展工作督导，对全国31个省（区、市）和新疆生产建设兵团普查调研指导全覆盖、质量核查全覆盖，确保普查数据质量。

广泛开展宣传培训，营造良好社会氛围。加强普查新闻宣传矩阵平台建设，采取通俗易懂、喜闻乐见的形式，推进普查宣传进基层、进乡镇、进社区、进企业，推广工作中的好经验好方法，营造全社会关注、支持和参与普查的舆论氛围。创新培训方式，统一培训与分级培训相结合，现场培训与网络远程培训相结合，理论传授与案例讲解相结合，由国家负责省级和试点地区、省级负责地市和区县，全方位提高各级普查人员工作能力和技术水平。专题为新疆、西藏等西部地区培训普查业务骨干，深化对口援疆、援藏、援青工作。总的看，第二次全国污染源普查为生态环境保护做了一次高质量"体检"，获得了极其宝贵的海量数据，为加强生态文明建设、推动经济社会高质量发展、推进生态环境领域国家治理体系和治理能力现代化提供了丰富详实的数据支撑。

二、十年来我国生态环境保护取得重大成就

对比第二次全国污染源普查与第一次全国污染源普查结果，可以发现，十年来特别是党的十八大以来，我国在经济规模、结构调整、产业升级、创新动力、区域协调、环境治理等方面呈现诸多积极变化，高质量发展迈出了稳健步伐，生态文明建设取得积极成效，生态环境质量显著改善。

十年来，我国经济社会发展状况以及生态环境保护领域重大改革措施取得重大成果。从十年间两次普查的变化来看：2017 年，化学需氧量、二氧化硫、氮氧化物等污染物排放量较 2007 年分别下降 46%、72%、34%。工业企业废水处理、脱硫和除尘等设施数量，分别是 2007 年的 2.35 倍、3.27 倍和 5.02 倍。城镇污水处理厂数量增加 5.4 倍，设计处理能力增加 1.7 倍，实际污水处理量增加 3 倍；城镇生活污水化学需氧量去除率由 2007 年的 28% 提高至 2017 年的 67%。生活垃圾处置厂数量增加 86%，其中垃圾焚烧厂数量增加 303%，焚烧处理量增加 577%，焚烧处理量比例由 8% 提高到 27%。危险废物集中利用处置厂数量增加 8.22 倍，设计处理能力增加 4279 万吨 / 年，提高 10.4 倍，集中处置利用量增加 1467 万吨，提高 12.5 倍。这些变化充分体现了生态文明建设战略实施的成就。

十年来，我国经济结构优化升级、协调发展取得新进展。我国正处在转变发展方式、优化经济结构、转换增长动能的攻关期。两次普查数据相比，十年间，工业结构持续改善，制造业转型升级表现突出。工业源普查对象涵盖国民经济行业分类 41 个工业大类行业产业活动单位，数量由 157.55 万个增加到 247.74 万个，增加 90.19 万个，增幅达 57.24%。重点行业生产规模集中，造纸制浆、皮革鞣制、铜铅锌冶炼、炼铁炼钢、水泥制造、炼焦行业的普查对象数量分别减少 24%、36%、51%、50%、37% 和 62%，产品产量分别增加 61%、7%、89%、50%、71% 和 30%。农业源普查对象中，畜禽规模程度明显提高，养殖结构得到优化，生猪规模养殖场（500 头及以上）养殖量占比由 22% 上升为 41%。同时，生猪规模养殖场采用干清粪方式养殖量占比从 55% 提高到 81%。这些深刻反映了我国经济结构的重大变化，表明重点行业产业集中度提高，产业优化升级、淘汰落后产能、严格环境准入等结构调整政策取得积极成效。重点行

业产业结构调整既获得了规模效益和经济效益，同时取得了好的环境成效。

十年来，我国工业企业节能减排成效显著。两次普查相比，在工业源方面，废气、废水污染治理快速发展，治理水平大幅提升。2017 年废水治理设施套数比 2007 年提高了 135.47%，废水治理能力提高了 26.88%。脱硫设施数和除尘设施数分别提高了 226.88%、401.72%。十年间，总量控制重点关注行业排放量占比明显下降，化学需氧量、氨氮、二氧化硫、氮氧化物等四项主要污染物排放量分别下降 83.89%、77.56%、75.05%、45.65%。电力、热力生产和供应业二氧化硫、氮氧化物，造纸和纸制品业化学需氧量分别下降 86.54%、76.93%、84.44%。铜铅锌冶炼行业二氧化硫减少 78%。炼铁炼钢行业二氧化硫减少 54%。水泥制造行业氮氧化物减少 23%。表明全国各领域生态环境基础设施建设的均等化水平提升，污染治理能力大幅提高，污染治理效果显著。

另外，普查结果也显示当前生态环境保护工作仍然存在薄弱环节，全国污染物排放量总体处于较高水平。第二次全国污染源普查数据为下一步精准施策、科学治污奠定了坚实基础。

三、贯彻落实新发展理念　推动生态环境质量持续改善

习近平总书记强调，小康全面不全面，生态环境很关键。普查结果显示，在党中央、国务院的坚强领导下，经济高质量发展和生态环境高水平保护协同推动，依法治污、科学治污、精准治污方向不变、力度不减，扎实推进蓝天、碧水、净土保卫战，污染防治攻坚战取得关键进展，生态环境质量持续明显改善。从普查数据中也发现，当前污染防治攻坚战面临的困难、问题和挑战还很大，形势仍然严峻，不容乐观。我们既要看到发展的有利条件，也要清醒认识到内外挑战相互交织、生态文明建设"三期叠加"影响持续深化、经济下行压力加大的复杂形势。要以习近平新时代中国特色社会主义思想为指导，紧紧围绕统筹推进"五位一体"总体布局和协调推进"四个全面"战略布局，紧密围绕污染防治攻坚战阶段性目标任务，持续改善生态环境质量，构建生态环境治理体系，为推动生态环境根本好转、建设生态文明和美丽中国、开启全面建设社会主义现代化国家新征程奠定坚实基础。

深入贯彻落实新发展理念。深入贯彻落实习近平生态文明思想，增强各方面践行新发展理念的思想自觉、政治自觉、行动自觉。充分发挥生态环境保护的引导、优化和促进作用，支持服务重大国家战略实施。落实生态环境监管服务、推动经济高质量发展、支持服务民营企业绿色发展各项举措，继续推进"放管服"改革，主动加强环境治理服务，推动环保产业发展。

坚定不移推进污染治理。用好第二次全国污染源普查成果，推进数据开放共享，以改善生态环境质量为核心，制定国民经济和社会发展"十四五"规划和重大发展战略。全面完成《打赢蓝天保卫战三年行动计划》目标任务，狠抓重点区域秋冬季大气污染综合治理攻坚，积极稳妥推进北方地区清洁取暖，持续整治"散乱污"企业，深入推进柴油货车污染治理，继续实施重污染天气应急减排按企业环保绩效分级管控。深入实施《水污染防治行动计划》，巩固饮用水水源地环境整治成效，持续开展城市黑臭水体整治，加强入海入河排污口治理，推进农村环境综合整治。全面实施《土壤污染防治行动计划》，推进农用地污染综合整治，强化建设用地土壤污染风险管控和修复，组织开展危险废物专项排查整治，深入推进"无废城市"建设试点，基本实现固体废物零进口。

加强生态系统保护和修复。协调推进生态保护红线评估优化和勘界定标。对各地排查违法违规挤占生态空间、破坏自然遗迹等行为情况进行检查。持续开展"绿盾"自然保护地强化监督。全力推动《生物多样性公约》第十五次缔约方大会圆满成功。开展国家生态文明建设示范市县和"绿水青山就是金山银山"实践创新基地评选工作。

着力构建生态环境治理体系。推动落实关于构建现代环境治理体系的指导意见、中央和国家机关有关部门生态环境保护责任清单。基本建立生态环境保护综合行政执法体制。构建以排污许可制为核心的固定污染源监管制度体系。健全生态环境监测和评价制度、生态环境损害赔偿制度。夯实生态环境科技支撑。强化生态环境保护宣传引导。加强国际交流和履约能力建设。妥善应对突发环境事件。

加强生态环境保护督察帮扶指导。持续开展中央生态环境保护督察。持续开展蓝天保卫战重点区域强化监督定点帮扶，聚焦污染防治攻坚战其他重点领域，开展统筹强化监督工作。精准分析影响生态环境质量的突出问题，分流域区域、分行业企业对症下药，实施精细化管理。充分发挥国家生态环境科技成果转化综合平台作用，切实提高环境治理措施的系统性、针对性、有效性。坚持依法行政、依法推进，规范自由裁量权，严格禁止"一刀切"，避免处置措施简单粗暴。

充分发挥党建引领作用。牢固树立"抓好党建是本职、不抓党建是失职、抓不好党建是渎职"的管党治党意识，始终把党的政治建设摆在首位，巩固深化"不忘初心、牢记使命"主题教育成果，着力解决形式主义突出问题，严格落实中央八项规定及其实施细则精神，进一步发挥巡视利剑作用，一体推进不敢腐、不能腐、不想腐，营造风清气正的政治生态，加快打造生态环境保护铁军。

编制说明

全国污染源普查是重大的国情调查，是生态环境保护的基础性工作，党中央、国务院高度重视第二次全国污染源普查工作。2016 年 10 月，国务院印发《关于开展第二次全国污染源普查的通知》（国发〔2016〕59 号），决定于 2017 年开展第二次全国污染源普查；2017 年 9 月，国务院办公厅印发《第二次全国污染源普查方案》（国办发〔2017〕82 号），要求摸清各类污染源基本情况，了解污染源数量、结构和分布状况，掌握国家、区域、流域、行业污染物产生、排放和处理情况，建立健全重点污染源档案、污染源信息数据库和环境统计平台。在国务院的统一领导和部署下，各地区、各部门共同努力，完成了普查目标任务。本书作者结合本次普查前期准备、清查建库、普查试点、全面普查、总结发布等主要工作阶段的相关研究成果，编写了《第二次全国污染源普查方法与实践》。及时整理、编辑出版这些成果资料，使政府有关部门、科研人员及社会各界了解普查情况是一件十分必要又非常有意义的事情。需要强调的是，为了真实反映普查技术方法的探索过程，本书归纳总结的相关内容与正式发布实施的普查制度及相关技术文件有一定偏差，读者在研究和使用普查成果时，请以正式发布的普查制度及相关文件为准。

本书的编纂工作主要由生态环境部第二次全国污染源普查工作办公室的同志完成，由赵学涛、景立新审核，王赫婧统稿，各章主要编写人员为：

第 1 章普查方案编制：赵学涛、吴琼；第 2 章产排污核算方法确定：张震、陈敏敏；第 3 章普查制度设计：张震、陈敏敏；第 4 章普查试点：郑国峰、吴琼；第 5 章普查清查：吴琼、王赫婧；第 6 章数据采集、审核与汇总：邢瑜、王赫婧；第 7 章产排污核算：王赫婧、张震；第 8 章数据汇总：吴琼、张震；第 9 章普查数据质量管理：陈敏敏、王强；第 10 章普查公报与技术分析报告编制：王赫婧、王强；第 11 章档案整理与移交：柳王荣、郑国峰。

值此书籍付梓之际，向参加本项工作的所有单位和个人表示衷心的感谢。

目 录

1 普查方案编制

1.1 编制背景

根据《全国污染源普查条例》(中华人民共和国国务院令 第 508 号),我国污染源普查每 10 年开展一次,第一次全国污染源普查于 2007 年开展,2017 年应开展第二次全国污染源普查。污染源普查是一项国情调查,普查涉及范围广、部门多、技术难度大、调查任务繁重。为做好第二次全国污染源普查工作,2015 年 12 月 9 日,环境保护部部常务会研究决定,要提前谋划普查工作,扎实做好第二次全国污染源普查前期各项准备工作(以下简称"前期准备")。在专门的普查机构成立之前,有必要尽快对第二次全国污染源普查的总体方案开展前期研究。根据部常务会的精神,原环境保护部污染物排放总量控制司(以下简称"总量司")委托中国环境监测总站(以下简称"监测总站")和原环境保护部环境规划院(以下简称"规划院")开展了第二次全国污染源普查总体方案的研究工作。监测总站和规划院在系统归纳第一次全国污染源普查经验基础上,结合新的管理需要和技术进步情况,联合原环境保护部信息中心等单位编制起草了《第二次全国污染源普查技术方案》,经反复讨论和专家论证后,形成了第二次全国污染源普查的总体思路和技术路线。2016 年 10 月 26 日,国务院印发《关于开展第二次全国污染源普查的通知》(国发〔2016〕59 号,以下简称《通知》),决定于 2017 年开展第二次全国污染源普查。《通知》明确了普查的目的和意义、对象与内容、时间安排、组织实施、经费保障以及工作要求,为研究编制普查方案提供了基本遵循。《通知》要求,2016 年第四季度至 2017 年年底为普查前期准备阶段,重点是做好普查方案编制、普查工作试点以及宣传培训等工作。

根据第一次全国污染源普查经验,前期准备工作除了《通知》要求的内容外,还包括普查方案的设计、产排污系数制定、普查制度设计、软件系统开发等内容,其中普查方案的设计是重中之重,决定了普查工作目标、普查范围、普查内容及普查的具体技术路线。

1.2 需求分析

为做好第二次全国污染源普查方案编制研究工作,总量司对山西、河南、浙江、广东、福建、北京、重庆和四川等地进行了调研和访谈,召开了全国省级环境保护部门座谈会、统计局等相关业务部委座谈会、专家座谈会等,听取各方对第二次全国污染源普查工作的建议和需求。同时,通过原环境保护部征集部机关各司局、各直属机构,全国 31 个省、自治区、直辖市及新疆生产建设兵团对第一次污染源普查成果应用和第二次全国污染源普查需求的材料,原环境保护部办公厅、规划财务司、科技标准司、水环境管理司、环境影响评价司、土壤环境管理司等 11 个部机关司局,中国环境科学研究院、环境应急与事故调查中心、环境与经济政策研究中心、南京环境科学研究所等 11 家直属机构,以及重庆、天津、上海、山东、江苏等 13 个省(直辖市)书面反馈了意见,共汇总第一次全国污染源普查成果应用 206

项，第二次全国污染源普查需求建议 267 条。

需求建议对第二次全国污染源普查的调查内容、调查手段提出了诸多有价值的建议，囊括了工业源、农业源、生活源、集中处理设施、移动源等多个方面，并对数据库管理等提出了建设性的意见。通过意见汇总，梳理出了各部门对第二次全国污染源普查工作的期望。总体来看，开展第二次全国污染源普查，对于摸清全国环境形势变化，全面推进精准、依法和科学治污，支持各项管理工作具有十分重要的意义。

1.2.1 普查结果要反映经济社会发展变化，为宏观决策服务

环境数据是重要的国情数据。高质量的环境数据是国家社会经济发展规划以及经济社会决策的重要支撑和直接依据，如《国民经济和社会发展规划纲要》、国家能源发展规划、《全国生态环境保护纲要》、火电钢铁等行业发展规划的编制等，都需要生态环境数据作为重要支撑。近年来，随着经济的发展、城镇化水平的提高、经济结构的调整，我国第三产业产值已超过了第二产业产值，第二产业内部结构发生了变化，群众的消费需求和消费模式也发生了变化，导致无论是工业污染状况还是城镇生活污染状况都在不断地发生变化。一方面，经济增长速度由高速转向中高速，产业结构由低端迈向中高端，结构调整、转型升级有利于降低单位产值污染物排放强度，但高能耗、高污染、低产出、低效益的工业模式并未发生根本改变；另一方面，我国工业化、城镇化、农业现代化快速发展，经济总量和污染物排放量仍处于高位，生态环境保护面临着前所未有的压力。传统的大气煤烟型污染尚未得到彻底解决，$PM_{2.5}$、臭氧等新型污染问题已接踵而至；资源性缺水问题尚未得到根治，水质性缺水问题又进一步凸现。城镇化的快速发展，带来的不仅仅是城镇人口的增加，也造成了生活垃圾、污水排放的剧增。

污染源普查不仅是对污染源排放量进行普查，更是对各行业发展状况和污染治理技术水平进行普查。污染源的活动水平实际上就是整个国家社会经济发展的缩影。通过污染源普查收集的信息，既能够反映总体生态环境形势，也能够反映各领域和行业生态环境保护效果，通过深入的分析，能够为生产工艺和污染治理技术进步、产业结构调整成效评价提供依据，进而为经济社会发展综合决策提供数据支持和决策建议。

1.2.2 适应环境管理需求，为改善环境质量提供数据支持

目前我国资源约束趋紧，历史欠账较多，环境承载能力已达到或接近上限，生态环境已成为全面建成小康社会的短板，改善环境质量是新时期生态环境保护工作的中心任务。"十一五"和"十二五"时期污染物总量控制工作卓有成效，对各地的环境质量改善发挥了积极的作用。但是，我国经济目前粗放型发展方式还未得到根本扭转，新的环境问题不断显现。根据 2015 年度全国环境质量状况的初步统计，338 个地级以上城市中有 265 个城市空气质量不达标，超标天数中以 $PM_{2.5}$ 为首要污染物的居多；全国 7 大流域和重点湖泊水质，影响地表水环境质量的指标，除化学需氧量、氨氮超标外，总磷也是主要超标污染物。城镇生活、机动车和非道路移动机械对生态环境质量的影响也呈逐渐加重趋势。

第二次全国污染源普查必须适应以改善环境质量为核心的环境管理需求，着眼于具有全局性、普遍

性的突出环境问题，突出重点，合理对调查对象分类，界定重点调查对象和范围、调查内容和污染物，为建立健全生态环境管理体系、贯彻落实大气、水、土壤污染防治三大行动计划、改善生态环境质量提供基础支撑。

1.2.3 普查结果要为环境风险防范及管理提供基础信息

当前和今后一段时期是我国生态环境高风险期，区域性、布局性、结构性环境风险将更加突出，如化工产业结构和布局不合理，布局总体呈现近水靠城的分布特征，部分危险化学品企业距离饮用水水源保护区、重要生态功能区等环境敏感区域不足 1 千米，有些企业距离人口集中居住区不足 1 千米等。

建立以改善生态环境质量为目标、以防控环境风险为基线的生态环境管理体系，建立健全化学品、危险废物等环境风险防范与应急管理工作机制，是《中共中央、国务院关于加快推进生态文明建设的意见》要求的"建立系统完整的生态文明制度体系"的重要内容。随着技术进步和经济快速发展，在生产过程中使用危险化学品、产生危险废物、排放重金属的企业越来越多，与之相关的环境事件时有发生，危及人民群众的生命财产安全，严重影响生态环境。与废弃物焚烧相关的持久性有机物排放风险，也已成为社会公众关注的生态环境热点问题。目前日常生态环境管理中，危险化学品的生产、使用、加工等，以及高污染、高环境风险行业的基本情况和地区分布存在掌握不全面、底数不清的情况，应按照合理界定范围、把握重点的原则，在第二次全国污染源普查中适当增加潜在环境风险调查内容与指标，为环境风险源排查及后续管理提供基础信息，为进一步强化环境风险管控提供支持。

1.2.4 建立全国污染源数据库、建立健全统一的污染源监管体系服务

改善生态环境质量的基本和关键在于加强对污染源的监管、控制污染物排放。工业污染的防控和生态环境质量改善是污染防治、生态环境监管的核心和重点。第一次全国污染源普查距今已 10 余年，我国工业的产业结构和空间布局，均发生了较大变化。根据第三次全国经济普查数据，2013 年全国工业法人单位约有 241 万个，而"十二五"期间，环境统计调查的重点工业企业基本保持在约 15 万家。全国环境保护执法大检查发现，各地违法违规建设项目也有不少未纳入环境统计调查和污染源日常监管的范围。据统计，仅 2016 年上半年，在检查的 62 万余家企业中，存在违法违规建设项目的企业有 3 万余家。重点、全面、详细调查工业污染源仍是第二次全国污染源普查的重点和核心任务，将原则性的管理要求在污染源层面细化和明确化，使之适应精细化环境管理要求是当务之急。同时，考虑到之前对排放源的基本信息和活动水平信息调查内容不够详细、调查统计侧重于排放量的情况，第二次全国污染源普查工作应进一步强化污染源基本情况和活动水平信息调查。通过普查建立排污单位基本名录库，以此为核心支撑，集成对接污染源监测信息共享与公开系统、排污许可管理平台、生态环境统计数据系统，构建规范化、标准化、与现代信息化技术发展相适应的全国统一的污染源监管大数据平台，是建立和完善排污许可制，实现对重点监管对象一证监管的重要手段。

1.2.5 普查数据要查得清、可核证、行得通，数据质量要有保障

根据《通知》要求，第二次全国污染源普查的目标是掌握各类污染源的数量、行业和地区分布情况；了解主要污染物产生、排放和处理情况；建立健全重点污染源档案、污染源信息数据库和环境统计平台；强化普查成果的决策支持。污染源普查是国家的重大国情调查，尤其是目前正处于我国生态环境保护政策方向性调整的关键阶段，需要服务于以环境质量改善为核心的生态环境保护管理和政策制定，污染源普查数据质量至关重要，必须保证数据的真实性、准确性和全面性。第二次全国污染源普查的目标是查得清、可核证、行得通，就是明确指出了对数据质量的要求。查得清，也就是数据要尽可能地精确，范围适当；可核证，即保证普查数据的准确、可靠；行得通，即可操作性强，保证数据的完整程度，不存在遗漏数据或者数据无法获取的情况。

数据质量是普查的生命线，建议建立覆盖全部普查人员和普查全过程的质量管理制度，配套制定覆盖各类污染源的普查质量管理技术规定。同时，建议以"真实、准确、全面"为目标，确保普查各类污染源及污染源信息调查全面，污染源信息准确可靠。

1.2.6 突破传统数据库限制，强化现代化数据管理技术的应用

目前政府管理限于数据库的数据结构，只能够完成简单的存储、分析功能，并无法实现数据的有机组合，也就是在数据收集过程中就限制了数据的内容和形式。然而实际上，有序和无序的数据信息中都能够获取有价值内容。相比 10 年前，目前的全新的数据架构、数据挖掘、大数据分析方法已经能够支撑海量数据的存储和自动分析要求，方便明确信息之间的相关关系。因此，第二次全国污染源普查应该数据架构先行，突破传统数据库限制，在收集条目内容信息之外，也能够收集尽可能多的解释性信息，包括企业的生产工艺的描述，生产环节的数据，最终自行监测的海量数据，自动监测和污染处理设施的运行数据，污染源监测的数据和质量控制数据，车辆的行驶数据，以及是否能够开放接入第三方数据来源等。采用先进的数据架构自动实现数据质量控制，节省数据审核所带来的时间和人力成本。

1.3 总体思路

根据《通知》要求，第二次全国污染源普查的目的是掌握各类污染源的数量、行业和地区分布情况，了解主要污染物产生、排放和处理情况，建立健全重点污染源档案、污染源信息数据库和环境统计平台。概括而言，就是要通过普查，说清楚影响环境质量的污染源"在哪里""排什么""排多少"和"如何排"四个关键问题。此次普查方案主要围绕上述普查目标定位，以系统化、科学化、法制化、精细化和信息化"五化"原则为抓手开展整体设计。方案设计的主要思路如下。

1）以科学化原则设计普查技术路线。尊重客观事实和科学规律，按照不同污染源特征和各级生态环境管理机构客观条件，分类制定有针对性的技术路线。除移动源外，将其他污染源划分为固定源和分散源两种类型，以服务"查得清、管得住、减下来"的污染防控目的为原则筛选固定源，作为普查发表入户调查对象，全面摸清固定源相关信息。对于量大面广的分散源，采取抽样调查与宏观估算相结合的

方法获取相关信息。强化抽样调查和大数据分析手段应用，减少普查成本和被调查对象负担。

2）适应环境管理系统化建设需要，设计普查制度和普查内容，注重普查内容的整体性、全面性与对污染源监管的基础支撑作用。在坚持问题和需求导向前提下，普查内容覆盖影响环境质量的所有领域，大气环境方面，在全面调查有污染物产生的工业污染源、社会生活用锅炉基础上，增加对城镇和农村能源使用（民用散煤）情况的调查，通过数据共享及宏观核算方式调查机动车、飞机、轮船和非道路移动源。在水环境领域，以直接入水体环境的污染物排放状况为调查内容，全面调查有污染物产生的工业污染源，增加入河排污口的调查与农业及农村污水排放相关活动水平的调查。

3）围绕精细化需求规划普查制度和调查内容。以建立各类区域和城市大气污染物排放清单、各控制单元主要水污染物排放清单为基本目标，在具体的普查报表制度设计上将普查内容具化为污染源基本信息和污染物排放信息两大类，以摸清污染源清单、排污主体活动水平为重点，为水、大气不同环境要素的质量模拟以及日常环境监管提供基础。

4）按照法制化要求完善普查制度。以满足普查调查基本需求为出发点，建立规范的分领域分行业的主要污染物产排污核算技术体系、普查调查技术方法体系、普查数据质量控制体系和普查成果分析应用体系，为环境统计、排污许可等环境管理业务化需求提供支撑。

5）强化信息化手段应用和普查成果开发，提升普查生命力。建立规范化、标准化、与现代信息化技术发展相适应的排污单位基本名录库和污染源数据库，对接污染源监测信息共享与公开系统、排污许可管理平台、环境统计数据系统、污染物排放清单编制支持与管理系统，为构建全国统一的污染源监管大数据平台提供支撑。强化遥感观测、卫星定位技术、互联网和移动端信息采集技术在普查全过程中的应用。加强普查成果开发应用，编制不同区域、流域、城市污染源地图和风险源地图，强化普查成果的管理应用和决策支撑。

1.4 技术路线

围绕《通知》明确的4个方面的普查目的，以满足改善环境质量、环境风险防范、精细化污染源监管、环境信息公开等方面需求为目标，以衔接环境管理"系统化、科学化、法制化、精细化和信息化"建设需求为总体思路，按照信息共享、厉行节约、提高效率的要求，采纳有关经济、农业普查等成果，充分利用现有统计、监测和各专项调查资料，以"查得清、可核证、行得通"为基本原则，设计普查方案和技术路线。

1.4.1 总体技术路线

普查的总体技术路线就是要围绕解决污染源"在哪里""排什么""排多少"和"如何排"四个关键问题，提出一整套技术方面的解决措施。具体可归纳为以下几个问题：1）如何识别和确定污染源，解决好污染源有哪些、在哪里的问题；2）如何确定各类污染源的污染物产生和排放情况，说清楚污染物如何排和排多少的问题；3）如何优化普查方法，确保各类污染源信息、支持产排污核算的信息能够有效和高效收集；4）如何保证普查数据质量，确保普查信息真实、准确和全面；5）如何做好普查工作的组织，提高普查工作的效率。

对于污染源的确定和识别主要通过自上而下和自下而上相结合的方法。第一，通过工商、税务等部门掌握的管理记录，筛选可能产生或排放污染物的污染源，形成初步的排查名单并逐级补充后下发给区县级普查机构；第二，将全国按行政区（村或乡镇、街道）划分为普查分区，每个分区指定专门的负责人员和普查入户人员。将初步确定的名录划分到不同的普查小区；第三，区县级普查机构组织人员按照普查小区逐一实地排查，去重补漏，确定确实存在排污行为的单位，逐一登记调查其信息，现场采集地理坐标；第四，现场排查结束后将清查结果逐级上报汇总，上级普查机构对下级上报结果进行抽样核实；第五，开展清查结果质量核查工作，上级部门对下级清查结果随机抽取普查小区组织复查，计算清查重复和漏查率，作为评价下级部门清查工作的标准，确保清查工作质量。

在确定好污染源的基础上，充分吸取第一次全国污染源普查经验，结合排污许可更新完善产排污核算方法体系。对于固定污染源，建立融监测数据法、物料衡算法、产排污系数法为一体的核算方法体系，根据不同行业和企业的情况选择适用方法。在具体的使用上，产排污系数更注重管理需要，采取分类、分工序工段、分源项建立系数的方法，确保能够支持下一步精细化环境管理的需要。对于面源和其他分散的污染源，则统一采用系数或物料衡算方法估计产排污情况。

根据产排污核算需要确定需要调查的具体指标，同时兼顾其他环境管理工作的需要，比如风险管理需要增加对突发性环境事件风险物质和风险工艺的调查等。在此基础上，也考虑了不同信息采集方式的需要，对于地理信息统一采用手持移动终端仪器，确保采集数据的精确度。另外，为减少基层调查负担，对于面源和分散污染源涉及的信息，均通过信息共享方式，由各地方政府部门统一填报，不再进行入户调查。而对于官方统计调查基础比较薄弱的农村能源使用情况，则采取抽样调查方式，组织第三方团队实施，以达到提高调查效率、降低调查费用的目的。

数据质量是普查的生命线，为确保普查数据质量，在制度设计上，建立覆盖全员和全过程的普查数据质量责任体系和质量溯源制度；在实施机制上，强调第三方参与普查和评价普查工作效果的机制，在普查过程中，也采取了飞行检查模式；在技术保障上，建立分行业、分类型的普查数据审核细则和技术指南，开发专门的审核模块和审核工具，确保能够快速和高效地识别出错误信息，最大限度减少人为误差。

健全和高效的组织实施体系是完成普查工作的重要保障，在国务院第二次全国污染源普查领导小组的集中统一领导下，按照"全国统一领导，部门分工协作，地方分级负责，各方共同参与"的基本原则，各级人民政府均成立专门负责污染源普查工作的办事机构，通过广泛的宣传，动员各基层机构和社会公众积极参与普查日常工作。通过购买第三方服务，发挥环保科研机构专业优势，为普查顺利实施提供组织保障。总体技术路线见图 1-1。

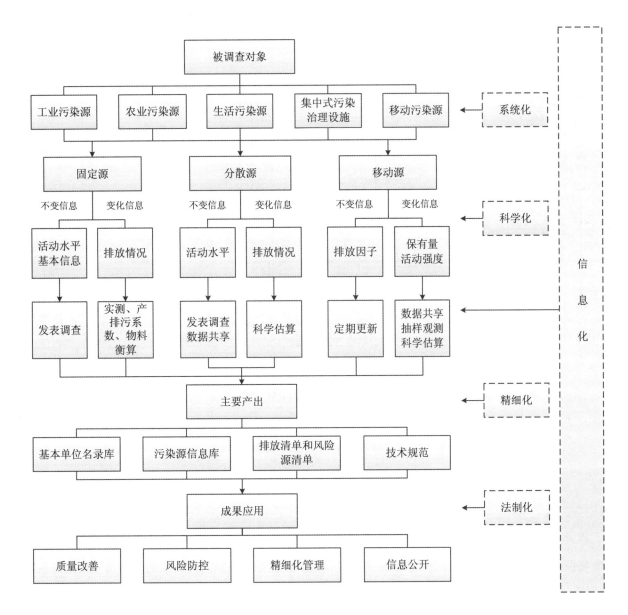

图 1-1 总体技术路线

1.4.2 废气污染源普查技术路线

废气排放源分为固定源、移动源和分散源三种类型。按照不同排放源特征制定不同的技术路线，最终形成不同城市或区域大气污染物排放清单。废气污染源普查技术路线见图 1-2。

固定源是指纳入普查范围的工业源、独立燃烧设施（不含工业）和集中式污染治理设施。针对每一类固定源调查对象，采取逐户发表调查方法获取固定源基本情况、与污染产生和排放相关的活动水平及污染治理等相关信息，依据调查对象的不同，分类分行业制定核算规则与方法，采用实测法、物料衡算法和排污系数法核算排放量，最终形成固定源排放清单。

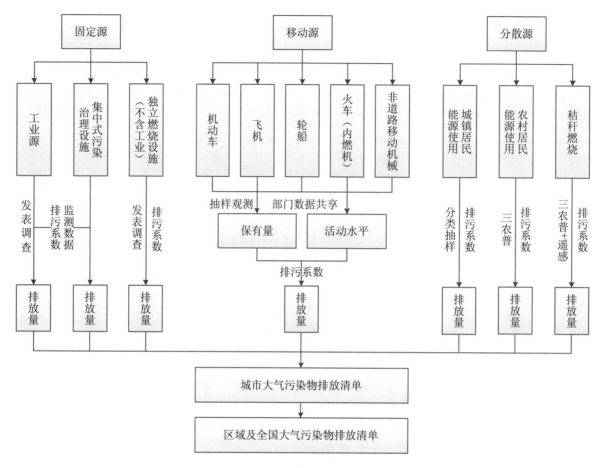

图 1-2　废气污染源普查技术路线

移动源是指纳入普查范围的机动车、飞机、轮船、火车（内燃机）、非道路移动机械等。不同调查对象按照管理权限从相关部门获取保有量等统计信息，结合不同类型调查对象的活动水平和排污系数抽样调查，获取移动源排放清单。

分散源是指纳入普查范围的城镇居民能源使用、农村居民能源使用以及秸秆燃烧。其中城镇居民能源使用情况采取分区分类抽样调查方法，调查能源（散煤及燃气）消费水平，以街道社区为基本调查单位调查散煤及燃气使用情况，结合排污系数核算排放量。农村居民能源使用情况结合第三次农业普查结果和排污系数核算总量。

1.4.3　废水污染源普查技术路线

废水污染源分为固定源和分散源两种类型。按照不同排放源特征制定不同的技术路线，最终形成不同城市或区域入目标水体污染物排放清单。废水污染源普查技术路线见图 1-3。

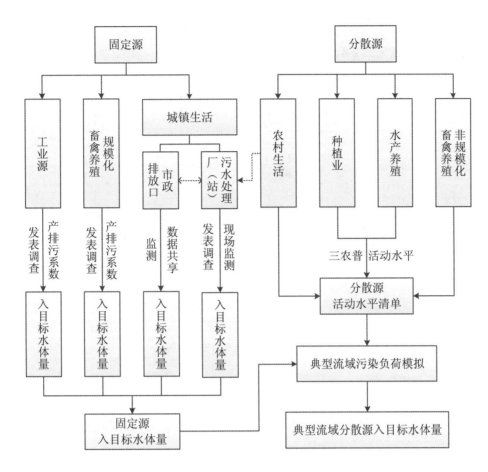

图 1-3 废水污染源普查技术路线

固定源是指纳入普查范围的工业源、规模化畜禽养殖、城镇集中式污水处理厂（站）等，通过逐个发表调查的方法获取普查对象基本情况、与污染产生和排放相关的活动水平及污染治理等信息。根据不同固定源特征实施不同的普查技术路线，分类分行业制定核算规则与方法，采用实测法、物料衡算法和排污系数法核算污染物排入目标水体的量。为科学估算排入目标水体的污染物量，本次普查增加对目标水体入河市政排放口的调查。通过调查城市市区、县城、镇区市政排放口及排水水质监测，结合城建部门供水信息、污水处理信息，核算城镇生活废水及主要污染物排放量。

分散源是指纳入普查范围的农村生活、非规模化畜禽养殖、水产养殖、种植业等。农村生活源根据全国农业普查结果结合人均用水排水系数以及所在区域污水治理设施运行状况核算排污量。非规模化畜禽养殖、种植业、水产养殖依据农业普查获取活动水平，按照入河系数估算排放量。

1.4.4 固体废物污染源普查技术路线

固体废物污染源分为固定源和分散源两种类型。固定源普查是指调查纳入普查范围的工业企业的各类固体废物及工业危险废物的产生、处置、利用情况；调查集中式污染治理设施产生的次生污染物，即垃圾焚烧厂、危险废物处置厂的飞灰、焚烧残渣，以及污水处理厂的污泥。依据生产管理、固体废物和危险废物监管台账核算产生量，调查统计处置/处理情况及最终去向。

分散源普查是指根据全国农业普查数据，估算农业种植业的秸秆产生量、农膜使用量和残留量。固体废物污染源普查技术路线见图 1-4。

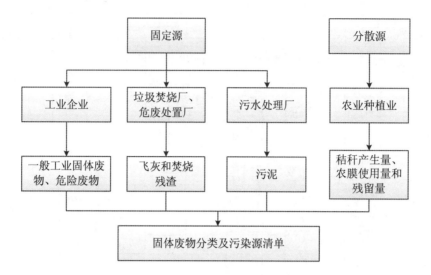

图 1-4　固体废物污染源普查技术路线

2 产排污核算方法确定

2.1 核算方法概述

产排污核算工作是生态环境统计的特色，为表征排放至环境中污染物的产生、治理、排放情况，涉及废水和废气污染物的产生量和排放量核算。企业基本情况、原辅材料消耗、产品生产情况、产生污染的设施情况等基本信息是企业根据管理信息、生产工序、运行台账等按照实际填报，但污染物的产生量和排放量与需要采集的基本活动信息不同，无法直接由现有资料得出，需要确定一套科学合理的核算方法，根据上述基本信息进行估算获取。

2.1.1 产排污核算技术路线

第二次全国污染源普查区分了固定源和分散源，固定源是指纳入普查范围的工业源、规模化畜禽养殖、城镇集中式污水处理厂（站）等，通过逐个发表调查的方法获取普查对象基本情况、与污染产生和排放相关的活动水平及污染治理等信息。分散源是指纳入普查范围的农村生活、非规模化畜禽养殖、水产养殖、种植业等。根据不同的普查内容，针对要求进行污染物排放监测的污染源和污染物，可以优先采用监测法来进行核算，通过监测的废气、废水排放量，与污染物的浓度核算污染物排放量，而产生量多采用系数法来进行计算。面源和移动源没有日常监测数据，则只能采用产排污系数进行核算。通过制定统一的产排污系数，反映行业、区域平均工况水平下各类污染物的产生量和排放量。

具体的调查技术路线如下。

（1）工业源

全面入户登记调查单位基本信息、活动水平信息、污染治理设施和排放口信息，基于分行业分类污染物排放核算方法，核算污染物产生量和排放量。

（2）农业源

全面入户登记调查规模化畜禽养殖场基本信息、活动水平信息、污染治理设施和排放信息；其他农业源的调查对象以县（区、市、旗）已有统计数据为基础，根据产排污系数核算污染物产生量和排放量。

（3）生活源

登记调查生活源锅炉基本情况和能源消耗情况、污染治理情况等，根据产排污系数核算污染物产生量和排放量。通过重点调查的方法调查重点区域城市居民能源使用情况，通过抽样调查的方法调查农村居民能源使用情况。挥发性有机物综合已有统计数据，获取与排放相关活动水平信息。

（4）利用行政管理记录，结合实地排查，获取入河（海）排污口基本信息

对规模以上城镇生活污水入河（海）排污口排水（雨季、旱季）水质开展监测，获取污染物排放信息。综合已有统计数据，结合入河（海）排污口调查与监测数据、城镇污水处理厂污水处理量及排放量，

核算城镇水污染物排放量。

按行政村登记调查获取农村居民生活用水排水基本信息，根据产排污系数核算农村生活污水及污染物产生量和排放量。

（5）集中式污染治理设施

全面入户登记调查基本信息、废物处理处置情况，根据污染物排放监测数据、产排污系数核算污染物产生量和排放量。

（6）移动源

利用相关部门统计的数据信息，获取移动源保有量、燃油消耗及活动水平信息，登记调查油品储运销活动水平信息，根据分区分类排放系数核算移动源污染物排放量。非道路移动源中工程机械、船舶、飞机、铁路内燃机车保有量及相关活动水平数据通过部门数据共享获取，利用有关部门（或单位）已有的全国及分地区统计汇总数据核算污染物排放量。

2.1.2　监测数据法

监测数据法是依据普查对象产生和外排废水、废气（流）量及其污染物的实际监测浓度，计算出废气、废水排放量及各种污染物的产生量和排放量。

监测数据法的优点是能够相对准确地反映实际污染物排放情况，但是监测数据法依赖于污染物监测数据的质量。由于影响监测数据质量的因素较多，例如监测频次、监测点位设置、监测设备运行维护、监测人员操作水平等，因此需要对监测数据的使用条件提出明确和具体的要求。

多数企业并没有符合规范要求的监测数据记录，其中涉及无组织排放等暂时不具备监测条件的，仍然需要通过产排污系数来进行污染物产生量和排放量的测算。

2.1.3　产排污系数法

产排污系数法是依据普查对象所填报的基本信息，按照统一的产排污系数，进行污染物产生量和排放量的计算。产排污系数代表的是某一类普查对象在区域、行业层面，正常工况下的平均产污或排放水平。也就是说，产排污系数对整体区域、行业的核算是有效的，但是针对具体企业的核算结果肯定有偏差，不能准确反映其实际的排放水平。

产排污系数法的优点是操作统一、简单，但对调查对象活动水平信息的准确性要求高。由于涉及的行业众多，生产工艺和治理技术复杂，产排污监测任务量大、难度高，建立覆盖全面的产排污系数体系并保持动态更新的难度非常大。2007 年开展的第一次全国污染源普查首次建立了覆盖大部分工业行业的产排污系数体系，但历经十年没有更新，大部分系数已经不能反映当前的实际情况。第二次全国污染源普查在一污普的基础上，充分吸收排污许可制建设和相关科研成果，首次建立了覆盖全面的产排污系数体系。

在第二次全国污染源普查过程中，产排污系数核算的基本使用要求为：根据国务院第二次全国污染源普查领导小组办公室组织制定的《第二次全国污染源普查工业源产排污系数手册》核算污染物排放量。

未经国务院第二次全国污染源普查领导小组办公室确认同意，原则上不得采用其他产排污系数或经验系数。地方普查机构组织制定的产排污系数，报国务院第二次全国污染源普查领导小组办公室同意后使用。

2.2　产排污核算技术路线设计

2.2.1　工业源

根据不同工业行业产排污特征，综合生态环境统计、总量减排、清洁生产审核、排污许可、排污收费（环境保护税）等各项工作污染物核算方法，建立分行业分类的核算方法，已经发放排污许可证的，可以采用排污许可证核定的排放量作为核算结果。其他情况则需要用监测法及产排污系数法（物料衡算法）核算各类污染物的排放量。

工业源采取"一企一表"的方式入户调查，调查企业基本情况、污染治理情况、排放方式及去向、基础的活动水平数据。

优先采用实测法核算污染物产生量和排放量，有企业自行监测（包括自动监测、手工监测）数据的优先利用自行监测数据进行核算，采用监督监测数据校核；也可以采用清洁生产审核、建设项目环境保护设施竣工验收监测数据，可结合企业普查年度实际生产和管理状况，核算污染物产生量和排放量。无监测数据的，采用产排污系数法核算污染物产生量和排放量。

废水污染物，核算入目标环境的污染物排放量，排入污水处理厂的，要扣除污水处理厂对污染物的去除量。

废气污染物，直接核算各排放口以及无组织的排放量。

对于监测数据的使用，结合环境统计、污染源监测技术规范和管理要求等提出了适用条件，对不适宜用监测数据核算排放量的情况进行了规定。

工业源报表排放量核算方法见图 2-1。

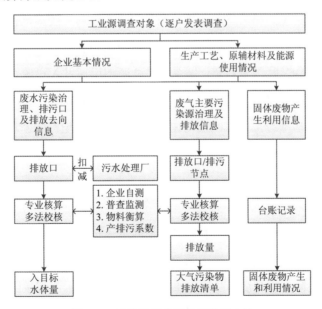

图 2-1　工业源报表排放量核算方法

2.2.2 农业源

根据农业生产的特征，建立农业源污染物核算方法，主要采用产排污系数法。

规模化畜禽养殖企业采取"一企一表"的方式入户调查，调查养殖企业基本情况，基础活动水平数据，污染治理情况，排放方式及去向；污染物排放量核算与环境统计等相关制度的核算方法保持一致。

非规模化畜禽养殖、水产养殖和种植业以县（区）为单位，采取一县（区）一表的方式，调查全县（区）范围内养殖业和种植业基础活动水平汇总数据，主要污染防治措施及治理量，利用方式及去向；根据生产活动水平与污染防治措施的汇总情况，核算全县（区）污染物排放量。

2.2.3 生活源

城镇生活源废水污染物的普查范围为全国各地的市区、县城和镇区，每个市区、县城和镇区为一个普查单元作为核算对象，进行总体估算。根据城镇供水统计数据，利用排水系数核算城镇生活污水产生量，并通过城镇污水处理厂枯水期进水水质数据及市政入河（海）排污口水质监测结果，核算水污染物产生量。根据集中式污染治理设施和工业污染源普查结果，估算城镇污水处理厂和工业废水集中处理设施对生活源水污染物的削减量，获取城镇生活污水污染物的排放量。

农村生活源废水污染物普查是根据行政村普查表填报的常住人口、生活用水量、住房厕所类型、人粪尿排运去向、生活污水排放去向等指标信息，采用分区分类的农村居民人均产排污系数，核算农村居民生活污水及化学需氧量、氨氮、总氮、总磷、五日生化需氧量、动植物油 6 种水污染物的排放量。

针对城乡居民能源消费污染物，在全国污染源调查的框架下，首次开展全国范围（大陆地区）居民能源使用和主要污染物排放调查。通过污染物排放核算方案，以农业普查、已有统计数据为基础，结合典型地区的抽样调查和实测研究，建立排放核算方法体系，支撑生活源普查工作。

生活源 VOCs 排放主要包括生活源锅炉、城乡居民能源使用以及其他城乡居民生活和第三产业排放三大类。其中，其他城乡居民生活和第三产业排放源包括建筑涂料与胶黏剂使用、沥青道路铺装、餐饮油烟、干洗、日用品使用 5 个方面。生活源锅炉通过生活源锅炉普查表填报的统计数据，参考工业锅炉核算方法和排放系数进行 VOCs 排放量核算；城乡居民能源使用通过入户调查数据和抽样调查表填报的统计数据，结合排污系数来核算 VOCs 排放量；其他城乡居民生活和第三产业排放根据普查表填报的燃料消耗量、常住人口数量、房屋竣工面积、人均住房面积以及沥青道路的新增与翻新长度等统计数据，通过排污系数核算 VOCs 排放量。

2.2.4 集中式污染治理设施

污染物排放量核算方法常用的主要有三种：实际监测法、产排污系数法和物料衡算法。根据可靠性，三种方法的优先顺序是：实际监测法、产排污系数法、物料衡算法。其中，集中式污水处理厂、垃圾焚烧发电厂、垃圾焚烧厂和危险废物焚烧厂是国家重点监控企业，基本上都按国家的有关要求安装了在线监测设备，未安装在线监测设备的企业也均按要求每个季度开展了手工监测。因此在污染物排放量的核算中主要采用了实际监测法。

对于农村集中式污水处理厂，由于其数量多、规模小，大部分未开展监测，产排污量核算时主要采用了产排污系数法。

2.2.5 移动源

2.2.5.1 机动车排放量测算方法

国际上通用的移动源排放测算方法为模型法。常用的机动车排放模型主要有 MOVES、COPERT、HBEFA 等方法。其中，COPERT、HBEFA 为保有量算法，是国内外最成熟的方法，第一次全国污染源普查移动源普查也采用该方法；MOVES 方法为交通量算法，是最新的一种算法，其结果可直接作为空气质量模型的输入，进行时空连续变化的污染特征分析。本次普查，延续了第一次全国污染源移动源普查方法，原则上全国采用基于保有量的方法；另外，在典型城市有所创新，采用基于道路交通量的方法对保有量算法进行校核。保有量采用公安交管部门数据，源分类方式建议与公安交管部门保持一致；年行驶里程通过售后维修保养部门、环保检测场及调查表抽样调查获取；尾气排放因子通过台架、PEMS及文献调研获取。典型城市交通量通过向千方科技、高德交通数据服务公司购买浮点车数据，结合交通流量模型及典型道路抽样调查获取；道路长度通过 ArcGIS 电子地图获取；尾气排放因子通过台架、PEMS及文献调研获取。

2.2.5.2 非道路移动机械排放量测算方法

国际上最常用的非道路移动源排放模型主要有 NONROAD、EMEP/EEA 等，均为功率算法，本次普查也采用该方法。工程机械目前官方尚无部门统计数据。全国工程机械保有量通过历年产销量+存活曲线获取。历年产销量采用行业协会或《中国工程机械工业年鉴》数据。存活曲线通过工程机械大制造商或租赁公司调研获取。各地市工程机械保有量通过全国工程机械保有量及各地市工程机械作业比例或施工面积确定。各地市工程机械作业比例由大制造商或租赁公司已安装 GPS+data logger 的租赁设备作业位置确定。农业机械保有量通过农业部农机化部门获取，辅以大制造商产销量数据和存活曲线修正、《中国农业机械工业年鉴》校核。额定净功率、负荷系数、年工作小时数通过相关行业协会或制造商获取，辅以典型城市调查表抽样调查。排放因子通过台架、PEMS 获取。

2.2.5.3 船舶排放量测算方法

国际上常用的船舶排放量核算方法包括油耗算法和动力算法。油耗算法适用于国家尺度的排放量核算，其不确定度偏高。动力算法为国际上最新开发的一种算法，也是本次普查采用的测算方法，利用 AIS 数据和船舶静态数据测算船舶排放量，具备高时空分辨率，可直接作为空气质量模型的输入，进行时空连续变化的污染特征分析。船舶功率通过船舶类型数据库得到，国内船舶类型数据库通过交通运输部海事部门、船级社船检数据获取，国际船舶类型数据库通过购买劳氏数据获得；负荷系数、航行小时数通过船舶自动识别系统（Automatic Identification System，AIS）得到，或通过交通运输部岸基遥感数据获取。排放因子通过 PEMS 或文献调研获得。

2.2.5.4　油品储运销环节排放量测算方法

油品储运销环节排放量根据汽油周转量进行测算，汽油周转量等参数由地方人民政府组织相关公司填报普查表获取；排放因子和油气回收效率则主要采用公式计算和实测、调研的结果测算。其中，未安装油气污染物控制装置时的油品储运销环节油气排放因子参照美国环境保护署排放清单开发指南 AP-42 中的方法，使用本地化参数对其进行修正。储油库油气回收效率通过检测油气密闭收集系统的油气排放体积浓度、油气处理装置效率及油气排放浓度确定。加油站加油阶段油气回收效率通过检测加油枪气液比确定，储存阶段油气回收效率通过检测系统密闭性确定。油罐车油气回收效率通过油气收集系统密闭性的检查情况确定。

2.2.5.5　铁路内燃机车排放量测算方法

铁路内燃机车排放量根据燃油消费量进行测算，燃油消耗量通过铁路总公司获取，或通过《中国交通年鉴》发布的客货周转量换算获得。排放因子采用文献调研结果。

2.2.5.6　民航飞机排放量测算方法

民航飞机排放量根据飞机起降架次进行测算，起降架次通过民航部门获取，辅以机场生产统计公报及《中国交通年鉴》校核。排放因子采用国际民航组织数据，为全球统一数据。

2.3　污染源监测法使用要求

2.3.1　工业源

通过监测数据核算污染物产生、排放量的数据使用顺序为自动监测数据、企业自测数据、监督性监测数据。

2.3.1.1　监测数据的规范性要求

（1）自动监测数据

2017 年度全年按照相应技术规范开展校准、校验和运行维护，季度有效捕集率不低于 75%的，且保留全年历史数据的自动监测数据，可用于污染物产生量和排放量核算。

（2）企业自测数据

2017 年度内由企业自行监测或委托有资质机构按照有关监测技术规范、标准方法要求监测获得的数据。

（3）监督性监测数据

2017 年度内由县（区、市、旗）及以上环境保护部门按照监测技术规范要求进行监督性监测得到的数据。

2.3.1.2　监测数据使用要求

（1）废气

废气自动监测数据应根据工程设计参数进行校核，监测数据明显存在问题的，不得采用监测数据核算废气排放量。

对于有烟气旁路且自动监测设备装置在净烟道的，核算污染物排放量要考虑烟气旁路漏风、旁路开启等情况。

手工监测数据不用于核算废气污染物排放量。

（2）废水

未安装流量自动监测设备的，废水排放量原则上不采用监测数据进行计算，而应根据企业取水量或系数法进行核算。

废水污染物监测频次低于每季度 1 次，季节性生产企业生产期内监测次数少于 4 次或不足每月 1 次，不得采用监测数据法核算排放量。

有累计流量计的，可按废水流量加权平均浓度和年累计废水流量计算得出；没有累计流量计的，按监测的瞬时排放量（均值）和年生产时间进行核算；没有废水流量监测而有废水污染物监测的，可按水平衡测算出的废水排放量和平均浓度进行核算。

2.3.2　集中式污染治理设施

监测数据法是依据普查对象产生和外排废水、废气（流）量及其污染物的实际监测浓度，计算出废气、废水排放量及各种污染物产生量和排放量。

2.3.2.1　核算方法

$$污染物排放量 = 污染物年加权平均浓度 \times 废水或废气年排放量$$

废水排放量：有累计流量计的，以年累计废水流量为废水排放量；没有累计流量计的，通过监测的瞬时排放量（均值）和年生产时间进行核算；没有废水流量监测而有废水污染物浓度监测的，可按水平衡测算出废水排放量。

废气排放量：通过监测的瞬时排放量（均值）和年排放时间进行核算。

2.3.2.2　监测数据使用规范性要求

（1）自动监测数据

自动监测设备的建设、安装符合有关技术规范、规定的要求，2017 年度全年按照相应技术规范规定的要求进行质量保证/控制，定期校准、校验和运行维护，季度有效捕集率不低于 75%，且保留全年历史数据的自动监测数据，可用于污染物产生量和排放量核算。

与各地环境保护部门联网的自动监测设备，环境保护部门最终确认的自动监测数据可作为核算排放量的有效数据使用。

（2）监督性监测数据

2017 年度内由县（区、市、旗）及以上环境保护部门按照监测技术规范要求进行监督性监测获得的数据。每个季度至少监测 1 次；季节性生产企业生产期间至少每月监测 1 次，每年监测总次数不少于 4 次。

实际监测时企业的生产工况符合相关监测技术规定要求。若废水流量无法监测，可使用企业安装的流量计的数据，或通过水平衡核算废水排放量。

（3）企业自测数据

2017 年度内由企业自行监测或委托有资质机构按照《排污单位自行监测技术指南 总则》（HJ 819—2017）等有关监测技术规范和监测分析标准方法监测获得的数据。每个季度至少监测 1 次；非连续性生产企业生产期间至少每月监测 1 次，全年监测总次数不少于 4 次。

（4）监测数据符合上述要求，方可用于核算污染物产生量和排放量；并须提供符合监测数据有效性要求的全部监测数据台账，与普查表同时报送普查机构，以备数据审核使用。若进口或出口监测数据不符合有效性认定要求，不得采用监测数据核算污染物产生量和排放量。

（5）采用监测数据法得到污染物产生量和排放量，要用产排污系数法进行核算校核。

2.4 产排污核算技术路线与系数制定

2.4.1 工业源

在第一次全国污染源普查工作中，工业源产排污系数第一次对全国工业污染源进行了较为全面的调查、总结，是重要成果之一。通过研究和分析大量的工业源的排放数据，初步提出了重点行业工业污染源产排污系数体系，包括 32 个大类行业、362 个小类行业、10 504 个产排污系数、12 891 个排污系数，基本上反映了我国工业行业污染排放规律的整体状况，具有较好的代表性。工业产排污系数在"十一五""十二五"环境保护管理工作的总量、统计、监测、监察等项工作的工业污染源核算中发挥了一定的数据支撑作用。

在第二次全国污染源普查工作中，基于《国民经济行业分类》（GB/T 4754—2017）中 41 个工业大类行业，编制了《第二次全国污染源普查工业污染源产污系数制定（不含挥发性有机物）技术指南》《第二次全国污染源普查工业污染源产排污量核算技术指南》《工业污染源产污系数及污染治理设施录入系统信息编码技术指南》《第二次全国污染源普查工业污染源产排污核算行业实施方案编制大纲》等技术文件，并以此为基础，开展了实施方案编制、系数组合确定、系数编码等工作。采用分层抽样和随机抽样相结合的方式筛选样本企业，通过实地监测调研、文献调研、实验模拟等方式获取原始数据，按照技术指南核算和验证得到各行业系数。工业源系数包含了 41 个大类行业的 508 个工段、1 300 种产品、1 589 种原料、1 528 个工艺的 31 327 个废水和废气污染物的产污系数以及 101 587 种末端治理技术去除效率。

2.4.2 农业源

农业源划分为畜禽养殖业水污染物、种植业水污染物、水产养殖业水污染物、秸秆产生与利用量、地膜残留量、畜禽养殖业氨、种植业氨、种植业挥发性有机物 8 个专题开展产排污系数体系制定工作，8 个专题共计产出各类产排污系数（流失系数）2 085 475 个。

畜禽养殖业水污染物产排污系数是在第一次全国污染源普查的基础上进行评估更新，分省给出 5 类畜禽产排污系数 320 组，共 2 668 个系数，新增养殖户的产排污系数 1 240 个，合计 3 908 个系数。

种植业水污染物专题分省给出地表径流模式下氨氮、总氮、总磷流失系数共计 186 个。水产养殖业水污染物分省给出 9 种典型养殖模式下 186 个养殖类型的产排污系数 2 407 组，共计 19 256 个系数。地膜专题分省分地市给出 18 种作物类型共计 3 534 个系数。

本次普查新增秸秆产生与利用量调查，分省分地市给出 13 种主要作物秸秆收集与残留系数，共计 5 368 个；新增畜禽养殖业氨气排放量调查，分省分区县给出畜禽规模养殖场、养殖户在建有各类治污设施的条件下氨排放系数共计 1 907 275 个；新增种植业氨排放量调查，分省分区县给出 11 种主要作物的氨排放系数 36 487 个；新增种植业挥发性有机物排放量调查，分省分区县给出 33 种典型种植类型的挥发性有机物排放系数 109 461 个。

2.4.3 生活源

城镇生活源和农村生活源水污染物系数全国划分了 6 个区域（片区），并按每项系数的产排污特征细分为不同行政区类型。全国各地共计布设了 1 984 个监测（观测）点，获得系数制定样本 62 457 个（含统计数据），采用抽样调查、现场监测、统计数据分析等相结合的方法制定生活源产排污系数。

据统计，生活源共制定了 54 335 个产排污系数（含各污染物指标），其中城镇生活源水污染物 528 个，农村生活源水污染物 390 个，城乡居民能源消费 64 个，油品储运销污染物 53 340 个，其他挥发性有机物 13 个。

油品储运销污染源挥发性有机物系数中，未采取油气控制措施时的汽油挥发性有机物排放系数参考美国环境保护署（EPA）AP-42 中的计算方法得到。油气回收效率则通过城市调研和现场检测的方式获得。原油挥发性有机物排放系数采取了原环境保护部发布的《大气挥发性有机物源排放清单编制技术指南（试行）》中的排放系数；柴油挥发性有机物排放系数主要参考清华大学编制的《城市大气污染物排放清单编制技术手册》。

2.4.4 集中式污染治理设施

集中式污染治理设施产排污系数按照设施类型，分为以下五类，分别进行产排污系数制定。

生活与工业污水处理设施产排污浓度参考值。生活污水与其他类型的集中污水处理设施按市级行政区划代码，划分了 364 个城市（片区），工业污水集中处理设施按省级行政区划代码划分了 31 个省（区、市）和兵团，收集了 2017 年全国 7 536 家集中式污水处理设施的环境统计数据（含 88.9 万余条基础信息），开展缺失数据校核方案研究，辅以现场调查，制定生活与工业污水处理设施产排污浓度参考值。据统计，生活与工业污水处理设施制定了 5 558 个产污浓度参考值，其中城镇污水处理厂水污染物产污浓度参考值 5 110 个，工业集中式污水处理设施水污染物产污浓度参考值 448 个；制定了 5 558 个排污浓度参考值，其中城镇污水处理厂水污染物排污浓度参考值 5 110 个，工业集中式污水处理设施水污染物排污浓度参考值 448 个。

农村污水处理设施水污染物削减系数。在全国共划分了 6 个区域（片区），按照厌氧、生态、好氧、厌氧+生态、好氧+生态、厌氧+好氧、厌氧+好氧+生态共 7 种模式，采用文献调研、抽样调查、现场监测等相结合的方法制定农村集中式污水处理设施削减系数。据统计，农村集中式污水处理设施共制定了252 个削减系数，其中每个片区对应 7 种工艺，每种工艺对应化学需氧量、生化需氧量、总氮、氨氮、总磷、动植物油 6 个削减系数。

生活垃圾填埋场水污染核算系数。生活垃圾填埋场在全国一共划分了 4 个区域（干旱半干旱区、半湿润区、湿润 I 区和湿润 II 区），收集了 133 个监测（观测）点数据，按照卫生场和简易场 2 种模式，采用统计分析、实例验证等相结合的方法制定生活垃圾填埋场产排污系数。据统计，生活垃圾填埋场制定了 1 181 个产污系数，其中渗滤液产生量渗出系数 1 089 个，卫生场产污浓度系数 44 个，简易场产污浓度系数 48 个；制定了 81 个排污浓度系数，其中卫生场排污浓度系数 33 个，简易场排污浓度系数 48 个。

生活垃圾焚烧处理设施产排污系数。在全国按照不同气候条件分为 4 个区域，采用数据收集、现场调查相结合的方式，收集了全国生活垃圾集中式处理设施各类产排污数据 668 个，开展数据校核，研究制定生活垃圾焚烧处理设施产排污系数。据统计，生活垃圾焚烧处理设施共制定了 237 个产排污系数，其中生活垃圾焚烧处理设施烟气流量参考值 5 个，生活垃圾焚烧处理设施烟气污染物排污系数 32 个，生活垃圾焚烧处理设施渗滤液产排污系数 200 个。

生活垃圾堆肥与餐厨垃圾处理厂产排污系数。生活垃圾堆肥处理厂与餐厨垃圾处理设施产排污浓度，收集了 66 个监测（观测）点数据，进行了 5 个监测点位的实测，验证数据 26 个，采用统计分析、实例验证等相结合的方法，制定生活垃圾处理厂与餐厨垃圾处理设施的产排污系数。据统计，生活垃圾处理厂共制定了 46 个产排污系数，其中渗滤液产生量和排放量系数 2 个；11 个系数指标共设置 11 个产污浓度系数；对 3 种不同污水处理工艺、11 个系数指标共设置 33 个排污浓度系数。餐厨垃圾处理厂产排污系数 22 个，其中渗滤液产生量和排放量系数 2 个；5 个系数指标共设置 5 个产污浓度系数；对 3 种不同污水处理工艺、5 个系数指标共设置 15 个排污浓度系数。

2.4.5　移动源

移动源排放系数包括机动车、非道路移动源的排放系数，采用排放系数法测算移动源污染物排放量。

机动车排放系数为综合排放因子和年均行驶里程的乘积。其中，综合排放因子以约 500 辆机动车实际道路排放测试数据为基础，结合温度、湿度、海拔、空调、负载、燃油等本地化参数修正获取；年均行驶里程数据约 1.5 亿条，主要来自各地环保检测数据、售后维修保养数据、卫星定位数据、小样本调查数据等。

非道路移动机械包括工程机械、农业机械等，其排放系数为保有量、额定功率、负载因子、使用时间和综合排放因子的乘积。其中，综合排放因子主要通过台架测试数据结合实际工况下的测试结果获得。工程机械中挖掘机和装载机的活动水平数据主要通过国内龙头企业的在线监控数据统计得到。农业机械中拖拉机和收割机的活动水平数据来自国内各个省份的实际调研结果。其他类型非道路机械的活动水平数据来自《非道路移动污染源排放清单编制技术指南（试行）》中的参考值。

铁路内燃机车排放系数中，排放因子主要基于国内外相关测试数据的文献资料结果。飞机的排放系数主要参考国际民用航空组织（ICAO）和国内外有关机场大气污染物排放清单编制方法的文献获得。

船舶的排放系数以国内外通用的排放因子为基础，并使用我国船舶排放实测数据和船舶发动机台架数据进行本地化修正后获得。

移动源共制定了 284 991 个排放系数，其中机动车 275 082 个，非道路移动源 9 909 个。

2.4.6　地方产排污系数制定情况

为使污染物排放量核算更贴近实际情况，部分地区积极配合国家开展产排污系数研究制定以及试核算工作。例如，浙江省普查办积极组织开展省级产排污系数本地化研究，部分市县根据本地产业特点，选取了制笔、树脂纽扣制造、眼镜制造等 20 个地方特色行业开展产排污系数研究工作。海南省自主编制了槟榔加工业、橡胶初加工业和机动车维修企业的产排污系数。

3　普查制度设计

《第二次全国污染源普查制度》是根据《中华人民共和国统计法》《第二次全国污染源普查方案》制定的统计调查制度，经过国家统计局批准执行，普查制度的执行受到法律的约束和保护。为了真实反映普查制度设计的探索过程，本章归纳总结的相关内容与正式发布实施的《第二次全国污染源普查制度》有一定偏差，读者在使用《第二次全国污染源普查制度》时，请以正式发布的文件为准。

3.1　工业源普查制度与技术规定

3.1.1　国内外工业源统计调查相关情况

3.1.1.1　国内情况

（1）第一次全国污染源普查

按照全面普查、突出重点的原则，根据工业源的规模、排污特点和排污量，一污普将工业源划分为重点污染源和一般污染源，分别进行详细调查和简要调查。一污普中工业源报表分为工业源普查简表和详表，简表不包括工业锅炉、窑炉、生产工艺、污染治理设施、产排污系数等报表。

1）一污普工业源报表制度与技术规定的优点。

一是"详表+简表"的形式，提高了小型企业的填报效率，操作便利性较强。

二是污染治理设施调查详细，对废水治理设施的工艺、能力、方法、效率等进行逐套调查，对工业锅炉、窑炉等主要废气源的治理工艺、效率逐个调查。

三是对污染物排放量核算过程进行记录，重点调查企业利用产排污系数和监测数据法核算排放量的核算过程均要填报。

2）一污普工业源报表制度与技术规定的不足。

一是对废水污染物排放量的界定不尽合理。一污普中用企业的废水污染物排放量界定厂界排放量，未考虑企业经污水处理厂处理后排入外环境的量，因此在核算区域分源排放量时存在难度。

二是污染物排放量核算方法不够细致。如对废气污染物监测次数的规定偏低，使用验收监测等低频次的监测数据核算污染物排放量偏差较大；部分产排污系数对于短链条生产企业适用性不强；部分行业物料衡算法使用不足；不同核算方法所得结果差异较大时的取值原则不够严谨等。

三是部分内容调查难度大，效果不好。持久性有机污染物、含多氯联苯电容器（变压器）、消耗臭氧层物质等内容过于专业，调查效果不理想。

（2）全国环境统计

现行的环境统计报表，工业源采取"重点调查+非重点估算"的模式，对排放量占比85%以上的企业进行逐家发表调查，其他企业作为非重点进行整体估算。重点调查报表是由一般工业企业报表和火电、钢铁、水泥、造纸 4 个行业报表组成的"母子表"式工业源指标体系。

1）环境统计制度与技术规定的优点。

一是报表间的关系比较清晰，企业整体的概念较强。环境统计中每家企业的情况在一般工业企业报表中进行整体体现，该报表与重点行业报表间有数据逻辑关系限制。

二是与环境统计调查频次相对较高相适应，调查指标相对精简。

三是非重点估算的方式减少调查难度，提高环境统计工作效率。

2）环境统计制度与技术规定的不足。

一是调查精度相对较低，除火电、水泥、钢铁、造纸对重点排污设备进行逐个调查外，其他的都只能精细到企业层次，无法精细到排放口或排污设备。

二是污染治理设施调查较为笼统，且与污染物的产生、排放对应关系不强。

（3）大气污染源排放清单编制

2017 年，京津冀大气污染传输通道城市即"2+26"城市编制了城市大气污染源排放清单，这次清单编制设计了统一的调查报表和业务系统。清单所用调查报表，针对常见的通用设备和排放源，设计了单独的调查表，对企业进行调查时采用灵活组合的方式使用。该套调查表根据不同行业的特点，能够具体到排污设备或产品，调查的精度相对较高。该套调查表主要不足为表间关系不强，以企业为整体的概念体现不足。

3.1.1.2 国外情况

（1）美国

美国固定污染源排放数据来源有多个，常规的污染排放数据可以通过排污许可制度获得，废水点源主要是"国家消除污染排放制度"（National Pollutant Discharge Elimination System，NPDES），废气固定污染源主要是运行许可证（Operating Permits）。除此之外，对于废气污染物，美国每三年编制一次国家排放清单（National Emissions Inventory）。这些都为美国固定污染源污染排放状况提供了数据支撑。其中，与普查关系更密切的为国家排放清单。美国国家排放清单，仅针对废气污染物，其中与固定源相关的主要内容如下：

范围：包括电力企业和非电力企业，所有重点源数据都包含在清单中。

主要大气污染物：包括臭氧前驱物和 $PM_{2.5}$，具体为 NO_x、SO_x、VOCs、CO、原 PM_{10}、可过滤的 PM_{10}、原 $PM_{2.5}$、可过滤的 $PM_{2.5}$、NH_3；188 种有毒大气污染物（HAPs），即《清洁空气法案》（CAA）中规定的污染物。

排放量核算数据来源：1）大部分由国家和地方生态环境主管部门提供；2）通过最大可获得控制技术（MACT）项目数据库获得，该项目主要针对 HAPs 削减技术；3）通过有毒污染物排放清单数据库获得；4）通过企业统计调查获得，企业数据收集方法包括调查问卷、企业视察、排污许可和日常监督文件的利用，另外还可以从其他企业相关数据中进行推导而得。重点源中电力企业数据来自 EPA 排放追踪系统/连续排放监测数据库（EIS/CEM），以及能源部门煤炭使用数据。

（2）英国

英国污染物排放统计是以污染物排放清单（Pollution Inventory）报告制度为基础的。

1）调查对象是以许可证为基础而确定的。

在英国，符合以下条件之一的均须报告：收到排污许可法规通知持有排污许可证的；收到国家秘书处关于要求报告污水处理污染排放的通知；拥有放射性危险废物处置权并处置放射性危险废物的；运营25公顷以上矿山或采石场。

持有低影响设备许可证的企业，高于上述行业报告限的一般也不要求报告排放情况，如果报告年度发生了须申报的事件就需要按照要求报告排放情况。

2）调查内容以污染物排放信息为主，污染物排放种类多。

英国排放清单报告共有四种报表：持有环境许可证［A（1）部分］，由环境署管制的企业；拥有放射性危险废物处置权并处置放射性危险废物的企业；运营25公顷以上矿山或采石场的企业；运行集中式农业设施或垃圾填埋场的企业。其中第一种报表与我国一般工业企业的调查表相对应。共包括8个部分的内容：基本信息，9项指标；废气、土壤、废水、废水迁移等各介质污染物的排放量、计量单位、核算方法、详细的核算方法、须申报的排放量和单位，其中废气污染物含无机物8种、有机物36种、金属及其化合物9种、其他物质群17种，土壤污染物含无机物1种、有机物40种、金属及其化合物8种、其他物质群17种，废水污染物含无机物1种、有机物60种、金属及其化合物9种、其他物质群19种等；固体废物国内转移情况，所有危险废物和年排放5吨以上固体废物的排放和回收的代码和量、核算方法及代码；固体废物国外转移情况，数量、操作类型的处置/回收、核算方法的称重/计算/估算、公司名称、公司地址、转移的详细地址、国家；资源利用效率情况等。可见，英国排放清单报表中主要是污染物排放信息指标，涉的污染物排放种类远远多于我国。

3）四种污染物核算方法，需上报采用核算方法类型。

英国有四种污染物核算方法：抽样监测或直接监测、排放系数、燃料分析或其他工程技术法、质量平衡。根据特定场所、污染物和工艺流程不同，这四种方法的适用性不同。一般情况下，企业应根据实际情况选用合适的核算方法。也有一些核算方法是强制性的，包括欧盟法令要求报告的污染物，或者为了与排放许可证要求的条件一致等。

如果没有强制或行业方法，则应采用监测所得浓度数据或者质量平衡法，浓度数据必须是经认证过的设备和（或）有资质的机构提供，一般优先采取连续监测，其次是周期性抽样监测。

使用排放系数法，企业应优先采用适用于本厂的系数，其次才是依据其他代表性企业制定的系数。然而，制定本厂特定的排放系数，排放水平要结合工艺流程。通常情况下，通过由企业获得的取样监测结果或者通过计算获得。

这四种核算方法主要针对典型作业条件下的情况，对于如企业倒闭或遇到事故等非典型条件下的情况，则需要做其他估算。如泄漏事件中大气污染排放，需要报告净排放量，即总泄漏量减去回收或者清理过程消耗的量。

在上报污染物排放情况时，需同时上报排放量的核算方法，同时采用不同方法核算排放量的，按排放量比率最大的核算方法计。

采用监测数据法核算污染物排放量时，可能会出现部分检测结果未检出。如果不足5%的读数是正值，并且数值不高于检出限的20%，可以按照低于检出限报告。除此情况以外，就假定检出限以下的结果全部为检出限的一半，如此，高于检出限的结果取实测值，低于检出限的结果取检出限的一半，浓度乘以对应的流量可计算出污染物排放量。

3.1.2　普查报表指标体系设计总体思路和原则

3.1.2.1　设计原则

根据普查工作目标，以科学化、精细化、系统化、信息化和法治化"五化"为抓手，确定了第二次全国污染源普查工业源报表设计原则。

（1）科学化

尊重客观事实和科学规律，根据大气、水、固体废物等不同要素污染排放的特点，采取不同技术路线设计报表制度。

（2）精细化

以建立精细化的各类区域、城市大气污染物排放清单、各控制单位水污染物排放清单为目标，在具体普查报表制度上将普查内容分为污染源基本信息和污染物排放信息两大类；围绕环境管理精细化管理需求，借鉴排污许可制、大气源排放清单等管理思路，对重点行业按生产工序，对主要排放口逐个调查，为污染控制机理和政策分析提供基础数据。

（3）系统化

实现环境管理系统化、全过程监管，对与污染物的产生、治理、排放各环节相关的所有关键环节均开展调查；在废气源的分类上，按照排放源的产生和排放机理和特点，系统设计源的分类。

（4）信息化

利用计算机技术实现报表指标体系模块化管理，对业务系统框架和功能进行整体设计，实现根据企业实际情况进行自由式组合选择报表。

（5）法治化

按照《统计法》《环境保护法》《全国污染源普查条例》等法律法规，落实企业如实报送统计数据的主体责任，生态环境管理部门负责数据填报的技术指导和监督，保证企业按照统一核算方法计算污染物产生、排放情况，确保与排污许可制、环境统计等数据核算方法的一致性、合规化。

3.1.2.2　总体思路

（1）体现风险

普查报表的设计侧重体现污染源对环境的风险，除调查污染物的实际排放情况，同时关注污染物的产生情况，污染物产生量较大的企业将成为污染源重点监管的对象。另外，调查危险化学品生产和使用情况，为危险化学品的重点监管提供可靠的数据来源。

（2）体现过程

体现从污染物产生、治理到排放的全过程监管，对废水治理设施逐套调查，按排放口统计，调查废水流向、排放去向；对产生废气污染物的工序、设备按生产线、设备逐个调查，污染治理设施逐台调查，对废气排放按主要排放口逐个调查，一般排放口合并统计等；对固体废物分类别逐项调查，统计固体废物产生、处置、排放情况，实现各类污染物的精细化调查、全过程监管。

（3）体现差异

不同类型污染源既有共性，也有差异，通过设计出公用设施调查表和体现差异的行业、专项调查表，并进行自由组合的方式，实现对不同污染源类型的差异化调查和分析，为普查数据服务于不同的管理需求提供数据基础。

3.1.2.3　指标体系总体框架

本次设计的工业源报表共 30 张（不含放射性污染物情况调查表 2 张），分为三类报表：

1）基本信息表 2 张，分别为企业属性信息、生产相关信息。

2）分要素的污染物产生、治理、排放调查表 24 张。

3）核算信息表 4 张，包括废水、废气监测数据和产排污系数核算信息。

3.1.3　废气指标体系设计思路

3.1.3.1　总体框架设计思路

（1）按照产、治、排关系设计指标，满足污染物排放核算要求

按照污染物核算体系要求，废气指标体系从污染物的产、治、排三个关键环节入手，分基本信息、产品原料能源消耗等台账情况、治理设施运行、污染物排放四大类指标进行设计；以产品产量、原辅材料用量、能源消耗量等经济活动水平指标对污染物的产生情况进行校核，以污染治理设施运行指标对污染物的排放情况进行校核。其中，污染物产排情况指标、治理设施及运行情况指标是核心指标，基本信息指标和台账指标是支撑及核实核心指标准确性的辅助指标。

（2）针对公用设备单独设表，满足不同企业针对性填报要求

废气排放的行业众多，但在诸多行业中废气排放有共通点，如不同的行业但公用的工业生产设备具有相同的产排污特征，如工业锅炉、电站锅炉等，考虑为公用的工业生产设备设计废气污染物产生和排放的公用设施（以下简称"废气公用设施"）专表，适用于具有相应设施的所有企业，实现了对更为广泛的、通行的污染物产生排放设施进行普查。如此，普查完成分"块"内容，分"块"汇总整合成为一个企业总体的情况，则得到一个企业整体的产、治、排情况。

（3）设计重点行业报表，提高重点行业调查精度

废气排放行业中，既有共通点，又要体现差异性，特别是某些重污染行业，行业产、治、排特征明显，且单独列成行业报表进行行业统计具有可操作性。"十一五"期间，环境统计调查表中将火电行业从工业单独列出来，取得了比较好的效果，为"十一五"期间总量减排，尤其是二氧化硫减排发挥了积极作用，另外，将火电行业单独制表进行调查，也提高了重污染行业的数据质量。"十二五"期间，本着"指标要减、数据要实、体系要精"和重点行业重点突出相结合的原则，借鉴"十一五"火电行业单独制表统计的成功经验，"十二五"环境统计报表制度将重污染、对环境质量影响大的行业，根据其特殊的生产工艺和产排污过程设置"可测量、可统计、可核查"的典型指标，又将钢铁、水泥和造纸三个

重污染行业单独列表，进一步提高了数据质量，满足了环保重点工作的需要。

单独制表行业设置原则主要包括：1）考虑到工作量和普查能力，单独制表行业不宜过多，以不超过 4 个行业为宜；2）属于高耗能、高污染、资源消耗型行业；3）行业生产流程相对统一、规范；4）单独建立指标，发表调查统计具有可操作性。

借鉴环境统计重点行业调查制度，根据已有的数据资料分析，火电、钢铁、水泥、平板玻璃 4 类行业工业废气污染物排放在全国工业废气排放中占据了较大比例，同时具有较为明显的行业特征，是目前大气环境监管的重点行业，因此在普查废气报表中设计了 4 类重点行业专表。

（4）设计排放量核算表，体现核算过程

为规避普查对象随意填报污染物产、治、排情况，废气指标体系设计了废气污染物产排量核算过程表，将主要的核算方法融入表内，主要有监测数据核算过程表和产排污系数核算过程表，普查对象需将核算所用的参数全部填入核算表，可通过自动核算获取普查对象的产排量指标。这样便于数据填报过程规范性控制，有利于提升数据质量。

3.1.3.2　各类污染物排放普查报表设计

（1）二氧化硫、氮氧化物、烟粉尘普查报表设计

工业废气中二氧化硫、氮氧化物、颗粒物等污染物统计体系相对成熟。按照燃料燃烧源、工艺过程源、堆场扬尘源分别设计普查表。

（2）VOCs 普查报表设计

目前，挥发性有机物（VOCs）逐渐成为环境管理的重点。根据环境统计、排放清单、VOCs 污染防治重点开展报表设计。VOCs 主要排放来源包括工业产品生产过程源、溶剂使用过程源两大类。

1）工业产品生产过程源。

对于工业产品生产过程中的 VOCs 排放而言，往往涉及多类排放源。《财政部、国家发展改革委、环境保护部关于印发〈挥发性有机物排污收费试点办法〉的通知》（财税〔2015〕71 号）中将石化行业 VOCs 排放源分为 12 个源项：设备动静密封点泄漏；有机液体储存与调和挥发损失；有机液体装卸挥发损失；废水集输、储存、处理处置过程逸散；燃烧烟气排放；工艺有组织排放；工艺无组织排放；采样过程排放；火炬排放；非正常工况（含开停工及维修）排放；冷却塔、循环水冷却系统释放；事故排放等。其他化工类行业与石化行业类似，会涉及不同数量的排放源。化学原料及化学制品制造业，化学纤维制造业，医药制造业，橡胶制品业，塑料制品业，非金属矿物制品业，黑色金属冶炼及压延加工业，石油加工、炼焦及核燃料加工业，农副食品加工业，食品制造业，饮料制造业，造纸及纸制品业，石油和天然气开采业，电力、热力生产和供应业等行业都涉及工艺生产 VOCs 排放。

若全部源项均纳入普查，因涉及面广、内容复杂，工作量大幅增加，故对其中重要源项进行普查，具体处理方式见表 3-1。在普查报表设计阶段，将设备动静密封点泄漏，有机液体储存与调和挥发损失，有机液体装卸挥发损失，废水集输、储存、处理处置过程逸散，火炬排放，冷却塔、循环水冷却系统释放 6 个源项单独设计普查表；燃烧烟气排放、工艺有组织排放、工艺无组织排放 3 个源项合入锅炉、生产工艺废气普查表中；非正常工况（含开停工及维修）、事故排放、采样过程排放因随机性过大，暂

时未纳入普查范围。同时，根据实际调研，增加了固体物料堆存、厂内移动源两个源项 VOCs 调查。工业产品生产过程源 VOCs 普查方式见表 3-1。

表 3-1 工业产品生产过程源 VOCs 普查方式

序号	源项类别	普查方式	普查表
1	设备动静密封点泄漏	单独设计普查表	工业企业有机废气泄漏情况普查表
2	有机液体储存与调和挥发损失		工业企业有机液体储罐信息普查表
3	有机液体装卸挥发损失		工业企业有机液体装载信息普查表
4	废水集输、储存、处理处置过程逸散		工业企业有机废水集输储存处理过程普查表
5	火炬排放		工业企业火炬排放信息普查表
6	冷却塔、循环水冷却系统释放		工业企业循环冷却水使用情况普查表
7	燃烧烟气排放	合入电站锅炉和工业锅炉普查表	工业企业电站锅炉（自备电厂）废气治理与排放情况普查表；工业企业工业锅炉废气治理与排放情况普查表
8	工艺有组织排放	合入生产工艺废气普查表	工业企业生产工艺废气治理与排放情况普查表
9	工艺无组织排放		
10	非正常工况（含开停工及维修）排放		
11	事故排放		
12	采样过程排放	未纳入普查范围	差异性和不确定性较大
13	厂内移动源	单独设计普查表	工业企业厂内移动源信息普查表
14	固体物料堆存		工业企业固体物料堆存（不含固体废物、危险废物）信息普查表

2）溶剂使用过程源。

溶剂使用较为普遍，设计溶剂使用普查表。通用设备制造业，专用设备制造业，汽车制造业，铁路、船舶、航空航天和其他运输设备制造业，皮革、毛皮、羽毛及其制品和制鞋业，木材加工和木、竹、藤、棕、草制品业，家具制造业，印刷和记录媒介复制业，计算机、通信和其他电子设备制造业等溶剂使用较为普遍的行业，溶剂使用情况填报溶剂使用普查表。

特别强调，部分行业工业产品生产过程也涉及溶剂使用，对此，借鉴排放清单编制经验，主要是在工业产品生产过程中排放 VOCs 的，将溶剂使用过程中排放的 VOCs 统一纳入工业产品生产过程中进行调查。

（3）氨排放报表设计

根据《大气氨源排放清单编制技术指南（试行）》，工业源氨排放行业主要为合成氨生产、氮肥生产、石油加工、炼焦化学、煤制气企业，故主要考虑这些行业氨排放统计。这些行业氨排放主要是工艺过程产生的，故不再单独设计普查表。

（4）废气重金属报表设计

对于废气重金属，考虑燃烧源和生产工艺源两类，分别在生产工艺废气、电站锅炉、工业锅炉普查表中予以体现，不再单独设计普查表。

3.1.3.3 废气普查指标体系框架

综上，废气普查报表指标体系设计为由"废气生产工艺（含重点行业）专表+废气公用设施专表+

废气污染物产排量核算过程表"三大部分组成的框架。所有普查对象依据企业实际生产内容，按照各张报表的适用性，灵活地选择适合的报表，每一类企业所需填报的报表组合可能都不相同，而同一类企业所需填报的报表基本一致，既体现行业差异，又能形成同类对比。

废气生产工艺（含重点行业）专表包括 8 张：工业企业生产工艺废气治理与排放情况普查表；水泥行业主要生产工艺专表 1 张，为水泥企业熟料生产废气治理与排放情况普查表；钢铁行业主要生产工艺专表 5 张，包括钢铁与炼焦企业炼焦废气治理与排放情况普查表、钢铁企业烧结球团废气治理与排放情况普查表、钢铁企业炼铁生产废气治理与排放情况普查表、钢铁企业炼钢生产废气治理与排放情况普查表、钢铁企业轧钢生产废气治理与排放情况普查表；平板玻璃行业主要生产工艺专表 1 张，为平板玻璃生产企业玻璃熔窑废气治理与排放情况普查表；火电行业专表同工业企业电站锅炉（自备电厂）废气治理与排放情况普查表。

废气公用设施专表包括 12 张：工业企业电站锅炉（自备电厂）废气治理与排放情况普查表、工业企业工业锅炉废气治理与排放情况普查表、工业企业炉窑废气治理与排放情况普查表、工业企业溶剂使用信息普查表、工业企业有机液体储罐信息普查表、工业企业有机液体装载信息普查表、工业企业火炬排放信息普查表、工业企业有机废气泄漏情况普查表、工业企业有机废水集输储存处理过程普查表、工业企业固体物料堆存（不含固体废物、危险废物）信息普查表、工业企业厂内移动源信息普查表、工业企业循环冷却水使用情况普查表。

废气污染物产排量核算过程表有 2 张：工业企业废气监测数据核算表、工业企业废气污染物产排污系数核算信息表。废气指标体系框架详见图 3-1。

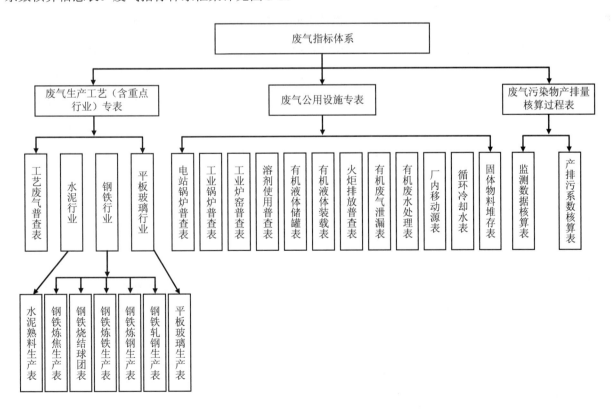

图 3-1　废气指标体系框架

3.1.3.4　废气普查报表具体设计

（1）废气生产工艺（含重点行业）专表指标设计

废气生产工艺专表包括水泥、钢铁、平板玻璃、火电 4 个重点行业的 8 张主要生产工艺专表，其中火电生产工艺专表同电站锅炉（自备电厂）表，还有 1 张适用于上述重点行业的非主要生产工序和其他行业的生产工艺废气表。该类报表以普查对象生产工序/产排污环节的主要排放口和一般排放口为普查单元，其中主要排放口逐个普查，一般排放口合并普查。

1）钢铁行业。

钢铁行业主要排污工序包括原料系统、炼焦、烧结/球团、炼铁、炼钢、轧钢等，其中炼焦、烧结/球团、炼铁、炼钢、轧钢 5 类生产工艺是钢铁行业产排污的重点环节，在 5 张钢铁行业专项表中体现，原料系统等其他产排污环节在生产工艺废气表中体现。

钢铁行业 5 个行业专表进一步细化到每个排污节点进行指标设置，如炼焦工序细分到每台炼焦炉，普查指标包括每个排污节点的基本信息、燃料消耗、产品、原料情况，污染治理设施运行情况和污染物排放情况主要排放口逐个普查，一般排放口合并普查。

根据《排污许可证申请与核发技术规范　炼焦化学工业》（HJ 854—2017），炼焦行业的主要排放口包括焦炉烟囱（含焦炉烟气尾部脱硫、脱硝设施排放口），装煤、推焦地面站排放口，干法熄焦地面站排放口，一般排放口包括精煤破碎、焦炭破碎、筛分、转运设施排放口，粗苯管式炉、半焦烘干和氨分解炉等燃用焦炉煤气设施排放口，冷鼓、库焦油各类贮槽排放口，苯贮槽、脱硫再生塔、硫铵结晶干燥排放口。其中炼焦工序烟粉尘无组织排放量也包含在颗粒物指标中。

根据《排污许可证申请与核发技术规范　钢铁工业》（HJ 846—2017），烧结/球团工序的主要排放口包括烧结机头排放口、烧结机尾排放口、球团焙烧排放口，烧结工序一般排放口包括与烧结机对应的配料设施、整料筛分设施排放口，破碎设施、冷却设施及其他设施的排放口，球团工序一般排放口包括与球团工序对应的配料设施排放口，破碎、筛分、干燥及其他设施排放口；炼铁工序的主要排放口包括炼铁单元高炉矿槽废气排放口、高炉出铁场排放口，一般排放口包括与炼铁工序对应的热风炉排放口，原料系统、煤粉系统及其他设施排放口；炼钢工序的主要排放口为炼钢单元转炉二次烟气排放口、电炉烟气排放口，一般排放口包括与炼钢工序对应的转炉三次烟气排放口，石灰窑、白云石窑焙烧排放口，铁水预处理（包括倒罐、扒渣等）、精炼炉、钢渣处理设施排放口，转炉一次烟气、连铸切割及火焰清理及其他设施排放口，电渣冶金排放口；轧钢工序的主要排放口为燃用发生炉煤气的热处理炉排放口，一般工艺排放口包括热轧精轧机排放口，拉矫机、精整机、抛丸机、修磨机、焊接机及其他设施排放口，轧制机组、废酸再生、酸洗机组、涂镀层机组、脱脂、涂层机组排放口。其中烧结/球团、炼铁、炼钢工序烟粉尘无组织排放量也包含在颗粒物指标中。

2）水泥行业。

水泥行业主要工序包括原料系统、熟料生产、粉磨站等，熟料生产工序在水泥行业专表中体现，原料系统、粉磨站等其他产排污环节在生产工艺废气表中体现。

熟料生产工序细化到每台水泥窑进行指标设置，普查指标包括每台水泥窑的基本信息、燃料消耗、产品情况，污染治理设施运行情况和污染物排放情况按主要排放口逐个普查，一般排放口合并普查。

根据《排污许可证申请与核发技术规范 水泥工业》（HJ 847—2017），熟料生产工序的主要排放口分为窑尾排放口和窑头排放口，一般排放口包括破碎机排放口、通风生产设备（原辅料、燃料、生料输送设备、料仓和储库）排放口、生料磨（有独立排放口的烘干磨）排放口、煤磨排放口、协同处置的旁路放风设施排放口，废气污染物指标也参考该技术规范。

3）平板玻璃行业。

平板玻璃行业主要工序包括玻璃熔窑等，玻璃熔窑工序在平板玻璃行业专表中体现。

玻璃熔窑工序细化到每台玻璃熔窑进行指标设置，普查指标包括每台玻璃熔窑的基本信息、燃料消耗、原料、产品情况，污染治理设施运行情况和污染物排放情况按主要排放口逐个普查，一般排放口合并普查。

根据《排污许可证申请与核发技术规范 玻璃工业 平板玻璃》（HJ 856—2017），玻璃熔窑的主要排放口为玻璃熔窑净烟气排放口，一般排放口包括原料破碎系统、备料与储存系统、配料系统、碎玻璃系统、成型退火工序和切裁装箱工序排放口。废气污染物指标也参考该技术规范。

4）废气生产工艺表。

非水泥、钢铁、平板玻璃、火电重点行业的其他行业企业的生产工艺废气，以及上述行业的非主要生产工序废气，适用于工业企业生产工艺废气治理与排放情况普查表。

废气生产工艺表依据企业实际生产工艺，按照不同的产品或原料对应的生产工艺废气进行普查。普查指标包括基本信息、产品/原料量、治理设施运行及污染物排放情况。

（2）废气公用设施专表指标设计

普查对象的废气公用设施（电站锅炉/自备电厂）表既为废气公用设施专表，又可作为火电行业专表的生产线/设备普查单元，分为电站锅炉（自备电厂）、工业锅炉、有机溶剂使用、工业炉窑、有机液体储罐、有机液体装载、火炬排放、有机废水集输储存处理、有机废气泄漏、循环冷却水使用、厂内移动源、固体物料堆存普查表。每项公用设施普查报表指标包括生产线/设备基本信息、燃料消耗情况、原料情况、产品情况、污染治理情况和主要污染物产生排放情况，其中电站锅炉（自备电厂）和工业锅炉细化到排放口普查污染物产排量，其他公用设施以生产线/设备/产品/原料等为普查单元普查污染物的产排量。

生产线/设备/产品/原料基本信息主要包括生产规模和年运行时间。

燃料、原料、产品数量和单位指标，本着报表指标精简的原则，仅列出字典项，普查对象通过数据管理系统在线填报时可以通过下拉菜单，实现多种燃料、原料、产品的填报。

污染治理设施以生产线/设备为载体，若 2 个及以上生产线/设备共用一套治理设施，则通过填报相同的污染治理设施编号实现，污染物产排情况与污染治理设施对应起来，实现了生产线/设备—废气治理设施—污染物排放一体化的"产、治、排"普查目标。

废气公用设施污染物烟粉尘的排放包括有组织排放和无组织排放。

（3）废气污染物产排量核算过程普查表

废气污染物产排量核算过程普查表共2张，包括废气污染物监测法核算表（1张）和废气污染物产排污系数核算表（1张）。

废气污染物监测法核算表为工业企业废气监测数据结果表，是针对监测点位、监测点位对应的设备和排放口的监测结果。

工业企业废气污染物产排污系数核算表分排污工序、排污节点，根据产品、原料、工艺、规模等组合确定产污系数，再根据治理工艺确定污染物去除效率或排污系数，从而核算得出污染物产排量。

3.1.4　废水指标体系技术要点

3.1.4.1　框架设计

废水污染源具有污染物产生、治理、排放流程差异小，排放形式行业差异不明显，排放较为集中，排放口较少的特点，因此在报表设计时不区分行业，按排放口进行调查。

根据"体现过程"的总体设计思路，对废水产生、治理、排放的全过程进行调查。废水报表指标体系由污染物的产、治、排三个环节的相关内容构成，包括用水取水信息、治理设施信息、排放口信息、污染物排放四类指标。

同时，为体现污染物产排量的核算过程，将主要的核算方法融入表内，主要有监测数据核算过程表和产排污系数核算过程表，普查对象需将核算所用的参数全部填入核算表，可通过自动核算获取普查对象的产排量指标。这样便于提高数据填报过程规范性控制，有利于提升数据质量。

综上，废水普查报表共计3张，适用于所有有废水产生的工业企业，分别为工业企业废水治理与排放情况普查表（G102-1）、工业企业废水监测数据结果表（G102-2）、工业企业废水污染物产排污系数核算信息普查表（G102-3）。废水指标体系框架设计思路见图3-2。

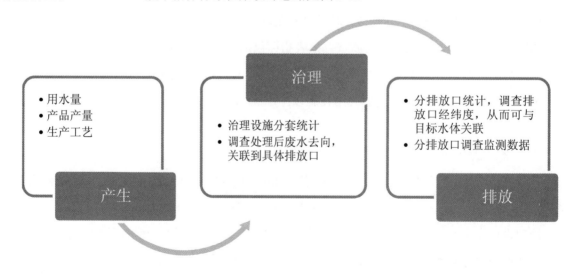

图3-2　废水指标体系框架设计思路

3.1.4.2　具体指标设计

（1）废水治理与排放情况普查表

废水治理与排放情况普查表（G102-1）调查普查对象废水产生、治理、排放情况。

废水的产生情况通过调查用水总量、取水总量，以及在对废水及各项污染物产生量的测算过程中体现。用水总量、取水总量不仅能反映企业的总体用水情况，还能对废水排放情况进行校核。对于废水产生量及各项污染物产生量，通过填报废水监测数据普查表及产排污系数核算信息普查表进行核算。

废水的治理情况以治理设施为单元逐套进行调查。一家工业企业一般有一套或多套废水治理设施，以一个废水治理系统为单位统计治理设施套数。为便于系统汇总，对每套废水治理设施进行编号。废水治理设施的调查内容包括治理废水类型、设计处理能力、处理方法类型、年运行小时、年实际处理水量、年运行费用等，其中废水类型、处理方法类型系统给出字典项，普查对象在数据管理系统下拉菜单中选择填报；其他指标根据实际情况填报。考虑废水经治理设施处理后有排入厂内其他废水处理设施、经排放口排出厂区、回用等多个去向，设计"废水去向"指标，调查处理后的废水的去向，如进入其他治理设施或回用则不用填报排放信息，如经排放口排出厂区则关联至排放口，调查废水排放情况。

废水排放情况以排放口为单元调查。排污许可管理中将废水排放口分为主要排放口和一般排放口，主要排放口许可排放浓度和排放量，一般排放口原则上不许可排放量。根据污染源普查全面核算污染物排放量的要求，普查表在设计上不对废水排放口做主要排放口和一般排放口区分，所有废水外排的企业均调查排放口基本信息、废水排放去向、废水排放量、污染物排放量。其中排放口基本信息包括排放口数量、单个排放口的经纬度，调查经纬度以对排放口进行准确定位；废水排放去向是指工业企业产生的废水直接排向江、河、湖、海等环境水体，还是排入市政管网、污水处理厂等，排放去向给出字典项，普查对象在数据管理系统下拉菜单中选择填报；废水排放量及污染物排放量通过调查监测数据及与产排污系数相关的指标进行核算。

同时，在调查指标的设计上考虑了相互之间的关联性，通过调查处理后废水流向，与具体排放口关联；通过调查排放口经纬度信息，与受纳水体关联。

（2）废水污染物核算过程普查表

废水排放量、污染物产生量和排放量通过调查废水监测数据以及与产排污系数相关的指标进行核算，设计废水监测数据结果表（G102-2），以及废水污染物产排污系数核算信息普查表（G102-3）共计2张报表。废水污染物排放量以排放口为单位统计，填报的数据均与排放口关联。

废水监测数据结果表（G102-2）按监测点位名称或编号及污染物指标名称顺序填报，根据废水污染物产排污量的计算公式，调查废水流量和污染物浓度。

废水污染物产排污系数核算信息普查表（G102-3）按污染物名称顺序填报。由于产排污系数与产品、生产工艺、原材料、规模、设备技术水平以及污染控制措施有关，因此在污染物产排污系数核算信息报表中对产品名称及产量、原料名称及用量、生产工艺、处理工艺及效果等指标进行调查，以确定相应的产排污系数。考虑产排污系数可以是独立生成工序（或工段）生产单位中间产品或最终产品产生、排放的污染物量，也可以是整个工艺生产线上生产单位最终产品产生、排放的污染物量，在报表中设计"排污节点"指标，对应产生排放污染物的工序，以确定过程产排污系数。

3.1.5   固体废物指标体系技术要点

3.1.5.1   框架设计

鉴于固体废物排放行业、种类差异小，固体废物普查表不区分行业，在设计上沿用"十三五"环境统计报表制度指标体系，按照不同性质分类，对固体废物的产生、利用、排放的全过程逐项进行调查。同时对企业内部自用的一般工业固体废物贮存处置场所、危险废物内部填埋处置和焚烧处置等处置利用情况进行调查。固体废物普查报表2张——工业企业一般工业固体废物产生与处理利用信息普查表、工业企业危险废物产生与处理利用信息普查表。固体废物指标体系框架设计思路见图3-3。

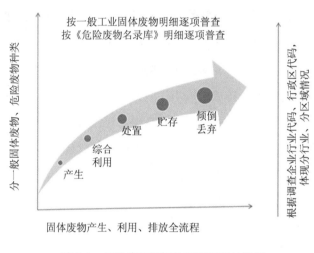

图 3-3   固体废物指标体系框架设计思路

3.1.5.2   具体指标设计

固体废物按性质不同分为一般固体废物和危险废物。一般工业固体废物是指未被列入《国家危险废物名录》（2016 版）或者根据国家规定的危险废物鉴别标准（GB 5085）、固体废物浸出毒性浸出方法（GB 5086）及固体废物浸出毒性测定方法（GB/T 15555）鉴别方法判定不具有危险特性的工业固体废物，根据其性质分为第Ⅰ类一般工业固体废物和第Ⅱ类一般工业固体废物两种。危险废物是指列入《国家危险废物名录》或者根据国家规定的危险废物鉴别标准和鉴别方法认定的，具有爆炸性、易燃性、易氧化性、毒性、腐蚀性、易传染性疾病等危险特性之一的废物（医疗废物属于危险废物）。根据以上定义，普查表中按照一般工业固体废物明细及《国家危险废物名录》（2016 版）给出一般固体废物和危险废物的名称和代码的字典项目，普查对象根据实际产生情况在数据管理系统下拉菜单中选择填报。

考虑精细化管理、全过程监管的要求，以及固体废物流向多的特点，报表调查指标包括固体废物产生量、综合利用量、处置量、贮存量、倾倒丢弃量，涵盖固体废物产生、利用、处置的全流程及不同流向。

同时结合调查工业企业基本信息调查，根据企业行业代码、行政区代码，体现分行业、分区域的固体废物产生、利用、排放情况及特征。

3.1.6 其他指标技术要点

3.1.6.1 产品、生产工艺、原辅/燃料

污染物的产排污情况与产品产量、生产工艺、原辅料、燃料等密切相关，而且用于核算污染物产排量的产排污系数也需要根据上述参数确定，因此在报表中调查相关指标。

产品信息包括产品名称、生产能力、实际产量等内容。企业基本信息表调查企业整体产品信息；污染物产生情况与产品相关的工序，如生产工艺废气、窑炉废气等，在对应的废气通用报表或重点行业专表中调查各工序相应的产品信息。

使用的不用的原辅料、燃料以及不同的生产工艺会导致排污状况有很大差异，如氮肥生产中以天然气、水煤浆、干煤粉等为原料制氨的企业配合先进的清洁生产工艺，其排污状况较好，以无烟煤为原料采用固定床常压煤气化工艺的企业排污状况较为严峻。因此对企业原辅料、燃料使用情况以及采用的生产工艺进行调查。企业基本信息报表中调查全厂主要原辅材料、主要燃料消耗、生产工艺情况。由于废气排放按生产线、设备逐个调查，在相应废气通用报表或重点行业专表中按单个生产线、设备为单位调查以上指标。

3.1.6.2 环境风险信息

危险化学品具有毒害、腐蚀、爆炸、燃烧、助燃等性质，对人体、设施、环境具有很大的危害性。危险化学品在使用和生产过程中存在重大的环境风险。普查报表的设计侧重体现污染源对环境的风险，调查危险化学品生产和使用情况，为危险化学品的重点监管提供可靠的数据来源。

依据《企业突发环境事件风险分级方法》（HJ 941—2018）、《重点环境管理危险化学品名录》中所列危险品名单，调查工业企业生产、使用和储存上述危险品的情况，设计普查表 1 张——工业企业环境风险信息普查表（G105-1）。按照《企业突发环境事件风险分级方法》（HJ 941—2018）、《重点环境管理危险化学品名录》调查企业生产或使用的环境风险物质名称和 CAS 号，同时调查企业与突发环境事件风险分级相关的生产工艺和环境风险控制水平等相关信息。

3.1.7 与第一次全国污染源普查对比

与一污普工业源报表制度与技术规定相比，二污普主要存在以下几点不同：

一是增加了独立调查的废气通用设施类型数量，且排放量具体到设施。一污普仅对锅炉、炉窑、生产工艺废气单独设计普查表，且排放量未精细到具体源。本次设计的调查表将炉窑归为生产工艺废气中，对锅炉、堆场单独设计普查表，并根据普查实施方案增加的挥发性有机物调查的需要，增加了有机溶剂使用、储罐等部分涉及挥发性有机物产生和排放的通用源。对于单独设计普查表的通用源，排放量也分别进行核算。

二是增加了废气重点行业专表，主要排放口排放量单独核算，一般排放口排放量整体估算。一污普没有针对重点行业单独设计普查表。本次增加了火电、钢铁、水泥、平板玻璃 4 个重点行业专表，对重点行业工艺废气进行细化和具体化。同时，衔接排污许可技术规范，对其中的主要排放口排放量单独核

算，将排放量具体到主要排放口层次。

三是减少专业性过强的调查内容。如一污普中持久性有机污染物、含多氯联苯电容器（变压器）、消耗臭氧层物质等专业性过强的内容，在本次普查表设计中未纳入，以提高普查表的可操作性。

四是废水污染物排放量为排入外环境量，废水污染物量排放具体到排放口，且强化了废水治理与排放的关联性。与一污普废水污染物排放量按厂界排放量计不同，与环境统计保持一致，以外环境排放量作为企业排放量。按排放口统计废水污染物排放量情况，增加了经废水治理设施处理后废水的去向，从而建立排放与治理间的关系。

五是不区分详细调查和简要调查，不设计简表。按照组合式调查表模式，排放源少的企业填报的报表少，指标简单，设计简表的意义不大，故不再单独设计简表。

3.2   工业园区普查制度与技术规定

3.2.1   制定的原则和依据

（1）满足管理需求

国务院发布的《大气污染防治行动计划》（以下简称"气十条"）、《水污染防治行动计划》（以下简称"水十条"）和《土壤污染防治行动计划》（以下简称"土十条"）分别对工业园区的管理提出了要求，普查表的内容要能满足管理所需的信息，为下一步提出对园区管理的要求提供依据。

（2）体现园区职责

本次普查将工业园区作为一个普查对象进行调查，园区的环境管理情况是普查的重点，调查指标要能体现园区管理部门的责任主体，反映园区管理部门职责落实情况以及管理情况。

3.2.2   主要内容

3.2.2.1   范围和对象

根据国务院发布的普查方案，普查对象为国家级和省级开发区中的工业园区（产业园区），包括经济技术开发区、高新技术开发区、高新技术产业开发区、保税区、出口加工区等。

2006 年，经国务院同意，国家发展改革委、国土资源部、原建设部发布了 2006 年版《中国开发区审核公告目录》，公告了符合条件的 1 568 家开发区，其中国家级开发区 222 家，省级开发区 1 346 家。国家级开发区包括经济技术开发区、高新技术产业开发区、出口加工区、保税区、边境经济合作区和其他类型开发区。2016 年国家发展改革委等部门开展对 2006 年版开发区审核公告目录的修订工作，2018 年年初，经国务院同意，国家发展改革委、科技部、国土资源部、住房城乡建设部、商务部、海关总署发布了 2018 年第 4 号公告，公布了 2018 年版《中国开发区审核公告目录》，见表 3-2。

表 3-2 国家级和省级开发区统计

开发区名称	2006 年版	2018 年版	备注
全国合计	1 568	2 543	
国家级开发区合计	222	552	
国家级经济技术开发区	49	219	
国家级高新技术产业开发区	53	156	
国家级保税区	15	135	2018 年版将保税区、出口加工区合并后统称"海关特殊监管区域"
国家级出口加工区	58		
边境经济合作区	14	19	2018 年版改称"边境/跨境经济合作区"
其他类型开发区	33	23	
省级开发区	1 346	1 991	

2018 年版《中国开发区审核公告目录》显示，国家级经济技术开发区、国家级高新技术产业开发区主导产业都包括工业企业（按国民经济行业代码分类）类型；"海关特殊监管区域"中出口加工区的加工类型未明确，是否有污染物产生等信息未知；其他类型开发区包括产业园、科技工业园、旅游度假区、投资开发区、贸易区等，个别国家级旅游度假区主导产业甚至包括生物制药和机械，为保证园区普查结果全面，本项目规定将国家批准的各类开发区均纳入普查范围。

省级开发区是指由省级人民政府批准设立的开发区，主要有两种类型：一类是经济开发区，功能类似于国家级经济技术开发区；另一类是工业园区（产业园区），功能以发展各类工业项目为主，其中还包括一部分省级高新技术产业园区。省级开发区全部纳入普查范围。

3.2.2.2 普查内容

工业园区普查内容主要集中在 4 个方面：一是园区建立污染集中处理设施；二是要建设集中供热设施；三是要定期开展环境风险评估；四是要提高环境监管能力。征求地方各级环境管理部门对第二次全国污染源普查需求的意见，汇总分析工业园区调查的需求，也是集中在这几个方面，所以本技术规定在选择普查指标时也围绕这 4 个方面设计。

（1）污染集中处理设施

污染集中处理设施主要包括污水集中处理厂、一般固体废物集中处理和危险废物集中处理。

集中式污染治理设施普查已包括污水处理厂和危险废物处理处置厂，但未调查企业的属性。工业园区普查重点是掌握园区自建集中处理设施及园区内企业产生的污染物通过集中处理的情况。

据了解，国内仅有个别园区建有一般工业固体废物集中处理厂，采用填埋方式进行处理。因不产生废水和废气污染物，企业未填报环境统计报表。因不对环境产生污染，也不将这类处理厂纳入普查范围。

（2）集中供热设施

"气十条"在加强工业企业大气污染综合治理的措施中提出要加快推进集中供热，在化工、造纸、印染、制革、制药等产业集聚区，通过集中建设热电联产机组逐步淘汰分散燃煤锅炉。据此，规定普查的集中供热设施只包括为工业生产提供热能的企业，不包括为居民提供热源的企业。

（3）环境风险评估

环境风险主要来自使用和生产危险化学品企业，以及一些高风险的生产工艺，工业源普查技术规定对企业风险源进行普查，所以在工业园区普查时不再调查企业风险源，仅对园区在环境风险的预防及应急措施方面进行调查。

对于化工园区、电镀园区等高污染行业聚集的行业类园区，从环境风险防范的角度考虑，规定对其周边的敏感点也开展调查。

（4）环境监管

工业园区是工业企业聚集的地区，污染物排放量大，很多企业安装了自动在线监测设备，对各排放口的污染物浓度进行了监测。目前园区的环境质量监测尚未纳入日常的监督管理日程，广东、江苏省等发达地区的一些工业园区环境管理部门已认识到这个问题，在园区设置了环境质量监测点开展监测，但在大部分的工业园区未开展监测，对园区的整体环境状况现状不清楚。本规定设置环境质量监测信息调查，是为了将来控制园区建设规模或企业数量提供依据。

（5）污染物产生量和排放量

根据普查方案三、（一）工业污染源的普查技术路线规定，工业园区（产业园区）内的工业企业填报工业污染源普查表，本次普查的内容不再对园区内的每家工业企业单独调查，园区内的污染物排放量由工业源调查结果进行汇总统计。

现有工业园区调查结果将为各种类型企业入园准入条件、园区污染物排放总量、基于污染物排放总量控制的园区建设规模和园区污染物排放情况与园区周边环境质量响应关系等政策的制定提供决策支持。

3.3　农业源普查制度与技术规定

3.3.1　国内外农业源统计调查相关情况

3.3.1.1　国内情况

（1）第一次全国污染源普查

一污普时期，畜禽养殖排污量按产污量减去污染治理和综合利用削减量，从总体上核算排污量的方法合理，从而确定了畜禽养殖业污染普查的基本框架。种植业、水产养殖业采用排污强度方法核算污染物排放量。基于这一思路，确定了进行全国农业源污染普查产排污量核算的基本方法，为第二次农业源污染普查奠定了基础。一污普建立了适合于进行全面调查使用的畜禽养殖业、水产养殖业、种植业产排污系数（强度），将养殖业分为养殖专业户与规模养殖、种植业分为规模农场与种植户，并分别设计了对应的普查表，对所有普查对象采取一户一表的形式开展全面调查。

一污普的报表制度与技术规定是在进行全面普查的前提下提出来的，因此，排污量核算所需的农业经济基量是通过普查获取，在日常环境统计和管理中不能复制，导致普查产排污系数对应的农业生产经济基量无法通过正常农业统计或相关数据获取，因此在使用上存在一些障碍，不能满足日常环境统计与管理工作的需求。

（2）我国农业污染源统计工作现状

农业源环境统计包括畜禽养殖业、种植业、水产养殖业三个部分。由于缺乏有效的管理手段与统计方法，目前种植业和水产养殖业基本上平移第一次污染源普查结果，没有实际上进行统计；畜禽养殖分为养殖专业户和畜禽规模养殖两部分，养殖专业户排污量采用"排污强度法"核算，即以县（区）为核算单元，通过统计养殖专业户养殖总量数据，采用排污系数法进行统计核算。畜禽规模养殖采用"组合累积扣减比例法"核算，即通过一户一表的形式填报养殖企业的基础活动数据与污染防治措施，采用产污系数法核算污染物的产生量，再以与污染防治措施对应的去除效率来核算排污量。

（3）第三次农业普查

2017年，国家统计局组织开展了全国第三次农业普查，普查的内容主要包括农业从业者情况、土地利用和流转情况、农业新型经营主体情况、农业现代化进展情况、农业生产能力和结构情况、粮食生产安全情况、农产品销售与农村市场建设情况、村级集体经济与资产状况、乡村治理情况、乡镇社会经济发展状况、农民生活状况、建档立卡贫困村与贫困户情况、主要农作物种植等空间分布情况。其普查报表设计也是围绕上述调查内容，重点考虑反映农村经济社会发展现状的指标，与农业源污染物普查核算有关的是主要农作物种植分布情况。其在调查指标的设计上远远不能满足农业源污染物普查核算的需要。

3.3.1.2 国外情况

（1）种植业氨排放

许多国家或地区均编制了大气或者农业源排放量清单，这些清单通常囊括农业源氨排放量数据，并且此类清单中种植业相关氨排放量数据基本都是来自氨排放模型计算。

国外农业种植业氨排放清单的建立主要依靠模型法，氨排放清单模型有5种，分别是英国国家氨减排措施评价系统（NARSES）模型、区域空气污染信息和模拟模型（RAINS）、美国化肥施用氨排放清单（AEIFA）模型、EMEP/CORINAIR 排放清单（AEIG）模型和丹麦氨排放模型（Dan Am）。主要是通过收集农业种植基础数据如氮肥施用量、施用方式、温度、土壤酸碱度、土壤含水率、气温、湿度等影响农业种植业氨排放的基础影响因素数据，通过构建模型来获得氨气的排放量，最终给出氨排放清单。

丹麦的农业源氨排放数据主要来源于2011年编制的丹麦农业排放清单，该清单内容仅针对农业源，与氨气排放相关的内容包括农田化肥、畜禽养殖业及生物质燃烧等。美国化肥施用氨排放清单直接提供了种植业氨排放化肥施用造成的氨排放量，其农业种植业氨源基本数据信息主要来源包括国家统计局、国家环境保护局、国家农业部、大学及科研机构等系统。

（2）畜禽养殖氨排放

早在2001年欧盟就颁布了《大气污染物国家排放限值指令》（2001/81/EC），并于2006年进行了修订，该指令直接确定了欧盟氨气的排放总量和各国分摊目标，要求28个成员国的氨排放总量限值不超过429.4万t。为此，《EMEP/EEA大气污染物排放清单编制指南》规定了畜禽氨排放清单的编制方法，并于2013年与2016年更新过两次。其畜禽氨排放清单制定方法包含整体系数法、阶段系数法及本土化系数法，用于指导本区域的氨排放清单编制工作。由于各成员国发展水平不同，如东欧各国缺乏系统的畜禽活动水平基量数据，其往往选用整体系数法核算本国畜禽氨排放量；阶段系数法由于已经给定了畜禽养殖场养殖过程各阶段的畜禽粪便中 TAN 量及氨转化率，只要各国具备对应的畜禽活动水平数据，一般都会选用此法，因此在欧盟内部应用最为广泛；而对于畜禽养殖活动水平统计非常完备的国家，为提高清单核算精度，往往采用本土化系数法。

在本土化系数法的运用过程中，各国主要是针对氨排泄量、TAN 产生量及各个环节的氨转化率与氨损失率进行了修正以精确本国的清单模型。在栏舍与放牧环节，英国 MAST 模型通过增加测定频次（8 次/d）获取准确的畜禽排泄量；荷兰 MAM 模型针对放牧动物（牛、羊等）提出了氨排泄量与栏舍和放牧时间的非线性关系，同时提出了温度、湿度与环境风速等因子与氨转化率关系；丹麦的 Dan Am 模型辨析了反刍动物与非反刍动物氨排泄量差异。在粪污存储处理环节，荷兰 Frits 的 FARMMIN 模型添加了硝酸盐淋溶流失的非氨损失环节；英国的 NARSES 模型和德国 GASeous Emissions 模型，添加了氮的矿化过程和固化过程对氨损失的作用；欧盟 IPCC 模型对存储环节中非氨损失进行了估算。在粪污还田环节，丹麦 CEC 模型添加了土壤阳离子交换对氨损失的作用；英国 MAST 模型针对不同的粪肥还田模式（粪肥的表施与注施）提出相应的氨排放系数。

目前，美国正在使用 2004 年美国国家环境保护局编制的《畜牧业氨排放清单草案》中提出的估算方法，其采用整体系数法和本土化系数法相结合的方式，如绵羊、山羊、马等非主流养殖品种采用整体系数法，直接给出了单位畜禽氨排放系数，根据养殖数量核算区域氨排放量；而生猪、奶牛、家禽、肉牛等主流养殖品种则采用本土化系数法，根据本国实际情况对栏舍、粪污处理、粪污还田进行了细致划分，并提出了粪尿中 TAN 量及产氨率，可计算不同阶段的氨排放系数。

美国本土化系数法中以 AEIFA 模型最具代表性，该方法类似于欧盟方法，通过调查不同养殖方式和粪便管理模式的畜禽年均数目，结合氨排泄率计算总量，再针对不同管理环节给出氨排放因子，最终计算得到氨排放量。该模型对时间和空间精度进行了部分修正，把以月为单位的农村层面活动水平和排放因子等数据应用于氨排放清单中，一定程度上提高了氨排放清单的模型适用性和准确性。

（3）农药 VOCs

为完成美国《清洁空气法案》的规定内容，加利福尼亚州将未能满足环境空气质量标准的区域列为不达标区域，由加利福尼亚州大气资源委员会和农药管理部（DPR）提出整治计划，对不达标区域内的农药 VOCs 排放量进行率定和减量。美国加利福尼亚州农药管理部根据农药的累积效应和半衰期，将散发潜力（Emission Potential，EP）作为评估农药 VOCs 排放量的指标，并给出了农药 EP 的监测与评估方法。在得到 EP 值之后，农药 VOCs 排放量=农药施用量×EP。

3.3.2　普查报表指标体系设计总体思路和原则

3.3.2.1　设计原则

根据普查工作目标，调查内容、技术路线、组织实施和质量管理要求，确定了第二次全国污染源普查农业源报表设计原则。

科学化：尊重客观事实和科学规律，根据种植业、畜禽养殖业和水产养殖业等行业特征，结合水污染物、气污染物、秸秆和地膜等不同污染要素的产生与排放的特点，采取不同技术路线设计报表制度。

差异化：农业源普查对象间差别较大，监管方式也不尽相同。在普查报表制度上将普查对象分为点源与面源，对点源（规模养殖场）则从全过程监管出发，对与污染物的产生、治理、排放各环节相关的所有关键环节均开展调查；对面源（非规模化畜禽养殖、水产养殖与种植业），重点调查与污染物产生和排放相关的环节，调查范围上则以区县为整体，重点考虑全县范围的总体排污情况。

信息化：利用计算机技术实现报表指标体系模块化管理，对业务系统框架和功能进行整体设计，实现根据企业实际情况进行自由式组合选择报表。

法制化：按照《统计法》《环境保护法》《全国污染源普查条例》等法律法规，落实企业与相关部门如实报送统计数据的主体责任，生态环境管理部门负责数据填报的技术指导和监督，保证按照统一核算方法计算污染物产生、排放情况。

3.3.2.2　指标体系总体框架

本次设计的农业源报表制度共 6 张报表，见图 3-4 共分为两类报表：

1）企业调查表 1 张，主要为企业生产、污染防治相关详细信息。

2）汇总调查表 5 张，主要以县（区）为调查单位的各调查对象信息汇总表。

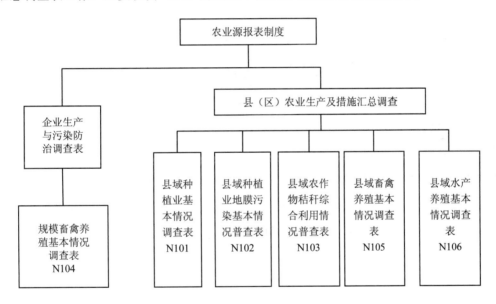

图 3-4　农业源报表指标体系框架

3.3.3　种植业指标体系设计思路

3.3.3.1　总体框架设计

按照各类污染物排放量核算体系的要求，种植业指标体系分基本信息和专题信息调查来进行指标设计。

3.3.3.2　具体指标设计

（1）县域种植业基本情况调查表

种植业水污染物、气污染物（氨气、VOCs）通过生产活动水平与农业生产资料投入情况以及产排污系数相关的指标进行核算，在指标设计上主要考虑种植品种、种植面积、规模种植主体情况、化肥投入量、农药投入量及种植模式面积与采取的减排措施面积等。

（2）县域种植业地膜污染基本情况普查表

种植业地膜污染通过地膜投入量及地膜残留、回收系数相关的指标进行核算，在指标设计上主要从种植业基本信息、地膜使用信息、地膜生产回收利用信息等方面进行考虑，主要包括县域耕地总面积、播种面积、地膜覆盖面积、地膜使用量、地膜生产企业数量与生产量、地膜回收企业数量与回收利用量、主要农作物种植面积与覆膜面积等。

（3）县域农作物秸秆综合利用情况普查表

秸秆综合利用情况主要通过对我国不同作物种类、不同区域的秸秆草谷比、可收集系数和"五料化"利用比例进行测定，结合普查和统计数据，测算农作物秸秆产量、秸秆可收集资源量、各种利用途径的秸秆利用量。在普查指标设计上主要考虑主要秸秆作物的种植面积、植株高度、草谷比、收获方式与面积、割茬高度及利用方式与利用量等。

3.3.4　养殖业指标体系技术要点

3.3.4.1　框架设计

养殖业按照对不同规模养殖场和养殖对象监管方式的不同，结合各类污染物排放量核算体系的要求，指标体系分养殖企业基本信息调查和县域养殖情况信息调查。

3.3.4.2　具体指标设计

（1）规模畜禽养殖基本情况调查表

规模畜禽养殖场的产排污情况通过养殖量、各类污染物的治理措施及产排污系数相关的指标进行核算。在普查指标设计上主要从养殖品种、养殖规模、污染防治措施等方面考虑，包括五类畜禽（生猪、奶牛、肉牛、蛋鸡、肉鸡）的存出栏量、养殖周期、饲料投入量、栏舍构造、清粪方式、粪便污水产生量、粪便处理利用方式及利用量、污水处理工艺、利用去向及利用量等。

（2）县域畜禽养殖基本情况调查表

县域畜禽养殖业排污情况通过养殖量及产排污系数相关的指标进行核算。在普查指标设计上主要考虑全区域内五类畜禽（生猪、奶牛、肉牛、蛋鸡、肉鸡）的存出栏量、养殖周期、饲料投入量、栏舍构造粪便污水产生量、粪便处理利用方式及利用量、污水处理工艺、利用去向及利用量汇总情况等。

（3）县域水产养殖基本信息调查表

县域水产养殖业排污情况通过养殖量及产排污系数相关的指标进行核算。在普查指标设计主要考虑养殖品种、养殖规模、养殖水体、养殖模式、用水量和换水量及水产品产量等。

3.3.5　与第一次全国污染源普查对比

与一污普农业源报表制度与技术规定相比，主要存在以下几点不同：

一是在污染物方面，增加了气污染物排放量的普查核算，包括种植业氨气排放、农药 VOCs 排放和畜禽养殖业氨气排放。

二是充分考虑了农业污染源的特殊性，在普查指标体系设计上进行了简化，从普查报表数量上，由10个普查报表整合简化为6个普查报表；在具体指标方面简化了水产养殖调查表、种植业调查表。

三是从填报对象上进行优化，对排污责任主体十分明确的畜禽规模养殖场，采取一户一表入户调查方式进行填报；对排污主体不是很明确且其分散的非规模畜禽养殖、水产养殖及种植业，采取以调查行政区域汇总信息的方式开展普查填报。

3.4 生活源普查制度与技术规定

3.4.1 主要技术路线设计

收集城镇供水统计数据，结合排水系数，核算城镇生活污水产生与排放量。根据城镇污水处理厂枯水期进水水质数据及市政入河（海）排污口水质监测结果，结合生活污水排放量，获得水污染物产生总量，减去城镇污水处理厂水污染物削减量，核算城镇生活污染源水污染物排放总量。根据农村常住人口、厕所类型、生活污水与粪尿排放去向，以及村镇人均生活用水量等统计数据，利用产排污系数，核算农村生活污染源水污染物产生和排放量。根据常住人口数量、城镇常住人口数量、房屋竣工面积、人均住房面积以及沥青道路的新增与翻新面积等统计数据，利用产排污系数，核算生活污染源 VOCs 排放量。生活污染源普查技术路线见图 3-5。

3.4.2 主要内容说明

3.4.2.1 废水污染物排放情况

废水污染物排放分为城镇生活源和农村生活源两部分。

城镇生活源的普查内容服务于市区、县城和镇区生活污水及污染物产生、排放总量的核算，普查指标包括建成区面积、人口数量、居民家庭用水量、公共服务用水量、用水人口等，用以核算城镇综合生活用水总量和城镇人均综合生活用水量。填写 S101 表、S102 表、S104 表，有关普查指标数量分别为9个、9个、6个。

农村生活源的普查范围为未纳入市区、县城和镇区范围的乡村区域。普查内容包括五个方面：村级行政区人口基本情况、生活用水情况、住房厕所类型、人粪尿排运去向、生活污水排放去向等。共设置12个指标，除了在生活污染源县城普查表（S102 表）设置1个指标：农村人均居民生活用水量，其余11个指标均设置于生活污染源行政村普查表（S104 表）中。

废水污染物指标包括化学需氧量、氨氮、总氮、总磷、五日生化需氧量、动植物油六项，与《国务院办公厅关于印发第二次全国污染源普查方案的通知》要求一致。

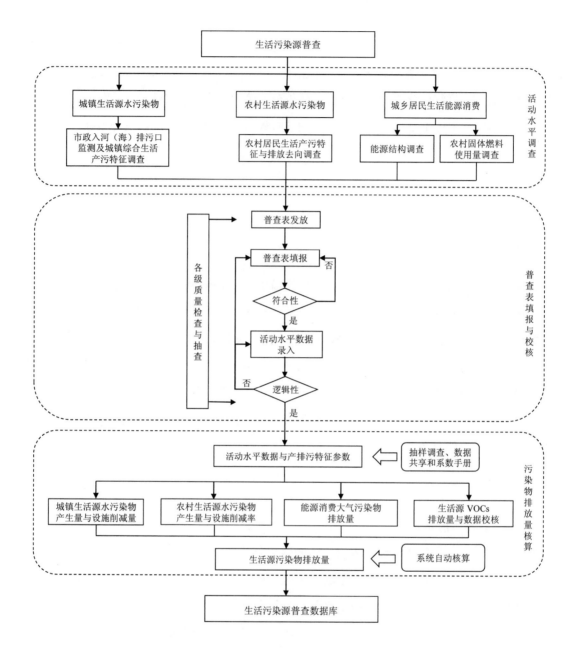

图 3-5　生活污染源普查技术路线

3.4.2.2　废气污染物排放情况

废气污染物排放情况分为城乡居民能源消费和挥发性有机物排放两部分。

城乡居民能源消费普查内容包括建成区面积、人口数量、集中供热面积、散煤使用情况、人工煤气/天然气/液化石油气的年销售量、农村能源使用情况等。填写 S101、S102、S103、S104 表，有关普查指标数量分别为 12 个、8 个、4 个、4 个。

根据《"十三五"挥发性有机物污染防治工作方案》中"加强建筑装饰、汽修、干洗、餐饮等生活源 VOCs 治理"的要求，以及各城市人为源 VOCs 排放清单研究成果"建筑涂料、沥青使用、餐饮、日用品使用是除工业源外重要的 VOCs 排放贡献源"，确定本次生活源 VOCs 排放来源主要考虑餐饮油烟、建筑涂料与胶黏剂使用、沥青道路铺装、干洗、日用品使用（汽修在其他专题调查）。普查内容包括人口数量、房屋竣工面积、人均住房面积以及沥青道路的新增与翻新长度情况。其中，人口主要包括年末常住人口和城镇常住人口，是食物烹饪、干洗、日用品使用三类源 VOCs 排放核算的基准量。房屋竣工面积、人均住房面积是建筑涂料和胶黏剂使用 VOCs 排放核算的基准量。沥青道路的新增与翻新长度是沥青道路铺装 VOCs 排放的基准量。

3.5 集中式污染治理设施普查制度与技术规定

3.5.1 编制原则

以实现普查目的为目标，以支撑未来精细化环境管理为出发点，科学编制技术规定和报表制度，为第二次全国污染源普查提供强有力的技术支持。

（1）落实普查工作目标，注重目的性

本次普查工作目标为：摸清各类污染源基本情况，了解污染源数量、结构和分布状况，掌握国家、区域、流域、行业污染物产生、排放和处理情况，建立健全重点污染源档案、污染源信息数据库和环境统计平台，为加强污染源监管、改善环境质量、防控环境风险、服务环境与发展综合决策提供依据。紧密围绕普查目标和普查方案中确定的普查内容制定普查技术规定和普查表。

（2）指标设计全而简，注重全面性

注重普查内容的全面性、整体性，在保证实现普查工作目标的前提下，考虑适当增加服务于精细化环境管理所需的信息，为日后的环境监管提供基础信息。同时尽可能简化报表设计，减轻普查对象和普查员的负担。

（3）充分利用已有信息，注重普适性

技术规定引用内容应与国家现行的政策、法规、标准、意见中的规定和要求相一致，涉及相关部门的指标，尽量采用其主管部门的信息和表达方式，便于普查对象的理解和填报。

（4）统筹考虑与各项管理制度的衔接，注重统一性

在报表设计和污染物核算方法规定上，与环境统计、污染物排放清单编制、排污许可证制度等统筹考虑，使指标名称和污染物核算方法保持一致，便于普查工作与各项管理制度的衔接。

3.5.2 主要内容说明

3.5.2.1 普查对象与范围

国务院批准的第二次全国污染源普查方案中，集中式污染治理设施的普查对象为集中处理处置生活垃圾、危险废物和污水的单位，并对普查的范围进行了明确。在编制技术规定时，根据历年环境统计情况，对普查的范围做了进一步的细化。

（1）集中污水处理单位

具有一定规模的农村污水处理厂纳入调查。设计日处理能力大于 10 吨（含）农村污水处理厂纳入

普查范围。

第一次全国污染源普查和"十二五"环境统计的调查范围均是城镇污水处理厂,包括矿区、机场、度假区等特殊区域的污水处理设施。"十三五"环境统计将农村污水处理厂纳入了调查,但相对于城镇污水处理厂的调查内容,农村污水处理厂的调查内容只有污水处理厂名称、处理方法、处理能力和实际处理量 4 项指标。

2013 年环境保护部发布了《村镇生活污染防治最佳可行技术指南(试行)》(HJ-BAT-9),建议农村应分类建设污水处理设施,依据村庄或村镇的规模或居住人口数量,建设污水集中收集系统,将全村污水进行集中收集后统一处理,并根据表 3-3 中的参数估算,将村庄污水集中收集规模界定为:服务人口 50~5 000 人,服务家庭数 10~1 000 户,污水收集量 5~500 米³/日;村镇污水收集规模通常为:服务人口 5 000~10 000 人,服务家庭数 1 000~5 000 户,污水收集量 500~1 000 米³/日。

表 3-3 村镇居民人均生活污水量   单位:L/(人·d)

类型	黑水	灰水		生活污水
		南方	北方	(黑水、灰水的混合水)
村庄(人口≤5 000 人)	20	45~110	35~80	80
村镇(人口 5 000~10 000 人)	30	85~160	70~125	100

根据 2016 年全国环境统计结果,农村污水处理厂 1 422 家,处理能力 57.4 万吨/日,实际年处理量 97.9 万吨。从表 3-4 统计数据来看,96% 的农村集中式污水处理厂设计处理能力超过 10 吨/日。

表 3-4 2016 年全国环境统计农村污水处理厂统计结果

处理能力/(t/d)	数量/个	实际处理量/(t/d)	数量/个
全国汇总	1 422	全国汇总	1 422
≥5 000	16	≥5 000	49
1 000~5 000	107	1 000~5 000	69
500~1 000	180	500~1 000	76
100~500	542	100~500	393
10~100	525	10~100	632
5~10	52	5~10	45
1~5		1~5	57
<1		<1	106

注:其中有 49 座污水处理厂实际处理量为 0。

《中国城乡建设统计年鉴(2016 年)》(以下简称《城建年鉴》)公布的数据,城市污水处理厂 2 039 座,处理能力 14 910 万米³/日;县城污水处理厂 1 513 座,处理能力 3 036 万米³/日;建制镇污水处理厂 3 409 座,处理能力 1 423 万米³/日,污水处理装置 12 421 个,处理能力 1 041 万米³/日;乡污水处理厂 441 个,处理能力 25.7 万吨/日,污水处理装置 2 093 个,处理能力 38.1 万吨/日,污水处理装置处理能力平均为 182 吨/日。2016 年全国污水处理厂建设情况见表 3-5。

全国对生活污水进行处理的乡占比为 9.04%;行政村 52.62 万个,集中供水的村 35.16 万个,占行政村的 68.7%，对生活污水进行处理的行政村 10.5 万个，占比为 20%。2016 年行政村供水与污水处理情况见表 3-6。

表 3-5   2016 年全国污水处理厂建设情况

区域	污水处理厂数量/座		处理能力/（万 m³/d）		污水处理装置/个	处理能力/（万 m³/d）
数据来源	《城建年鉴》	环境统计	《城建年鉴》	环境统计	《城建年鉴》	
城市	2 039		14 910		—	—
县城	1 513	6 361	3 036	20 780	—	—
建制镇	3 409		1 423		12 421	1 041
乡	441	1 422	25.7	60.6③	2 093	38.1
特殊区域①	135	②	24.8	②	162	18.0
合计	7 537	7 788	19 419.5	—		

注：①特殊区域指污水不能纳入城镇污水管网进行处理的矿区、机场、火车站、度假区等区域。②特殊区域的统计量均已计入城镇范围内。③包括农村污水处理厂。

表 3-6   2016 年行政村供水与污水处理情况

行政村数/个	合计	<500 人	500～1 000 人	>1 000 人
	526 160	92 575	153 663	279 922
占比/%	—	17.6	29.2	53.2
集中供水的行政村/%	—	68.7		
对生活污水处理的行政村/%	—	20.0		

"十二五"期间在总量减排工作的大力推动下，城镇污水处理厂建设和运行管理水平得到大幅提升，统计机制也较完善，而农村污水处理厂的监测、统计机制尚未形成，污水集中收集和处理率很低。综合考虑环境统计和城建统计数据，并参考原环境保护部《村镇生活污染防治最佳可行技术指南（试行）》（HJ-BAT-9），以 100 人作为一个基线考虑。100 人的生活污水产生量为 10 t/d，即调查设计能力为 10 t/d 以上（含）（或服务人口≥100 人，或服务家庭数≥20 户）的农村污水处理设施。

（2）生活垃圾集中处理处置单位

建筑垃圾处理场不纳入普查范围。普查方案规定集中式普查对象为处理处置生活垃圾的处理场（厂）。住建部"城市（县城）和村镇建设统计报表制度"对生活垃圾的界定为：生活垃圾指在日常生活中或者为日常生活提供服务的活动中产生的固体废物以及法律、行政规定视为城市生活垃圾的固体废物。包括居民生活垃圾、商业垃圾、集贸市场垃圾、清扫街道和公共场所的垃圾、机关、学校、厂矿等单位的生活垃圾等。建筑垃圾不属于生活垃圾范畴，本次普查未将建筑垃圾处理处置厂纳入普查范围。

县级（含）以上垃圾处理厂全部纳入普查。国务院办公厅《关于改善农村人居环境的指导意见》（国办发〔2014〕25 号）提出了农村生活垃圾可按照"户分类、村收集、镇转运、县处理"的处理模式。2015 年年底，国家住建部联合 10 部门出台了《全面推进农村垃圾治理的指导意见》，2020 年全国 90% 以上村庄的生活垃圾得到有效治理，优先利用城镇处理设施处理农村生活垃圾，推进卫生化的填埋、焚烧、堆肥或沼气处理等方式，禁止露天焚烧垃圾，逐步取缔二次污染严重的简易填埋设施以及小型焚烧炉等。

生活垃圾无害化处理方式主要包括卫生填埋、焚烧、堆肥，另外还有生化处理等，处理场（厂）设计、建设及处理工艺等均应达到环境保护要求。根据《城建年鉴》公布的数据，城市生活垃圾无害化处理率为98%，县城垃圾无害化处理率为92%，乡垃圾无害化处理率仅为17%。在江苏、浙江等发达地区的农村，农村垃圾收集后与城镇垃圾统一处理的现象比较普遍，而在西部地区，分散式处理的模式比较常见，一般为简易填埋、露天焚烧、简易焚烧炉焚烧等处理方式。

根据"户分类、村收集、镇转运、县处理"的垃圾处理模式，本次普查确定将县级垃圾处理场（厂）全部纳入普查范围，包括县级简易处理场。对于县以下（乡或镇）垃圾处理厂，有条件的可以开展调查。

近年来很多城市生活垃圾通过焚烧发电处理，根据国民经济行业分类，焚烧发电属其他能源发电类，行业代码为4419，大类属于工业类，环境统计将焚烧发电企业纳入了工业源（电力行业）调查。协同处置生活垃圾企业纳入集中式生活垃圾处理厂普查。2014年《水泥窑协同处置固体废物污染控制标准》（GB 30485—2013）正式实施，利用水泥窑协同处置生活垃圾的企业有了合法的身份。按照国民经济行业分类，水泥行业归属工业源，行业代码为3011，环境统计将其纳入工业源（水泥行业）的调查范围。为了全面了解和掌握垃圾焚烧发电和单纯垃圾焚烧企业的数量和分布，在确定调查范围时规定：垃圾焚烧发电企业和水泥窑协同处置生活垃圾企业也纳入集中式调查范围。考虑到该类企业在工业源普查时已填报污染物排放量，为避免重复统计，允许在填报集中式调查表时只填写企业的基本信息和垃圾处理量，不再填写污染物排放量。

符合国家建设标准的餐厨垃圾处理厂纳入调查范围。餐厨垃圾包括厨余垃圾和餐饮垃圾，处理方法主要有物理法、化学法、生物法等，处理技术有填埋、焚烧、堆肥、发酵等。

2012年年底，住房和城乡建设部发布了《餐厨垃圾处理技术规范》（CJJ 184—2012），对餐厨垃圾处理行业的建设、管理、运行进行了规范，要求餐厨垃圾处理厂生产线工艺流程的设计应满足餐厨垃圾资源化、无害化处理的需要，做到工艺完善、流程合理、环保达标；餐厨垃圾处理过程中产生的污水应得到有效收集和妥善处理，不得污染环境；餐厨垃圾处理过程中产生的废渣应得到无害化处理。

环境统计从未对餐厨垃圾处理厂开展过调查，随着人民生活水平的不断提高，日常生活垃圾中餐厨垃圾所占比例越来越大，为了解目前餐厨垃圾处理的发展情况、处理能力、主要处理工艺方法等，为餐厨垃圾处理发展和管理提供借鉴和依据，第二次全国污染源普查生活垃圾集中处理处置单位将餐厨垃圾处理厂纳入调查范围。

本次餐厨垃圾调查主要以资源化和无害化处理厂为普查对象，因此在确定处理方式只选择了两种处置方式：一是通过厌氧发酵方式处理餐厨垃圾的企业，二是通过生物分解和利用餐厨垃圾的企业。对于采用堆肥和填埋方式处理餐厨垃圾的企业，一般常与城市生活垃圾填埋场建在一起，这类企业处理的餐厨垃圾归入垃圾处理场统计，不再单独统计。对于一些工艺流程过于简单，无法满足餐厨垃圾资源化、无害化处理需要的企业单位，例如单纯进行油脂分离、提炼，未对提炼出的油脂及提炼后的废渣进行资源化、无害化处理的企业单位，不纳入本次普查范围。

单位或居民区设置的小型厨余垃圾处理设备不属于生活垃圾集中处理处置单位，不纳入本次普查范围。

（3）危险废物集中处理处置单位

只持有危险废物收集贮存许可证的企业不纳入集中式危险废物处理处置厂普查范围。该类企业经营范围为收集和贮存危险废物，并未对危险废物进行处理和处置，不属于普查方案中规定的"处理处置"单位的界定，不纳入普查范围。

同水泥窑协同处置生活垃圾的情况相似，协同处置危险废物的企业纳入集中式危险废物处置厂普查范围。

企业和医院自建自用的处理处置设施不纳入普查范围。企业和医院自建自用的工业危险废物和医疗废物处理处置设施如未对外服务，属于本单位配套建设的治理设施，不属于"集中"的范围，本次普查规定不将这类设施纳入普查范围。

持有危险废物综合经营许可证的工业企业，如已纳入工业源统计，集中式不再普查。根据历年环境统计调查，有部分工业企业以危险废物为生产原、辅材料，综合利用其他企业产生的危险废物，并根据产品已归类相应的工业行业，这类企业已在工业源中进行登记普查，为避免重复统计，在集中式普查范围中不再进行。

3.5.2.2 基本信息调查内容

以"十三五"环境统计调查制度为基础，在保证完成国务院确定的普查工作目标的前提下，适当增加管理部门日常环境管理所需的一些基本信息，为下一步精细化管理提供依据，同时删减与普查目的无直接关联的内容。

（1）调查集中式污染治理设施排放口的基本信息

对废气排放口调查了排放口的位置（经纬度）、高度和直径，对废水排放口增加了进入环境水体时的位置，一是为环境质量评价和改善提供污染物来源信息，二是为将来进行环境质量预警预报服务。

（2）调查在线监测设施的安装、运行情况

对企业废水和废气自动在线监测设施安装情况、监测项目进行调查。目前企业废水在线监测项目主要有化学需氧量、氨氮、总氮、总磷，废气在线监测项目主要有二氧化硫、氮氧化物、颗粒物。《重金属污染综合防治"十二五"规划》中提出要将重金属相关企业自动在线监测装置安装情况纳入数据库，实施综合分析、动态管理。考虑到一些工业集聚区、工业园区的集中式工业污水处理厂以及危险废物焚烧设施排放的特殊性，又增加了重金属自动在线监测设备安装情况调查，一是了解和掌握全国各地落实大气法和水法等要求安装在线设施的情况，二是也为将来核算排污许可量、征收环境税额度采用监测数量的来源提供依据。

（3）删减非普查目标的指标

污染源普查专业性强，工作量大，企业专业力量薄弱，通过对一污普工作总结的梳理，对日常环境统计指标使用情况的调查分析，结合本次普查的工作目标和普查方案的设计原则，对与普查目标无直接关系的内容进行简化，取消了环保投资（累计完成投资、新增固定资产、本年运行费用等）等与污染物产生、排放无关的指标内容，以提高填报效率。

3.5.2.3　普查的污染物种类

（1）污水处理厂增加废气污染物排放调查

一污普和环境统计调查污水处理厂污染物排放信息均未考虑废气污染物的排放情况，本次普查污水处理厂增加废气污染物调查，主要从两个方面考虑：一是北方城市为保证职工的冬季取暖，厂区内建有供热锅炉；二是污水处理厂为确保冬季污水处理效果，建设锅炉提供热源保证污水的温度和生物菌的活性。这些锅炉排放的污染物往往未纳入统计，因此废气污染物通过非工业企业单位锅炉污染与防治情况S103 表调查，同时设计了干污泥固体废物的调查指标，补充了以往统计漏失的部分。

（2）根据不同的普查对象确定普查污染物

普查方案规定了集中式污染治理设施调查的污染物种类，废水 13 项：化学需氧量、氨氮、总氮、总磷、五日生化需氧量、动植物油、挥发酚、氰化物、汞、镉、铅、铬、砷；废气 8 项：二氧化硫、氮氧化物、颗粒物、汞、镉、铅、铬、砷。由于污水处理厂、垃圾处理场（厂）和危险废物集中处理处置厂现行排放标准中控制的污染物种类不同，企业均依照排放标准的目标要求建设污染治理设施并开展监测，因此在确定普查污染物时，根据排放标准中对不同的调查对象调查的污染物进行规定。《生活垃圾填埋场污染控制标准》（GB 16889—2008）要求控制的水污染物未包括动植物油、挥发酚和氰化物 3 项，在普查中未将其列入调查。

3.5.2.4　普查报表

以"十三五"环境统计报表制度为基础，借鉴一污普的普查表，形成二污普集中式污染治理设施普查表。

采用环境统计报表的设计有以下两个方面：

（1）同一类普查对象设计一套普查表

集中式污染治理设施相对工业源而言，处理工艺简单，废水、废气处理方法基本一致，在普查表设计时对同一类普查对象设计一套普查表，不再进行细分。如危险废物集中处理处置厂普查表，一污普分别设计工业危险废物处理厂和医疗垃圾处理厂两套表，二污普将两套表合并为一套表，主要理由有两个方面：一是目前一些危险废物综合处理处置厂既处理工业危险废物，又处理医疗废物和生活过程中产生的危险废物，普查时同一家企业需填报两套表，污染物产排量容易重复填报；二是工业危险废物和医疗废物处理处置方式基本相同，普查内容也基本相同。

（2）根据普查对象的类型或处理方式，确定（选择）填报的内容

集中式污染治理设施普查对象基本是根据处理方式来区分的，如垃圾处理厂普查对象包括焚烧厂、填埋场、堆肥厂等，在设计普查表时，规定不同的普查对象只需填写对应的普查信息，不相关的信息禁止填报。如选择填埋场，需填写与废水处理有关的设施和废水监测的内容，与废气有关的信息将无法填入。

一污普普查表分为三部分：基本信息普查表、污染物排放量统计表、废水和废气监测信息表。环境统计报表一个调查对象只设计了一张表，基本信息、污染物排放量、监测结果（浓度）整合在一起。由于普查的内容较环境统计多，采用环境统计调查表的设计，表式太长，所以采用了一污普的报表设计形式。

3.5.3 与其他普（调）查制度的比较

城镇污水处理厂、垃圾处理厂（场）和危险废物处置厂为公共污染治理设施，处理的污染物来源广泛，既有工业、农业生产的，又有来自居民生活的，与工业源、农业源、生活源都有联系，又有很大的不同。在处理、削减大量污染物的同时，又有一定污染物产生和排放。第一次全国污染源普查首次将集中式污染治理设施单独列出进行普查，"十二五"环境统计沿用了这套统计分类方法，也将集中式作为一类源单独进行统计，但对调查对象和范围、污染物种类、核算方法等进行了修改和完善。二污普根据国务院批准的普查方案，参考一污普技术规定和普查表以及"十三五"环境统计报表制度制定了二污普的技术规定和普查表，不同之处见表3-7。

表 3-7 与环境统计和一污普对比

内容	普查对象	一污普	环境统计	二污普
普查对象和范围	污水处理单位	城镇污水处理厂、集中式工业污水处理厂、其他污水处理设施	与一污普相同	增加农村集中污水处理厂
	垃圾处理单位	垃圾填埋场、垃圾焚烧厂、垃圾堆肥场	①增加协同处置垃圾的企业；②去掉简易处理厂	①县级以上垃圾处理厂全部纳入普查；②增加协同处置垃圾的企业；③增加餐厨垃圾处理厂
	危险废物处理单位	危险废物处理处置厂、医疗废物处理处置厂	增加协同处置危险废物的企业	增加协同处置危险废物的企业
调查污染物	污水处理厂	按普查总体规定的11项污染物调查，并对污水处理厂增加总磷、总氮和五日生化需氧量	排放标准中规定的控制污染物	①普查规定的废水13项；②增加锅炉废气污染物调查
	垃圾处理场（厂）	按普查总体规定的11项废水污染物和废气3项污染物调查	排放标准中规定的污水和废气控制污染物	①废水10项，排放标准没有动植物油、挥发酚和氰化物，这3项不纳入普查；②焚烧废气增加5项重金属调查
	危险废物集中处理处置厂	按普查总体规定的11项废水污染物和废气3项污染物调查	排放标准中规定的控制污染物	①普查规定的废水13项；②焚烧废气增加5项重金属调查
调查基本信息		①单位基本情况；②原辅材料、能源消耗；③污染治理设施建设与运行情况；④污染物处理、处置和综合利用情况；⑤污染物排放量和监测数据	与一污普相同	增加：①排放口信息；②自动在线监测设备安装信息；③删除投资等与普查目的无关的内容
核算方法		优先采用监测数据。监测数据来自普查监测的数据	主要污染物排放量来自总量减排核定的数据	优先采用监测数据。监测数据来自企业自测数据（自动在线监测优于手工）

内容	普查对象	一污普	环境统计	二污普
普查表	污水处理厂调查表	3 张表：基本信息表、污染物排放量表、监测数据表	1 张表：运行情况表，有监测信息，无排放量统计，有去除量	3 张表：同一污普
	垃圾处理场（厂）调查表	4 张表：基本信息表、污染物排放量表、废水监测数据表和废气监测数据表	1 张表：运行情况表，有排放量统计信息，无监测信息	4 张表：同一污普
	危险废物处理处置厂调查表	分别设计工业危险废物和医疗废物处理处置厂普查表；各有 4 张表：基本信息表、污染物排放量表、废水监测数据表和废气监测数据表	①危险废物处理处置厂普查表不分工业和医疗，合并为一张表调查；②1 张表：运行情况表，有排放量统计信息，无监测信息	①危险废物处理处置厂普查表不分工业和医疗，合并为一张表调查；②4 张表：基本信息表、污染物排放量表、废水监测数据表和废气监测数据表环境统计调查表

3.6 移动源普查制度与技术规定

3.6.1 编制的指导思想和原则

以实现普查目的为目标，以支撑未来精细化环境管理为出发点，科学编制移动源技术规定和报表制度，为第二次全国污染源移动源普查提供强有力的技术支持和指导。

3.6.1.1 完成普查工作目标

本次普查工作目标为：摸清移动污染源基本情况，了解污染源数量、结构和分布状况，掌握国家、区域、流域、行业污染物产生、排放和处理情况，建立健全重点污染源档案、污染源信息数据库和环境统计平台，为加强污染源监管、改善环境质量、防控环境风险、服务环境与发展综合决策提供依据。普查方案是此次污染源普查的重要依据，需紧密围绕普查目标和普查方案中确定的移动源普查内容制定移动源普查技术规定和普查报表。

3.6.1.2 满足移动源环境管理需求

注重移动源普查内容的整体性，在保证实现普查工作目标的前提下，考虑适当增加服务于精细化环境管理所需的信息，为今后的环境监管提供基础。同时尽可能简化报表设计，减轻普查对象和普查员的负担。

3.6.1.3 充分利用各部门已有报表制度和数据

技术规定引用内容应与国家现行的政策、法规、标准、意见中的规定和要求相一致，报表制度涉及相关部门的指标，尽量采用其主管部门的信息和表达方式，便于普查对象的理解和填报，以及数据的共享。

3.6.2 主要内容说明

3.6.2.1 普查技术规定

（1）普查对象与范围

本次普查对象包括机动车源、非道路移动污染源等，与国务院办公厅印发的《全国第二次全国污染源普查方案》（国办发〔2017〕82 号）普查对象基本相同。其中，机动车污染源包括民用汽车、低速汽车和摩托车；非道路移动污染源包括民航飞机、运输船舶、铁路内燃机车、工程机械和农业机械，暂不纳入小型通用机械、移动式柴油发电机组、机场地勤设备、港作机械、通用飞机、港作船舶等。同时，为了支撑政府管理部门移动源精细化环境管理要求，考虑到移动源油品使用带来的挥发性有机物（VOCs）排放对环境质量的影响，本次普查还包括了移动源所使用的油品（主要为汽油）在储运销环节（包括除企业内部和军用以外的加油站加油、卸油和储油过程，储油库装油和储油过程，油罐车运输过程，暂不纳入油码头储油、装油和卸油过程）VOCs 的摸底调查。

据初步估算，道路机动车排放氮氧化物（NO$_x$）584.9 万 t，挥发性有机物（VOCs）430.2 万 t，一氧化碳（CO）3 461.1 万 t，颗粒物（PM）56.0 万 t，NO$_x$ 排放约占全国总排放的 1/3；非道路移动源排放以 NO$_x$、PM 排放为主，与道路机动车大致相当，其中，工程机械、农业机械、船舶、铁路、飞机分别排放 NO$_x$ 210 万 t、220 万 t、110 万 t、20 万 t、10 万 t；油品储运销环节排放 VOCs 70 万 t，是挥发性有机物排放的重要来源之一，是我国重点地区灰霾、雾霾的重要组成部分。目前我国已制定储油库、加油站、油罐车大气污染物排放标准，并纳入移动源污染防治范畴。

各项移动源的定义及范围如下：

1）机动车。

指以动力装置驱动或者牵引，上道路行驶的供人员乘用或者用于运送物品以及进行工程专项作业的轮式车辆。包括民用汽车、低速汽车和摩托车等。具体见表 3-8。

表 3-8 机动车分类及说明

分类		说明
载客汽车	微型	车长不大于 3 500 mm，发动机排气量不大于 1 L 的载客汽车
	小型	车长小于 6 000 mm 但大于 3 500 mm 且乘坐人数小于等于 9 人的载客汽车
	中型	车长小于 6 000 mm 且乘坐人数为 10～19 人的载客汽车
	大型	车长大于等于 6 000 mm 或者乘坐人数大于等于 20 人的载客汽车
载货汽车	微型	车长不大于 3 500 mm，总质量小于等于 1 800 kg 的载货汽车
	轻型	车长小于 6 000 mm 且总质量小于 4 500 kg 的载货汽车
	中型	车长大于等于 6 000 mm 或者总质量大于 4 500 kg 且小于 12 000 kg 的载货汽车，但不包括低速货车
	重型	总质量大于等于 12 000 kg 的载货汽车
低速汽车	三轮汽车	以柴油机为动力，最大设计车速小于等于 50 km/h，总质量小于等于 2 000 kg，长小于等于 4 600 mm，宽小于等于 1 600 mm，高小于等于 2 000 mm，具有三个车轮的货车。其中，采用方向盘转向、由传递轴传递动力、有驾驶室且驾驶人座椅后有物品放置空间的，总质量小于等于 3 000 kg，车长小于等于 5 200 mm，宽小于等于 1 800 mm，高小于等于 2 200 mm

分类		说明
低速汽车	低速货车	以柴油机为动力，最大设计车速小于 70 km/h，总质量小于等于 4 500 kg，长小于等于 6 000 mm，宽小于等于 2 000 mm，高小于等于 2 500 mm，具有四个车轮的货车
摩托车	普通	最大设计车速大于 50 km/h 或者发动机气缸总排量大于 50 mL 的摩托车
	轻便	最大设计车速小于等于 50 km/h，且若使用发动机驱动，发动机气缸总排量小于等于 50 mL 的摩托车

2）工程机械。

指凡土石方工程，流动起重装卸工程，人货升降输送工程，市政、环卫及各种建设工程，综合机械化施工工程以及同上述工程相关的生产过程机械化所应用的机械设备，主要燃料为柴油。本次普查仅包括挖掘机、推土机、装载机、叉车、压路机、摊铺机、平地机等。具体见表3-9。

表3-9　工程机械分类及说明

分类	说明
挖掘机	指用铲斗挖掘高于或低于承机面的物料，并装入运输车辆或卸至堆料场的土方工程机械
推土机	指能够进行挖掘、运输和排弃岩土的土石方工程机械
装载机	指主要用于路基工程的填挖、沥青和水泥混凝土料场的集料、装料等作业，也可用于对矿石、硬土进行轻度铲掘作业的土石方工程机械
叉车	指对成件托盘货物进行装卸、堆垛和短距离运输作业的各种轮式搬运车辆
压路机	指用于填方压实作业的工程机械
摊铺机	指主要用于高速公路上基层和面层各种材料摊铺作业的施工设备
平地机	指利用刮刀平整地面的土方工程机械

3）农业机械。

在作物种植业和畜牧业生产过程中，以及农、畜产品产品初加工和处理过程中所使用的各种机械，主要燃料为柴油。包括拖拉机、联合收割机、排灌机械、渔船以及其他机械等。具体见表3-10。

表3-10　农业机械分类及说明

分类	说明
拖拉机	用于牵引、推动、携带或驱动配套机具进行作业的自走式动力机械
大中型拖拉机	指发动机额定功率在 14.7 kW（含 14.7 kW 即 20 马力）以上的拖拉机，有链轨式和轮式两种
小型拖拉机	指发动机额定功率在 2.2 kW（含 2.2 kW）以上，小于 14.7 kW 的拖拉机，包括小四轮与手扶式
联合收割机	指能一次完成作物收获的切割（摘穗）、脱粒、分离、清选等其中多项工序的机械。联合收获机按用途分为稻麦联合收割机和玉米联合收获机
排灌机械	指用于农用排灌作业的配套动力机械，包括柴油机和电动机。本次普查仅考虑柴油机
渔船	指在中华人民共和国从事渔业生产的船舶以及为渔业生产服务的船舶，按有无推进动力分为机动渔业船舶和非机动渔业船舶。按生产性质分为生产渔船和辅助渔船

4）船舶。

指能航行或停泊水域进行运输和作业的交通工具，主要燃料为柴油。本次普查船舶为营运船舶，分为干散货船、液货船、集装箱船、杂货船、滚装船、客船、其他船舶等。具体见表3-11。

表 3-11 船舶分类及说明

分类	说明
散货船	是散装货船简称，指专门用来运输不加包扎的货物，如煤炭、矿石、木材、牲畜、谷物等。散装运输谷物、煤、矿砂、盐、水泥等大宗干散货物的船舶，都可以称为干散货船，或简称散货船
液货船	指专门运载液态货物的船舶，是载运散装液态货物的运输船舶。根据运载货物不同，液货船分为油船、液化气船、液体化学气船
集装箱船	又称"货柜船"。广义是指可用于装载国际标准集装箱的船舶，狭义是指全部舱室及甲板专用于装载集装箱的全集装箱船舶
杂货船	指主要运载成包、成箱、成捆杂件货的船
滚装船	指通过跳板采用滚装方式装卸载货和车辆的船舶，本次普查将滚装客货船也归入滚装船
客船	指专门用于运送旅客及其所携带的行李和邮件的船舶。包括海洋客船、旅游船、内河客船等
其他船舶	上述船舶以外的其他营运船舶，包括港作船、工程船等

5）铁路内燃机车。

以内燃机产生动力，并通过传动装置驱动车轮的铁路机车，主要燃料为柴油。

6）民航飞机。

执行商业航班飞行的非军事用途的飞机。

（2）普查内容

移动源普查内容及指标的设计基于三方面的考虑：一是普查方案中明确规定的"移动源普查内容为各类移动源保有量及产排污相关信息，挥发性有机物（船舶除外）、氮氧化物、颗粒物排放情况，部分类型移动源二氧化硫排放情况"；二是服务于国家长期以来建立的机动车环境管理年报和环境统计的管理制度实施的需求；三是不同类型移动源排放量核算需要的关键参数需求。综合考虑这几方面的因素本技术规定和报表制度设计中的普查内容和污染物指标如下：

1）机动车污染源。

包括按车辆类型、燃料种类、初次登记日期划分的保有量，按道路等级、车辆类型划分的道路交通量和速度，年均行驶里程、道路长度、在用车达标状况、海拔高度、温度、湿度、燃油消耗量、燃油品质等产排污相关信息，一氧化碳、挥发性有机物、氮氧化物、颗粒物排放情况。

其中，保有量、年行驶里程是基于保有量算法计算机动车排放的核心参数；道路交通量、道路长度是基于交通量算法计算机动车排放的核心参数；在用车达标状况用于判定车辆状况，速度主要用于交通模型推算交通量以及排放因子速度修正，温度、湿度、海拔高度、燃油品质等用于排放因子温度、湿度、海拔、燃油修正；燃油消耗量用于校核总行驶里程和总排放量；机动车排放的大气污染物主要包括一氧化碳、挥发性有机物、氮氧化物、颗粒物等。

2）非道路移动污染源。

飞机：包括按机型划分的起飞着陆循环次数，航空燃油消耗量等基本信息，一氧化碳、挥发性有机物、氮氧化物、颗粒物排放情况。

船舶：包括按船舶类型划分的保有量，船舶功率（主机、辅机、锅炉）、航速、最大航速、航行小时数、燃油品质、排放控制措施等产排污相关信息，一氧化碳、氮氧化物、颗粒物、二氧化硫排放情况。

铁路：包括按内燃机车类型划分的保有量，内燃机车功率、运行时间、客货周转量、燃油消耗量、燃油品质等产排污相关信息，一氧化碳、挥发性有机物、氮氧化物、颗粒物排放情况。

工程机械：包括按机械类型、燃料种类、销售日期划分的保有量，额定净功率、负载因子、作业小时数、燃油消耗量、燃油品质等产排污相关信息，一氧化碳、挥发性有机物、氮氧化物、颗粒物排放情况。

农业机械（含渔船）：包括按机械类型、燃料种类、销售日期划分的保有量，额定净功率、负载因子、作业小时数、燃油消耗量、燃油品质等产排污相关信息，一氧化碳、挥发性有机物、氮氧化物、颗粒物排放情况。

其中，起飞着陆循环次数、保有量、额定功率、负载因子、航行小时数、作业小时数是计算排放量的关键参数；船舶航速、最大航速是计算船舶排放量的核心中间参数；燃油品质、排放控制措施等分别用于排放因子燃油修正和控制措施修正；飞机、铁路、工程机械、农业机械排放的大气污染物主要包括一氧化碳、挥发性有机物、氮氧化物、颗粒物等，船舶排放的大气污染物主要包括一氧化碳、氮氧化物、颗粒物、二氧化硫排放等。

3）油品储运销环节污染源。

储油库：包括汽油总库容、汽油周转量、油气回收处理装置及运行情况，挥发性有机物排放情况。

加油站：包括汽油总罐容、汽油销售量、油气回收处理装置安装（一阶段、二阶段、后处理装置、在线监测系统等）及运行情况，挥发性有机物排放情况。

油罐车：包括运输量、保有量和油气回收改造油罐车数量，挥发性有机物排放情况。

其中，储油库周转量、加油站销售量、油罐车运输量是计算排放量的关键参数；储油库总库容、加油站总罐容、保有量和油气回收改造油罐车数量、油气回收处理装置及运行情况等用于确定油气排放因子；储油库、加油站、油罐车排放的大气污染物主要为挥发性有机物。

（3）普查污染物种类

目前，生态环境部已将移动源排放量纳入环境统计及机动车环境管理年报中，包括一氧化碳、挥发性有机物［目前机动车、非道路移动源直接测量的是总碳氢化合物（THC），VOCs 和 THC 组分存在重叠，两者可近似认为等同］、氮氧化物、颗粒物、二氧化硫排放量。为保持与现有统计制度的一致性，本次普查污染物种类包括一氧化碳、挥发性有机物（船舶除外）、氮氧化物、颗粒物排放情况，二氧化硫（部分类型移动源），与国务院办公厅印发的《全国第二次全国污染源普查方案》（国办发〔2017〕82号）普查污染物种类基本相同。即：

机动车：包括使用过程中尾气排放产生的一氧化碳、挥发性有机物、氮氧化物、颗粒物；蒸发排放产生的挥发性有机物。

非道路移动污染源：包括使用过程中尾气排放产生的一氧化碳、挥发性有机物、氮氧化物、颗粒物、二氧化硫（船舶增加该项）。

油品储运销环节污染源：汽油油品在储存、运输、销售过程中产生的挥发性有机物，主要包括储油库油罐在汽油储油过程和发油过程中的挥发性有机物、油罐车在汽油运输过程中的挥发性有机物、加油站在汽油收油过程、存储过程以及给油箱加油过程中挥发性有机物排放。

（4）数据获取途径

普查方案中针对移动源普查技术路线的原则是要充分利用相关部门提供的数据信息，因此本技术规定中的活动水平参数主要来源于三方面：一是部门共享数据，如农业机械拥有量、农业生产燃油消耗情况、渔船拥有量等，目前已与相关部门进行协调沟通；二是文献调研或抽样调查，以机动车中心为主的技术支撑单位已有成熟的方法体系及初步调研数据；三是通过填报普查表获取，包括机动车保有量，储油库、加油站、油罐车等基本参数。

表 3-12　移动源普查数据获取途径

基本信息	数据来源
机动车保有量	地级以上城市人民政府公安交管部门填报
农业机械拥有量 农业生产燃油消耗情况	地级以上城市人民政府农机化部门填报
工程机械保有量和相关数据	国家层面通过工程机械行业协会和工程机械生产厂商获取相关数据
渔船拥有量	地级以上城市人民政府渔业部门填报
加油站、储油库、油罐车基本信息和油气回收设施建设运行情况	地级以上城市人民政府普查机构组织相关企业填报
营运船舶注册登记数据 船舶自动识别系统（AIS）数据 地市船舶进出港数据	国家层面通过交通运输部海事局部门统计数据获取
各机场飞机起降架次、燃油消耗量等数据	国家层面通过中国民用航空局部门统计数据获取
铁路内燃机车基本参数、铁路内燃机车客货周转量等数据	国家层面通过中国铁路总公司部门统计数据获取

3.6.2.2　普查报表

普查报表制度整体构架按照国家统计局的管理文件《部门统计调查项目管理办法》《部门统计调查制度格式规范》设计。包括总说明、报表目录、调查表式、主要指标解释等内容。

（1）总说明

按照国家统计局文件规定设计，包括调查目的、调查对象和统计范围、调查方法及资料来源、调查内容、调查频率和时间、组织实施、报送要求、统计资料公布及数据共享等内容。

油品储运销（储油库、加油站、油罐车）基本情况、机动车保有量、污染物排放情况（移动源及油品储运销、机动车、工程机械、农业机械、营运船舶、油品储运销）的调查方法为全面调查。铁路保有量及运行时刻表、飞机起飞着陆循环及运行时刻表、船舶 AIS 数据及静态数据来源于相关部委的数据共享，未建立统计报表制度。农业机械拥有量、农业生产燃油消耗情况、渔船拥有量等资料来源于地方相关部门的数据共享，为保证统计制度的完整性，将相关报表纳入第二次全国污染源普查移动源普查报表制度，并将于近期征求相关部委的意见。

（2）调查表式

移动源普查报表主要包括三类：一是需要相关企业填报，包括储油库、加油站、油罐车 3 张普查表，主要内容包括单位基本情况，周转量、销售量、运输量等活动水平参数，油气回收治理技术及设施运行情况等内容；二是污染物排放情况表，包括移动源及油品储运销、机动车、工程机械、农业机械、营运船舶、油品储运销污染物排放量表，共 6 张报表，主要内容包括移动源及各类子源的关键参数、主要污染物排放量；三是保有量等排放量测算关键参数报表，由部门固有报表中截取部分内容，或可基于现有参数统计汇总后获取，共 4 张报表。

（3）填报和审核

普查表填报。分为普查表和污染物排放情况表。填报工作分为三个阶段，第一阶段是普查表填报，由地市人民政府相关管理部门提供、企业填报移动源普查表；第二阶段是排放量测算，由地方填报的普查表、相关部委及协会共享的数据，提取保有量等关键活动水平参数，结合研究确定的排放系数，测算各地市移动源排放量；第三阶段是污染物排放情况表填报，由各地市普查机构确认国家测算的所辖区域内各类移动源排放量，并填报各类移动源污染物排放情况表。

其中，储油库、加油站、油罐车普查表由辖区内从事相关活动的企业填报；机动车保有量普查表由地市人民政府公安交管部门填报；农业机械拥有量、农业生产燃油消耗情况统计报表由地市人民政府农机部门填报；渔船拥有量由地市人民政府渔业部门填报；移动源、机动车、工程机械、农业机械、营运船舶、油品储运销污染物排放情况表由地市人民政府普查机构填报。

普查表审核。按照《第二次全国污染源普查质量控制技术指南》等质控要求对普查表进行审核。实行三级审核制度，即普查对象自审、普查员初审、普查指导员审核。发现填报错误、逻辑错误或填报信息不全、不合理的，要求普查对象予以更正。

（4）质量控制

质控方法。参照 UNI EN ISO 9001：2000 或 EIIP（Volume Ⅳ：chapter3）中的规定，使用不确定分析方法对移动源排放清单的确定性进行评估。同时，利用燃油销售量统计数据验证移动源排放清单的准确性。

质控要求。质量控制主要覆盖数据收集、数据处理过程，普查表填报数据应尽量使用部委已有数据，但如果发现这些数据存在明显瑕疵并有导致普查结果出现严重错误的可能，及时进行合理校正；机动车行驶里程、负载因子、额定功率、工作小时数、油气回收效率等活动特征参数应尽可能进行广泛和合理的实地调查数据，必要时可作为优先使用数据；排放因子数据应结合现实的排放源条件确定，优先选用规范的直接测试数据。数据录入时，应同时标记所用数据来源，便于日后检查与核对；应反复检查，避免人为录入错误。

4 普查试点

4.1 试点目的

开展普查试点的目的是验证组织实施的可操作性、完善第二次全国污染源普查各类污染源普查技术规定与报表制度、质量管理体系、数据处理系统（含软硬件环境）等，为普查工作的全面实施提供基本保障。

4.2 试点依据

试点是指全面开展工作前，先在一处或几处试验，以取得经验、改进工作的过程。在开展重大工作前，一般均会开展试点进行试验。第二次全国污染源普查作为一项全国性调查工作，调查难度大、时间紧、任务重，在全面实施前，有必要开展试点工作验证拟定的普查方法和技术路线等。因此，生态环境部第二次全国污染源普查工作办公室根据 2016 年 10 月国务院印发的《通知》和 2017 年 9 月国务院办公厅印发的《关于印发第二次全国污染源普查方案的通知》（国办发〔2017〕82 号）中关于试点的要求，组织全国各地进行国家级试点申报，由地方自愿、省级推荐、择优确定第二次全国污染源普查试点地区，制定并印发试点实施方案，指导试点地区开展试点工作。

4.3 试点内容

4.3.1 普查组织实施

试点的目的之一是验证普查组织实施各个阶段的协调性、可操作性，包括普查员和普查指导员选聘、宣传与培训、入户登记调查组织和第三方选聘等重点工作。

（1）"两员"选聘

试点地区要根据《第二次全国污染源普查普查员和普查指导员选聘工作细则》《第二次全国污染源普查普查员和普查指导员选聘及管理指导意见》等文件要求，试验普查员和普查指导员选聘及管理工作，选聘地方各级普查机构以环保系统下属的监察队伍、监测人员作为普查员和普查指导员，同时尝试选聘街道、乡镇、村委工作人员、环保员、在校大学生和大企业的环保人员，还可尝试在统计、工商、卫生等部门中具有多年实践经验的干部中进行选聘。

（2）宣传与培训

宣传是普查工作中重要的一部分，试点过程中可尝试开展各种形式的宣传，积极依靠主流媒体、政府网站和知名报刊发布普查信息；制作形式多样的宣传材料科普知识手册等，面向普查对象和公众的宣传活动，推进普查宣传进基层、进乡镇、进社区、进企业。

同时，试点地区普查机构在对下级普查机构及普查员和普查指导员的培训中，完善培训内容，探索优化培训的形式。

（3）入户登记调查组织

入户登记调查包括清查和全面普查阶段。清查阶段，试点地区对照清查技术规定，要对国家下发清查底册筛选补充建立清查基本单位名录库，参照此名录库，现场入户排重补漏，核实完善清查对象信息，填写清查报表，确定为试点地区第二次全国污染源普查入户调查对象名录。全面普查阶段，试点地区尝试采取集中统一填报和上门入户指导填报相结合的方式进行数据填报，采用纸质报表填报与 App 采集相结合的方式采集数据。同时，试点地区还要制定清查、全面普查过程中的质量控制、质量核查方法，积累入户登记调查组织经验。

（4）第三方选聘

本次普查首次提出鼓励在普查过程要充分利用第三方社会力量参与普查工作，用以弥补生态环境保护业务范围广、压力大的现状，尤其是基层人手严重不足的情况，但是没有以往经验，可通过试点为全面实施普查积累经验。

试点地区须根据《国务院办公厅关于政府向社会力量购买服务的指导意见》普查方案等有关要求，在选聘第三方的过程中，逐步明确完善选择第三方机构的具体要求、第三方参与普查中的业务内容、合同约定与绩效管理以及实施监督管理要求，为全面普查实施中选聘第三方支撑机构提供借鉴。

4.3.2　普查技术方案

普查实施前，国家普查办制定了应用于普查各个阶段和各个环节的各类污染源普查技术规定、报表制度及质量控制相关技术文件，是否科学、合理、具有可操作性，需通过试点加以验证，进一步达到修改、完善的目的。

4.3.3　数据处理系统

为提高普查效率，本次污染源普查充分借鉴农业普查和经济普查的经验，采取了信息化手段开展调查。因此，在普查开展前，国家普查办专门委托软件公司开发了普查软件，部署了硬件设施。通过普查试点，测试不同采集方式下联网直报对并发量、网络带宽、软硬件支持工具的需求，测试软硬件的稳定性和兼容性，最后提出优化建议。

4.3.4　重点研究的问题

试点的目的就是要及时发现问题并解决问题，试点地区在试点工作实施中，在验证和完善技术文件、组织实施可操作性的基础上，以问题为导向，重点还要研究一些问题，如试用普查小区划分工具的可操作性，验证地理空间公共基底数据用于污染源空间定位的可行性。研究和检验国家与省级两级部署数据处理系统的科学性。检验并完善数据采集软件功能设计，检验各业务及其数据处理流程的相互衔接。测试手持移动终端、联网在线填报系统的运行情况，了解数据采集、审核、汇总、上报功能的可用性和便捷性。

4.4 地方做法

根据地方自愿原则，综合考虑污染源分布特征、地区代表性等因素，国家普查机构最终选取了 15 个地区开展全面试点,选取了 3 个地区开展部分源试点,18 个地区均较好地完成了普查的试点工作任务,各试点地区根据本地污染源特色，充分发挥了试点作用。

4.4.1 高标准选聘"两员"和第三方

重庆北碚区污染源普查机构选用基层环保员和专业技术人才作为普查员及普查指导员进行拉网式逐户摸底排查。四川五通桥区创新采用"校地结合"模式，依托地方高校"智库"和地方"骨干"开展普查，高标准选聘培训"两员"；山东巨野县聘请具有丰富普查技术经验的技术团队，共计 20 余名技术人员，其中 60%以上具有硕士以上学历，专业门类齐全，覆盖环境统计调查、工业污染源、农业污染源、生活污染源、移动污染源、集中式污染治理设施、地理和 GIS 技术等普查所需的主要专业方向，均有为政府提供污染源普查的经验，并具备丰富的污染源普查基础研究和污染源普查实践经验。

4.4.2 优化入户调查方法

重庆北碚区普查机构在入户清查过程中，收集了调查对象的排污许可证、工商营业执照相关信息，拍摄产品图、生产设施图等，并要求正在运行及停产的调查对象填写产品名称、生产工艺及生产时间等信息，同时将经费补助与污染源数量挂钩，提高了街镇及村社区的工作积极性。入户调查时，依靠采集软件和纸质报表相结合的方式进行数据采集，根据普查对象的规模大小、地域分布及生产状态，分类调查，对重点工业企业的全部采用集中填报，对集中的企业，以村社为单位进行培训后集中指导填报，对较为分散的企业，组织普查员上门填报，少数无法入户的企业，由普查员会同当地村社进行现场查实取证，并由当地街镇统一盖章确认。制定了入户调查"五步法"，即进门亮证、告知说明、现场查看、指导填写、盖章确认，得到了普查对象的理解和配合。四川五通桥区在清查建库阶段，将清查建库成果公开公示、开通投诉举报专线等新方法、新模式，通过群众监督、举报，补充清查底册，做到"不重不漏"。重庆北碚区入户调查流程见图 4-1。

4.4.3 发挥电子信息化优势

重庆北碚区设计开发了北碚区第二次全国污染源普查数据采集软件，以普查技术规定和报表制度为基础，针对北碚区特定行业及工艺，设计了不同的表格，同时内嵌了初审系统，采集信息及佐证材料也在国家要求的基础上有所增加，保证了普查工作顺利推进。该软件在重庆市渝北、江津等 10 余个市内区县得到推广使用。

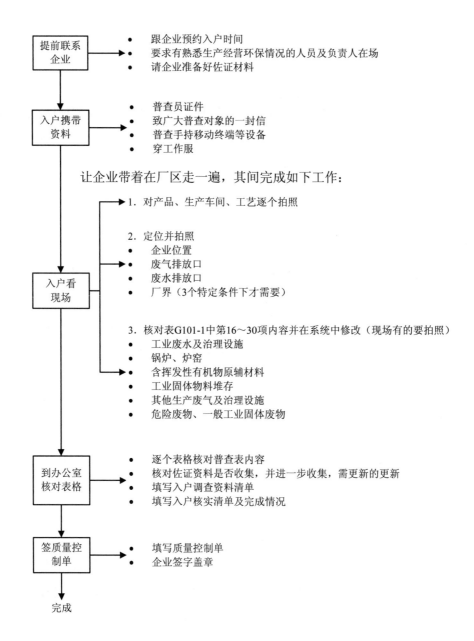

图 4-1　重庆北碚区入户调查流程

4.4.4　有效实施质量控制

　　浙江温州市创新数据审核方法，比对排污权交易数据和风险应急预案等数据，确保企业普查表格不漏，比对同质化的行业同规模的企业产污量，核实有无遗漏工艺，比对企业环评、减排等资料中有的污染因子，比对企业不同报表之间的普查数据是否一致，比对各县市区产排污量差异和企业普查数据及环统数据的差异，排查原因，做好整改。山西晋城市引入监理机制，规范数据审核上报流程，按照"谁审核、谁负责""谁签字、谁负责"的原则，执行普查员、县级普查指导员、县级质量评估单位、县级质量负责人、市级普查指导员、市级质量评估单位、市级质量负责人七级质量审核控制制度，实现普查数据全源、全区域、全人员、全过程把控。

4.5 试点经验

国家普查机构通过组织 18 个试点地区开展试点工作，为组织全国各地全面普查积累了丰富的经验。

4.5.1 组织有力是普查顺利实施的基础

在全国范围内开展污染源普查，涉及范围广、参与部门多、普查任务重、技术要求高、工作难度大。因此各级政府成立了专门机构负责普查工作，国务院普查领导小组负责领导和部署全国污染源普查工作。国务院普查领导小组办公室设在生态环境部，具体负责全国污染源普查工作的组织实施。县级及以上地方人民政府污染源普查领导小组，按照国务院普查领导小组的统一规定和要求，领导和协调本行政区域的污染源普查工作。国家普查机构按照"全国统一领导，部门分工协作，地方分级负责，各方共同参与"的原则组织全国各地开展普查工作，通过组织开展试点的一系列有力措施，包括向财政部申请专门的普查试点经费，确定试点地区数量，组织全国各地申报试点，确定试点地区，与试点地区签订合同，指导试点地区按规定开展工作，及时跟踪和推进试点工作进度，掌握试点中遇到的问题和解决方法等，为领导和组织全国各地开展普查工作提供了借鉴，也是对国家普查机构领导组能力的考验和完善。

同时，试点有序组织也对试点地区后续的全面普查工作提供了很大帮助。通过试点，试点地区提前预演了污染源普查的各个阶段，包括建立普查机构，学习掌握普查方法，组织选聘普查员和普查指导员及宣传培训，开展清查和全面入户调查等工作等，使得后续正式的普查工作不再是摸着石头过河，而是有章可循、有制可依，全面提高普查的工作效率和数据质量。

4.5.2 普查方法科学是普查顺利实施的保障

通过试点验证了各类普查技术规定与报表制度的可操作性和可行性。本次普查的清查过程首次采用"自上而下"和"自下而上"相结合的方式，即国家普查机构根据国家工商、税务、质检、统计、农业等名录数据筛查整合得到清查基本单位名录后分解下发。各级普查机构负责收集辖区内现有工商、税务、质检、统计、农业等名录，并与上级分解名录进行对比，补充完善本级清查基本单位名录。18 个试点地区均能按照该方法确定试点地区清查基本单位名录，确保"不重不漏"，证明了可行性。同时，在清查过程中，试点地区也提出了一些问题和解决办法，提出豆腐加工坊、门窗加工部、小型石材、小型磨坊加工部等小型作坊，其行业类别和是否纳入全面入户调查对象的方法和界限，提出对于清查过程中发现的停产多年、厂门关闭且无法找到企业联系人的清查单位，由当地政府出具证明材料的方法。

试点地区在全面普查阶段，通过再次入户登记填报普查表，证明了报表制度覆盖范围全面，可满足各类污染源的填报，报表制度科学合理，能够统计到各类污染物，能达到应填可填的效果。同时，部分试点地区对报表制度提出了优化建议，在充分吸取 18 个试点地区各类意见的基础上，最终在原有基础上精简了报表数量，大幅减少了基层填报困难，保证了普查工作的顺利进行。

4.5.3   普查软硬件兼容是提高普查效率的保证

本次普查首次采用信息化手段，旨在提高普查效率。国家普查机构组织设计移动端采集 App 实时采集点位坐标信息和相关照片信息，并根据报表制度设计了普查填报软件来采集数据。在试点过程中，普查数据系统在手持移动终端和网络端使用过程中均比较顺畅，普查小区划分工具可操作性较强，能够完成普查小区的拆分、合并和微调等工作，地理空间公共基底数据用于污染源空间定位时，可行性较强，基本能够反映实地现状。填报过程中，手持移动终端运行基本稳定，但是偶尔会出现定位信息不能成功上传的情况，导致定位之后系统内收不到定位信息，有时候甚至出现信息丢失的情况等。试点中发现的问题在后续工作中均得到完善，为普查信息化手段的顺利实施提供了很大帮助。试点发现，信息化手段的使用，不仅提高了信息采集效率，而且由于普查软件内嵌了数据审核规则，如果填写不正确，系统会自动提醒或者不允许提交，提高了信息采集准确度，避免手动纸质报表填报可能出现的错填、漏填的情况。同时，信息化手段的使用，将所有污染源信息录入软件系统中，也便于后续普查结束后的数据汇总、统计分析。

5 普查清查

5.1 清查的目的

清查的目的是摸清工业企业和产业活动单位、畜禽规模养殖场、集中式污染治理设施、生活源锅炉和入河（海）排污口等调查对象的基本信息，建立第二次全国污染源普查基本单位名录，为全面实施普查做好准备。清查的技术路线见图 5-1。

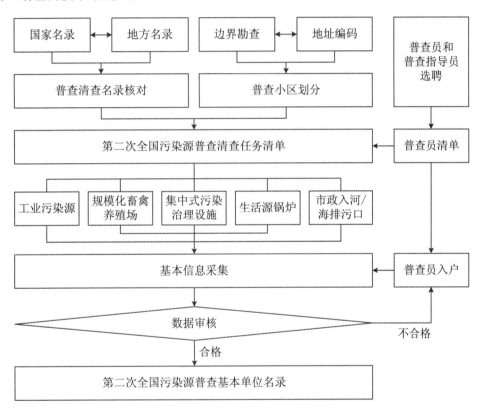

图 5-1 清查技术路线

5.2 清查的原则与内容

5.2.1 清查原则

按照"应查尽查、不重不漏"的原则，对各级行政区域范围内的全部工业企业和产业活动单位、畜禽规模养殖场、集中式污染治理设施、生活源锅炉和入河（海）排污口逐一开展清查。

登记地址和生产地址不在同一区域的，按照生产地址进行清查登记。

有多个生产地址的工业企业或产业活动单位，按照不同生产地址的清查顺序依次编号并分别进行清查登记。

涉及不同行政区域的，按照地域管辖权限分别进行清查登记。

同一单位生产经营活动同时涉及工业生产、规模化畜禽养殖或集中式污染治理的，分别归入相应类别进行清查登记。

地方各级普查机构可根据需要扩大清查范围或增加清查内容。

5.2.2　清查主要内容

5.2.2.1　工业企业和产业活动单位

工业企业和产业活动单位的清查范围为《国民经济行业分类》（GB/T 4754—2017）中采矿业、制造业以及电力、热力、燃气及水生产和供应业的全部工业企业，包括经有关部门批准的各类工业企业，以及未经有关部门批准但实际从事工业生产经营活动、产生或可能产生污染的所有产业活动单位。

2017 年 12 月 31 日以前新建的企业或单位，已验收的和尚未验收但已造成事实排污的均须纳入清查范围。

清查内容包括工业企业或产业活动单位名称、运行状态、统一社会信用代码（或组织机构代码）、生产地址、联系人及联系方式、行业类别。

对于可能伴生天然放射性核素的 8 类重点行业 15 个类别矿产采选、冶炼和加工产业活动单位需对原料、产品和固体废物的放射性水平开展初测，具体矿产类别、行业范围、筛查标准和监测规定可参照《第二次全国污染源普查伴生放射性矿普查监测技术规定》（国污普〔2018〕1 号）。

对于国家级、省级开发区中的工业园区（产业园区），包括经济技术开发区、高新技术产业开发区、保税区、出口加工区、边境/跨境经济合作区以及其他类型开发区等进行资料登记。登记内容包括工业园区名称、管理机构联系人及联系电话。

5.2.2.2　畜禽规模养殖场

畜禽规模养殖场的清查范围为养殖规模为生猪年出栏量≥500 头、奶牛年末存栏量≥100 头、肉牛年出栏量≥50 头、蛋鸡年末存栏量≥2 000 羽、肉鸡年出栏量≥10 000 羽的全部畜禽规模养殖场（养殖小区）。

清查内容包括养殖场名称、运行状态、统一社会信用代码（或组织机构代码）、养殖场地址、联系人及联系方式、养殖种类及规模。

5.2.2.3　集中式污染治理设施

集中式污染治理设施的清查范围包括集中处理处置生活垃圾、危险废物和污水的单位。

生活垃圾集中处理处置单位包括生活垃圾填埋场、生活垃圾焚烧厂以及以其他处理方式处理生活垃圾和餐厨垃圾的单位。

危险废物集中处理处置单位包括危险废物处置厂和医疗废物处理（处置）厂。危险废物处置厂包括危险废物综合处理（处置）厂、危险废物焚烧厂、危险废物安全填埋场和危险废物综合利用厂等；医疗废物处理（处置）厂包括医疗废物焚烧厂、医疗废物高温蒸煮厂、医疗废物化学消毒厂、医疗废物微波消毒厂等。

集中式污水处理单位包括城镇污水处理厂、工业污水集中处理厂和农村集中式污水处理设施。其中，农村集中式污水处理设施指通过管道、沟渠将乡或村污水进行集中收集后统一处理的、设计处理能力≥10 t/d（或服务人口≥100 人，或服务家庭数≥20 户）的污水处理设施或污水处理厂。

清查内容包括设施名称、运行状态、统一社会信用代码（或组织机构代码）、设施地址、联系人及联系方式、设施类别。

5.2.2.4　生活源锅炉

生活源锅炉清查范围为除工业企业生产使用以外所有单位和居民使用的，额定出力大于等于 1 蒸吨/时（0.7 MW）的燃煤、燃油、燃气和生物质锅炉。包括：政府机关、事业单位、社会团体；工业企业非生产性独立办公区，农、林、牧、渔业，建筑业产业活动单位；交通运输、仓储与邮政业，住宿业和餐饮业，居民服务和其他服务业等第三产业单位；相对集中居民区的锅炉产权单位等常压和承压锅炉。

规模以下畜禽养殖场、采用设施农业或工厂化生产方式的农业生产经营单位的锅炉纳入生活源锅炉清查范围。

5.2.2.5　入河（海）排污口

入河（海）排污口的清查范围为所有市区、县城和镇区范围内，经行政主管部门许可（备案）设置的或未经行政主管部门许可（备案）的，通过沟、渠、管道等设施向环境水体排放污水的入河（海）排污口。其中，环境水体包括国家或各级地方政府已划定水功能区、近岸海域环境功能区，各级地方政府已确定水质改善目标的江河（含运河、渠道、水库等）、湖泊和近岸海域等。直接向环境水体排放废（污）水的排污口均须纳入入河（海）排污口清查范围。

清查内容包括入河（海）排污口名称、编码、类别、地理坐标、设置单位、规模、类型、污水入河（海）方式、受纳水体名称。

5.2.3　清查表格设计

5.2.3.1　表式和填报范围

针对 5 类调查对象分别设计了清查表，按照表格信息采集的统一表式，清查表信息分为表头信息、表体信息和签章信息 3 部分内容。

（1）表头信息

主要用于识别普查对象身份信息，具体包括普查小区代码、统一社会信用代码/组织机构代码/普查对象识别码、排污许可证编号、排污口编码等各类编码信息。

（2）表体信息

主要用于调查普查对象的基本信息，具体包括单位名称、运行状态、地址、联系方式、行业类别、养殖种类和规模、设施类别、锅炉数量、锅炉基本信息、锅炉运行情况、锅炉治理设施、排污口规模、排污口类型、入河方式、受纳水体名称等各类用于普查对象情况摸底的各类信息。

（3）签章信息

主要用于记录清查工作过程信息，具体包括普查员及编号、填表时间、审核人及编号、审核时间等工作记录。

填报范围为清查范围内截至 2017 年 12 月 31 日所有的调查对象（包括已建成、试生产、暂时停产、已关闭的全部调查对象）。按照调查对象的不同，设计了 5 类表格：工业企业和产业活动单位清查表（表 5-1）、畜禽规模养殖场清查表（表 5-2）、集中式污染治理设施清查表（表 5-3）、生活源锅炉清查表（表 5-4）和入河（海）排污口清查表（表 5-5）。

表 5-1　第二次全国污染源普查工业企业和产业活动单位清查表

普查小区代码：□□□□□□□□□□（□）			
统一社会信用代码：□□□□□□□□□□□□□□□□□□（□□）			
组织机构代码：□□□□□□□□□（□□）			
排污许可证编号：□□□□□□□□□□□□□□□□□□			
1．单位名称			
2．曾用名			
3．运行状态	□运行	□停产	□关闭
4．生产地址	_____省（自治区、直辖市）_____地（区、市、州、盟）_____县（区、市、旗）_____乡（镇）_____街（村）、门牌号		
5．联系方式	固定电话：□□□□□□□□□□□□　联系人：_____ 移动电话：□□□□□□□□□□□		
6．行业类别	行业名称（GB/T 4754—2017）：　行业代码：□□□□ 是否涉及下列矿产资源的开采、选矿、冶炼（分离）、加工：□是　□否 稀土、铌/钽、锆石/氧化锆、锡、铅/锌、铜、钢铁、磷酸盐、煤（包括煤矸石）、铝、钒、钼、金、锗/钛、镍		
7．有无其他厂址	□无　□有：□□个　其他厂址地址： _____省（自治区、直辖市）_____地（区、市、州、盟）_____县（区、市、旗）_____乡（镇）_____街（村）、门牌号		
8．备注			
普查员及编号		填表时间	2018 年　月　日
审核人及编号		审核时间	2018 年　月　日

表 5-2 第二次全国污染源普查畜禽规模养殖场清查表

普查小区代码：□□□□□□□□□□□（□） 统一社会信用代码：□□□□□□□□□□□□□□□□□□（□□）			
组织机构代码：□□□□□□□□□（□□）			
1．养殖场名称			
2．运行状态	□运行	□停产	□关闭
3．养殖场地址	_____省（自治区、直辖市）_____地（区、市、州、盟）_____县（区、市、旗） _____乡（镇）_____街（村）、门牌号		
4．联系方式	固定电话：□□□□□□□□□□□□ 联系人：_____ 移动电话：□□□□□□□□□□□		
5．养殖种类和规模	□猪：_____头（年出栏） □奶牛：_____头（年存栏） □肉牛：_____头（年出栏） □蛋鸡：_____羽（年存栏） □肉鸡：_____羽（年出栏）		
普查员及编号		填表时间	2018 年 月 日
审核人及编号		审核时间	2018 年 月 日

表 5-3 第二次全国污染源普查集中式污染治理设施清查表

普查小区代码：□□□□□□□□□□□（□） 统一社会信用代码：□□□□□□□□□□□□□□□□□□（□□）			
组织机构代码：□□□□□□□□□（□□）			
1．单位名称			
2．运营单位			
3．运行状态	□运行	□停产	□关闭
4．设施地址	_____省（自治区、直辖市）_____地（区、市、州、盟）_____县（区、市、旗） _____乡（镇）_____街（村）、门牌号		
5．联系方式	固定电话：□□□□□□□□□□□□ 联系人：_____ 移动电话：□□□□□□□□□□□		
6．设施类别	□生活垃圾集中处理处置 □危险废物集中处理处置 □污水集中处理处置		
7．农村集中式污水处理设施	□否 □是 设计处理能力____吨/日或服务人口____人或服务家庭数____户		
普查员及编号		填表时间	2018 年 月 日
审核人及编号		审核时间	2018 年 月 日

表 5-4   第二次全国污染源普查生活源锅炉清查表

普查小区代码：□□□□□□□□□□□（□）

统一社会信用代码：□□□□□□□□□□□□□□□□□□（□□）

组织机构代码：□□□□□□□□□（□□）

单位名称：   [锅炉产权单位]（选填）：

锅炉产权单位或使用单位情况					
1. 详细地址：	_____省（自治区、直辖市）_____地（区、市、州、盟）_____县（区、市、旗）_____乡（镇）_____街（村）、门牌号				
2. 联系方式	固定电话：□□□□□□□□□□□□ 联系人：_____ 移动电话：□□□□□□□□□□□				
3. 机构类型	□□				
4. 行业类别	行业代码：□□ 行业名称：				
5. 拥有锅炉数量	□□				
指标名称	计量单位	代码	锅炉 1	锅炉 2	锅炉 3
甲	乙	丙	1	2	3
一、锅炉基本信息	—	—	—	—	—
锅炉用途	—	1			
锅炉投运年份	—	2			
锅炉编号	—	3			
锅炉型号	—	4			
锅炉类型	—	5			
额定出力	t/h	6			
锅炉燃烧方式	—	7			
年运行时间	—	8			
二、锅炉运行情况	—	—	—	—	—
燃料煤类型	—	9			
燃料煤消耗量	吨	10			
燃料煤平均含硫量	%	11			
燃料煤平均灰分	%	12			
燃料煤平均干燥无灰基挥发分	%	13			
燃油类型	—	14			
燃油消耗量	吨	15			
燃油平均含硫量	%	16			
燃气类型	—	17			
燃料气消耗量		18			
生物质燃料类型	—	19			
生物质燃料消耗量	吨	20			

指标名称	计量单位	代码	锅炉 1	锅炉 2	锅炉 3
甲	乙	丙	1	2	3
三、锅炉治理设施	—	—	—	—	—
除尘设施编号	—	21			
除尘工艺名称	—	22			
脱硫设施编号	—	23			
脱硫工艺名称	—	24			
脱硝设施编号	—	25			
脱硝工艺名称	—	26			
在线监测设施安装情况	—	27			
排气筒编号	—	28			
排气筒高度	米	29			
粉煤灰、炉渣等固体废物去向	—	30			
普查员及编号				填表时间	2018 年　月　日
审核人及编号				审核时间	2018 年　月　日

表 5-5　第二次全国污染源普查入河（海）排污口清查表

普查小区代码：□□□□□□□□□□□□（□）
排污口编码：□□□□□□□□

1. 排污口名称	
2. 排污口类别	□入河排污口　　　　　□入海排污口
3. 地理坐标	E _____°_____′_____″ /N _____°_____′_____″
4. 设置单位	
5. 排污口规模	□规模以上　　　　　□规模以下
6. 排污口类型	□工业废水排污口　□生活污水排污口　□混合污废水排污口
7. 入河（海）方式	□明渠　□暗管　□泵站　□涵闸　□其他_____
8. 受纳水体名称	
普查员及编号	填表时间　2018 年　月　日
审核人及编号	审核时间　2018 年　月　日

5.2.3.2　指标解释

【普查小区代码】指长度为 12 位的用于识别工业企业或产业活动单位生产地址所属区划的普查小区代码。普查小区代码沿用国家统计局编制的 12 位统计用行政区划代码；普查对象较多或地域范围较大的普查小区进一步拆分时，在原代码基础上于末位新增 1 位识别码进行区分；发生较大区划变更尚未得到统计用行政区划代码的，需要按程序向国家普查机构申请以获得该普查小区代码。

【统一社会信用代码/组织机构代码】统一社会信用代码是一组长度为 18 位的用于法人和其他组织身

份识别的代码。若填报企业或单位尚未申请统一社会信用代码则使用原组织机构代码代替。若既未申请统一社会信用代码又无组织机构代码，则按照普查对象识别码编码规则顺次编码后填入该行。

普查对象识别码按照如下规则编码：

普查对象识别码共计 18 位，代码结构为：

□	□	□	□	□	□	□	□	□	□	□	□	□	□	□	□	□	□
01	02	03	04	05	06	07	08	09	10	11	12	13	14	15	16	17	18

第 01 位，为调查对象类别识别码，用大写英文字母标识，G 工业企业和产业活动单位，X 畜禽规模养殖场，J 集中式污染治理设施，S 生活源锅炉，R 入河（海）排污口。

第 02 位，为调查对象机构类别识别码，用大写英文字母标识，见表 5-6。

表 5-6　调查对象机构类别识别码标识

机构类别	代码标识	机构类别	代码标识
机关	A	个体工商户	F
事业单位	B	农民专业合作社	G
社会团体	C	居委会、居民小区	H
民办非企业单位	D	村委会	K
企业	E	其他	L

第 03～14 位，使用国家统计局编制的 12 位统计用行政区划代码。

第 15～18 位，为调查对象识别码，由地方普查机构按照顺序进行编码。

【排污许可证编号】指已经正式核发的排污许可证 22 位编号。已经正式核发排污许可证的企业或产业活动单位必须填写，其他企业或产业活动单位不需要填写。

【单位名称】【养殖场名称】指经有关部门批准正式使用的企业/单位/养殖场全称。企业、个体工商户的详细名称按工商部门登记的名称填写；行政、事业单位的详细名称按编制部门登记、批准的名称填写；社会团体、民办非企业单位、基金会和基层群众自治组织的详细名称按民政部门登记、批准的名称填写。填写时要求使用规范化汉字填写，并与单位公章所使用的名称完全一致。凡经登记主管机关核准或批准，具有两个或两个以上名称的单位，要求填写一个名称，同时用括号注明其余的名称。

对于没有登记、无正式名称的企业或单位填写实际使用名称。对于没有进行工商登记的规模化养殖场，养殖场名称直接填写养殖场场主姓名。对于没有登记、无正式名称的设施按照"所在地（详细到村、镇）+实际使用名称"原则填写，例如"××地区（市、州、盟）××县（区、市、旗）××乡（镇）××街（村）农村污水处理站"或"××地区（市、州、盟）××县（区、市、旗）垃圾填埋场"。若锅炉产权单位或使用单位没有正式单位名称，可根据锅炉产权单位或使用单位通用描述代替。若锅炉产权单位和使用单位非一家单位的，由 2017 年度锅炉实际使用单位进行填报，以【锅炉产权单位】注明锅炉产权单位。

【曾用名】用于标识企业或单位是否有曾用名。有曾用名的按照曾用名的全称填写，无曾用名的此项不填。

【运行状态】用于标识企业/单位/畜禽规模养殖场/集中式污染治理设施的运行、停产或关闭状态。在运行的标记为"运行";暂时停产、间歇性停产、阶段性停产的标记为"停产";生产设施/养殖设施已移除或者场区/厂区已废弃的标记为"关闭"。

【生产地址】【养殖场地址】【设施地址】指企业/单位/畜禽养殖场/集中式污染治理设施所在地详细到村镇、街道、门牌号的地址。注册登记地址和生产地址/实际所在地地址不在同一区域的按照生产地址/实际所在地地址进行登记。

【联系方式】指企业或单位联系人、固定电话和移动电话。

【行业类别】根据其从事的社会经济活动性质对各类企业或单位进行分类,按照《国民经济行业分类》(GB/T 4754—2017)填写行业小类代码。对于业务涉及多个行业分类的企业或单位,选择主营业务的行业类别进行区分。如果涉及下列矿产资源的开采、选矿、冶炼(分离)、加工的:稀土、铌/钽、锆石/氧化锆、锡、铅/锌、铜、钢铁、磷酸盐、煤(包括煤矸石)、铝、钒、钼、金、锗/钛、镍,在对应的矿产资源名称上画"√"。

【有无其他厂址】用于标识企业或单位是否有多个生产地址,有多个生产地址的选择"有",且按照不同生产地址的清查顺序依次进行编号、分别进行登记;无多个生产地址的选择"无"。有多个生产厂址的填写其他厂址的数量,并记录其他厂址的具体地址。

【备注】上述各项指标中存在特殊情况的,可在此予以注明。例如正在办理停产、关闭手续,设施预计在普查阶段拆除,或者长期停产且无法找到企业人员等各种情况。

【养殖种类和规模】指具体养殖畜禽种类和养殖规模,按照2017年全年实际养殖量填报。

【设施类别】用于识别集中式污染治理设施所属类别,包括生活垃圾集中处理处置单位、危险废物集中处理处置单位和污水集中处理处置单位。

生活垃圾集中处理处置单位包括生活垃圾填埋场、生活垃圾焚烧厂以及以其他处理方式处理生活垃圾和餐厨垃圾的单位。

危险废物集中处理处置单位包括危险废物处置厂和医疗废物处理(处置)厂。危险废物处置厂包括危险废物综合处理(处置)厂、危险废物焚烧厂、危险废物安全填埋场和危险废物综合利用厂等;医疗废物处理(处置)厂包括医疗废物焚烧厂、医疗废物高温蒸煮厂、医疗废物化学消毒厂、医疗废物微波消毒厂等。

集中式污水处理单位包括城镇污水处理厂、工业污水集中处理厂和农村集中式污水处理设施。其中,农村集中式污水处理设施指通过管道、沟渠将乡或村污水进行集中收集后统一处理的、设计处理能力≥10吨/日(或服务人口≥100人,或服务家庭数≥20户)的污水处理设施或污水处理厂。

【农村集中式污水处理设施】用于标识"设施类别"中勾选为"污水集中处理处置单位"是调查对象是否为农村集中式污水处理设施。农村集中式污水处理设施指通过管道、沟渠将乡或村污水进行集中收集后统一处理的、设计处理能力≥10吨/日(或服务人口≥100人,或服务家庭数≥20户)的污水处理设施或污水处理厂。如果选择"是",请填写农村集中式污水处理设施设计处理能力或服务人口数量或服务家庭户数。

【机构类型】机构类型分为以下几种，10 企业、20 事业单位、30 机关、40 社会团体、51 民办非企业单位、52 基金会、53 居委会、54 村委会、90 其他组织机构。

10 企业：包括①领取《企业法人营业执照》（或新版《营业执照》）的各类企业；②个人独资企业、合伙企业；③经各级工商行政管理部门核准登记，领取《营业执照》的各类企业产业活动单位或经营单位；④未经有关部门批准但实际从事生产经营活动且符合产业活动单位条件的企业法人的本部及分支机构。

20 事业单位：包括①经机构编制部门批准成立和登记或备案，领取《事业单位法人证书》，取得法人资格的单位；②事业法人单位的本部及分支机构或派出机构。

30 机关：包括国家权力机关、国家行政机关、国家司法机关、政党机关、政协组织、人民解放军、武警部队和其他机关；还包括机关法人单位的本部，以及国家权力机关分支机构、国家行政机关分支或派出机构、人民法院分支机构、人民检察院分支机构等。

①国家权力机关：指全国人民代表大会及其常务委员会、地方各级人民代表大会及其常务委员会和办事机构。

②国家行政机关：指国务院和地方各级人民政府及其工作部门，以及地区行政行署。

③国家司法机关：指国家审判机关和检察机关。

④政党机关：指中国共产党各级机关和所属办事机构、各民主党派各级机关和办事机构。

⑤政协组织：指中国人民政治协商会议全国委员会和地方各级别委员会及其办事机构。

40 社会团体：指中国公民自愿组成，为实现会员共同意愿，按照其章程开展活动的非营利性社会组织。包括①经各级民政部门核准登记，领取《社会团体法人证书》的各类社会团体；②由各级机构编制管理部门直接管理其机关机构编制的群众团体；③经国务院批准可以免于登记的社会团体；④社团法人单位的本部，以及经各级民政部门核准登记，领取《社会团体分支机构登记证书》或《社会团体代表机构登记证书》的社会团体分支机构或代表机构。

51 民办非企业单位：指企业单位、事业单位、社会团体和其他社会力量以及公民个人利用非国有资产举办的，从事非营利性社会服务的社会组织。民办非企业法人指经各级民政部门核准登记，领取《民办非企业单位（法人）登记证书》的民办非企业单位。

52 基金会：包括①民政部和省级民政部门核准登记的，颁发《基金会法人登记证书》的基金会；②基金会的本部及分支机构和境外基金会代表机构。

53 居民委员会：由不设区的市、市辖区的人民政府决定设立的社区（居委会）。

54 村民委员会：由乡、民族乡、镇的人民政府提出，经村民会议讨论同意后，报县级人民政府批准，设立的村民委员会。

90 其他组织机构：指除企业、事业单位、机关、社会团体、民办非企业单位、基金会、居民委员会和村民委员会以外的其他符合法人及产业活动单位条件的机构。包括律师事务所和各类寺庙等。

【锅炉用途】填报锅炉使用主要用途，根据实际情况填写：M1 供水，M2 供暖，M3 洗浴，M4 烘干，

M5 餐饮，M6 高温消毒，M7 农业，M8 制冷，M9 其他。有上述多种用途的情况，可以多选，以"／"分开。

【锅炉投运年份】填写锅炉正式投入使用年份，例如：1999。改造后锅炉按照改造后投入使用年份。

【锅炉编号】用字母 GL（代表锅炉）及其内部编号组成锅炉编号，如 GL1，GL2，GL3，…；注意：仅对普查范围内在用及备用锅炉编号。

【锅炉型号】按照锅炉铭牌上的型号填报，锅炉型号不明或铭牌不清填"0"。

【锅炉类型】锅炉类型按表 5-7 中代码填报。

表 5-7 锅炉类型代码

代码	按燃料类型分	代码	按燃料类型分
R1	燃煤锅炉	R3	燃气锅炉
R2	燃油锅炉	R4	燃生物质锅炉

【额定出力】统一按蒸吨单位（t/h）填报。换算关系：60 万大卡/小时≈1 蒸吨/小时（t/h）≈0.7 兆瓦（MW）。指标允许保留一位小数。

【燃烧方式名称及代码】根据不同燃料类型的锅炉燃烧方式，按表 5-8 代码填报。

表 5-8 锅炉燃烧方式及代码

代码	燃煤锅炉	代码	燃油锅炉	代码	生物质锅炉	代码	燃气锅炉
RM01	抛煤机炉	RY01	室燃炉	RS01	层燃炉	RQ01	室燃炉
RM02	链条炉	RY02	其他	RS02	其他	RQ02	其他
RM03	其他层燃炉	—	—	—	—	—	—
RM04	循环流化床锅炉	—	—	—	—	—	—
RM05	煤粉炉	—	—	—	—	—	—
RM06	其他	—	—	—	—	—	—

【年运行时间】填写调查年度锅炉全年的实际运行月份。指标保留整数。

【燃料消耗量】指调查年度该锅炉实际消耗的能源量。根据锅炉使用的燃料种类及对应计量单位，按表 5-9 中代码填报，燃料煤的其他项需要根据实际情况填写。指标允许保留一位小数。

燃料消耗量难以在多台锅炉间划分的情况，根据燃料消耗总量按照多台锅炉间实际运行情况估算。

表 5-9 能源种类代码

代码	燃料类型	计量单位	代码	燃料类型	计量单位
101	原煤	t	208	炼厂干气	t
102	洗精煤	t	209	其他气体燃料	t/m^3
103	其他洗煤	t	301	原油	t
104	型煤	t	302	汽油	t

代码	燃料类型	计量单位	代码	燃料类型	计量单位
105	煤矸石	t	303	煤油	t
106	焦炭	t	304	柴油	t
107	石油焦	t	305	燃料油	t
201	焦炉煤气	万 m³	306	醇基燃料	t
202	高炉煤气	万 m³	307	其他液体燃料	t
203	转炉煤气	万 m³	401	生物质成型燃料	t
204	其他煤气	万 m³	501	其他石油制品	t
205	天然气	万 m³	502	其他焦化产品	t
206	液化天然气	t	503	其他燃料	t/m³
207	液化石油气	t			

【燃料煤平均含硫量】指调查年度多次监测的燃料煤收到基含硫量加权平均值；若无煤质分析数据，取所在地区平均含硫量。指标允许保留一位小数。

【燃料煤平均灰分】指调查年度多次监测的燃料煤收到基灰分加权平均值；若无煤质分析数据，取所在地区平均灰分。指标允许保留一位小数。

【燃料煤平均干燥无灰基挥发分】调查年度燃料煤加权平均干燥无灰基挥发分；若无煤质分析数据，取所在地区平均干燥无灰基挥发分。指标允许保留一位小数。

【燃油平均含硫量】指调查年度多次监测的燃油含硫量加权平均值；若无燃油分析数据，取所在地区平均含硫量；若燃油种类为醇基燃料可不填。指标允许保留一位小数。

【除尘/脱硫/脱硝设施编号】用字母 QC/QS/QN（分别代表除尘/脱硫/脱硝设施）及其内部编号组成，如 QC1，QC2，…，QS1，QS2，…，QN1，QN2，…；两台或多台锅炉使用同一套设施的，填报的设施编号必须一致。

【除尘/脱硫/脱硝工艺名称】指相应的脱硫、脱硝、除尘设施所采用的工艺方法，按表 5-10 中代码填报。无任何设施的现场填写直排，数据汇总时设施编号与工艺名称均为空。两种及以上处理工艺组合使用的，每种工艺均需填报，按照处理设施的先后次序填报。

脱硫设施指专门设计、建设的去除烟气二氧化硫的设施。水膜除尘、除尘脱硫一体化、仅添加硫转移剂等无法连续稳定去除二氧化硫的，均不视为脱硫设施。

表 5-10   除尘/脱硫/脱硝工艺

代码	除尘方法	代码	脱硫方法	代码	脱硝方法
—	过滤式除尘	—	炉内脱硫	—	炉内低氮技术
P1	袋式除尘	S1	炉内喷钙	N1	低氮燃烧法
P2	颗粒床除尘	S2	型煤固硫	N2	循环流化床锅炉
P3	管式过滤	—	烟气脱硫	N3	烟气循环燃烧
—	静电除尘	S3	石灰石/石膏法	—	烟气脱硝
P4	低低温	S4	石灰/石膏法	N4	选择性非催化还原法（SNCR）

代码	除尘方法	代码	脱硫方法	代码	脱硝方法
P5	板式	S5	氧化镁法	N5	选择性催化还原法（SCR）
P6	管式	S6	海水脱硫法	N6	活性炭（焦）法
P7	湿式除雾	S7	氨法	N7	氧化/吸收法
—	湿法除尘	S8	双碱法	N8	其他
P8	文丘里	S9	烟气循环流化床法		
P9	离心水膜	S10	旋转喷雾干燥法		
P10	喷淋塔/冲击水浴	S11	活性炭（焦）法		
—	旋风除尘	S12	其他		
P11	单筒（多筒并联）旋风				
P12	多管旋风				
—	组合式除尘				
P13	电袋组合				
P14	旋风+布袋				
P15	其他				

【在线监测设施安装情况】指锅炉废气污染治理设施末端是否安装污染物在线监测设施，是否与环境管理部门联网，根据实际情况，按照如下选项填报代码：

ZX1 未安装，ZX2 安装未联网，ZX3 安装并联网。

【排气筒编号】用字母 YC 代表锅炉排气筒与烟囱编号，如 YC1，YC2，YC3，…；两台或多台锅炉使用同一排气筒的，填报的排气筒编号必须一致。

【排气筒高度】指排气筒、烟囱（或锅炉房）所在的地平面至废气出口的高度。指标允许保留一位小数。

【粉煤灰、炉渣等固废去向】按照粉煤灰、炉渣、脱硫石膏等固体废物收集方式填写代码：SJ1 集中收集处置，SJ2 直接排放环境，SJ3 其他。

【排污口编码】按《入河排污口管理技术导则》（SL 532—2011）填写，由全国的行政区代码加序号组成，共 9 个字节，1～2 个字节表示的是省（自治区、直辖市）名称；3～4 个字节表示的是地（市、州、盟）名称；5～6 个字节表示的是县（市、区、旗）名称；7～9 个字节的 A01 表示的是第 A01 号入河（海）排污口。

示例：入河（海）排污口编码：340301A01 代表的意思是××省××市辖区第 A01 号入河（海）排污口。其中 1～2 个字节的 34 表示的是××省；3～4 个字节的 03 表示的是××市；5～6 个字节的 01 表示的是市辖区；7～9 个字节的 A01 表示的是第 A01 号入河排污口。

【排污口名称】按《入河排污口管理技术导则》（SL 532—2011）填写，具体命名规则如下：

（1）工业废水入河排污口为接纳企业生产废水的入河（海）排污口。工业园区设置的接纳园区内多家企业生产废水的入河（海）排污口也视为工业废水入河排污口。对于企业（工厂）排污口，在排污单位名称前加该排污口所在地的行政区名称，并冠以企业（工厂）排污口的名称，例如：××县××啤酒厂企业（工厂）排污口。

（2）生活污水入河排污口为接纳生活污水的入河（海）排污口。对于市政生活污水排污口，在排污口所在地地名（或者是街道名）、具有显著特征的建筑物名称前加该排污口所在地的行政区名称，并冠以市政生活污水排污口的名称，例如：××县望城门市政生活污水排污口。

（3）混合废污水入河排污口为接纳市政排水系统废污水或污水处理厂尾水的入河（海）排污口。对于混合废污水排污口，在排污口所在地地名（或者是街道名）具有显著特征的建筑物名称前加入该排污口所在地的行政区名称，并冠以综合排污口的名称，例如：××市一号码头混合废污水排污口。污水处理厂可参照企业排污口名称的确定方法。

（4）对于同一地区或者同一排污单位出现相同的排污口，在各种名称前加序号区分。例如：××县××酒厂1号工业入河（海）排污口；××县××酒厂2号工业入河（海）排污口。

【地理坐标】填写排污口所在地地理位置的经、纬度，统一按照 E106°26′30″，N29°49′19″ 格式填报。

【设置单位】有明确设置单位的排污口填写设置单位全称。经行政许可设置或备案的排污口，按许可批复或备案文件确定的设置单位填写；多个固定源共用一个排污口时，填写为主设置单位或排污量最大的单位。未经行政许可设置或备案，且确实无明确设置单位的排污口填写"无"。

【排污口规模】分为"规模以上"和"规模以下"；其中，"规模以上"指日排废污水 300 m³ 或年排废污水 10 万 m³ 以上，"规模以下"指日排废污水量小于 300 m³ 或年排废污水量小于 10 万 m³。

【入河（海）排污口类型】根据排放废污水的性质，排污口类型分为工业废水入河（海）排污口、生活污水入河（海）排污口和混合废污水入河（海）排污口三种。工业废水入河（海）排污口指接纳企业生产废水的入河（海）排污口。生活污水入河（海）排污口指接纳生活污水的入河（海）排污口。混合废污水入河（海）排污口指接纳市政排水系统废污水或污水处理厂尾水的入河（海）排污口。对于接纳远离城镇、不能纳入污水收集系统的居民区、风景旅游区、度假村、疗养院、机场、铁路车站等，以及其他企事业单位或人群聚集地排放的污水，如氧化塘、渗水井、化粪池、改良化粪池、无动力地埋式污水处理装置和土地处理系统处理工艺等集中处理方式的入河（海）排污口，视为混合废污水入河（海）排污口。

【污水入河（海）方式】按实际情况填写明渠、暗管、泵站、涵闸和其他。明渠，指采用地表可见的渠道排放污水的方式，可分为天然明渠和人工明渠两种。暗管，指利用地下管道或渠道排放污水的形式。泵站，指利用泵站控制排放污水的形式。涵闸，指利用闸门控制流量和调节水位来排放污水入河湖的形式。其他，指不符合上述条件的入河（海）方式，并在后面横线说明情况。

【受纳水体名称】指直接接纳排放污（废）水或经处理的污（废）水的河流、湖泊、海洋或其他环境水体。

【普查员及编号】指采集本表信息的普查员及其编号。

【审核人及编号】指审核本表信息的普查员或普查指导员及其编号。

5.3 清查的组织实施

5.3.1 普查小区的划分

普查小区是组织开展普查工作的基本地域单元，凡包含有第二次全国污染源普查对象的地域范围，都须划分普查小区。

普查小区划分原则上按村（居）民委员会管辖的地域范围确定。对于坐落在一个行政区域范围内或跨几个行政区域独立设置的各类开发区、旅游度假区、工矿区、院校区、商品交易市场等大型经济体，原则上不单独划分为行政区划以外的普查小区，按照临近原则归入相近的行政区域。如确属普查工作需要，且有独立、完整的地理区域，可单独划分普查小区，但需报上级普查机构批准、备案，统一编码。

各级普查机构以目前统计上使用的行政区划地址代码库为基础，使用国家统计局发布的《统计用区划代码和城乡划分代码》，按村（居）民委员会管辖的地域范围划分普查小区、确定代码，普查小区对应 12 位代码。对于个别区域较大、单位较多的普查小区，可根据工作需要进一步拆分，并明确边界，在原 12 位代码后增加 1 位顺序识别码。发生较大区划变更或尚未得到区划代码的，需要遵照《统计用区划代码和城乡划分代码编制规则》按程序向当地统计设计管理部门申请以获得临时代码并备案。普查分区示意图见图 5-2。

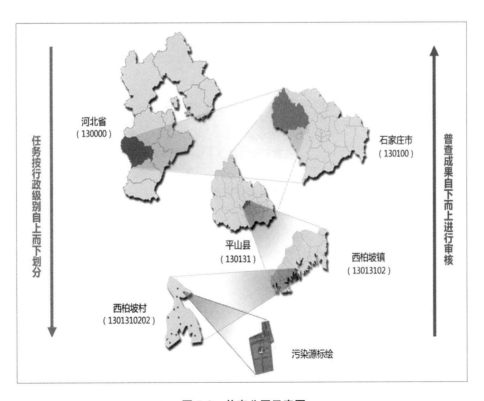

图 5-2 普查分区示意图

所有普查小区都应有完整、封闭的边界，小区的交界地要具体明确，可选用道路、河流、建筑物等明显的地址点标示边界。普查小区边界线不能交叉，相邻普查小区之间，不得重叠、遗漏。普查小区边界仅用于污染源普查工作，不作为各级政府行政区域划分和行政管理的依据。

对非当地行政管辖，地理范围跨越行政管辖区域的"飞地"单位，其普查小区的划分由当地具备管辖权的上级普查机构统一协调划分。

5.3.2　清查名录底册建立

国家普查机构根据国家工商、税务、质检、统计、农业等名录数据筛查整合得到清查基本单位名录后分解下发（图5-3）。在生态环境部门管理行政记录和环境统计数据库基础上，工业企业和产业活动单位名录吸纳了国家统计局基本单位名录库、国家工商总局（国家税务总局）注册登记信息和电网数据库相关名录数据，畜禽规模养殖场名录补充了国家统计局三农普数据、农业部畜禽养殖部门数据，集中式污染治理设施名录补充了住建部部门数据。

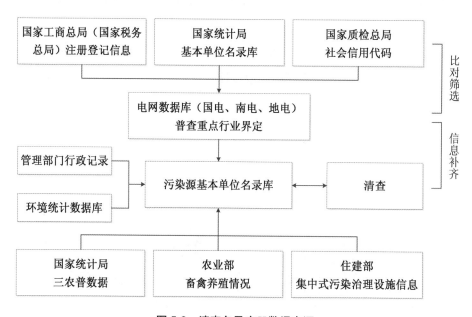

图5-3　清查名录底册数据来源

各级普查机构负责收集辖区内现有工商、税务、质检、统计、农业等名录，并与上级分解名录进行对比，补充完善本级清查基本单位名录。

5.3.3　底册数据的清洗比对

不同部委、不同部门数据格式和信息差异较大，部分数据存在缺失值、不一致代码、重复数据、异常值等问题，借鉴数据挖掘和统计方法开展数据清洗。按照清查底层名录基本信息要求，从各类数据中筛选提取出目标信息，并按行政区域顺序进行排序整理，开展数据清洗和对比工作，见图5-4。

以国家统计局产业活动单位基本信息和三农普畜禽规模养殖场信息为核心，以单位名称为核心指标，将来自生态环境部、国家统计局、农业部、住建部、国家工商行政管理局等不同源数据进行并库操作。单位名称一致的将其他部委信息加至国家统计局信息后将不同来源信息整合至同一条信息完善到名录底册中；单位名称不一致的，在名录底册中保留国家统计局信息或将其他部委信息增加到名录底册中。

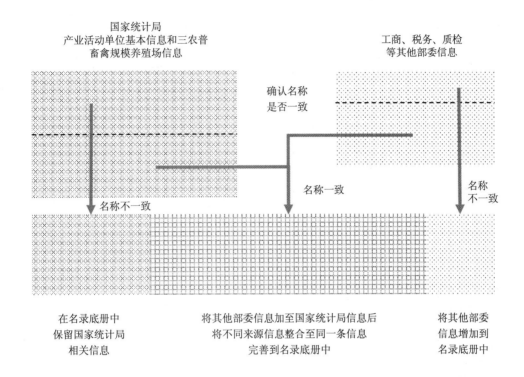

图 5-4 数据清洗和名录比对

5.3.4 清查底册的补充

地方各级普查机构根据普查分区和清查基本单位名录，组织清查，明确普查员和普查指导员负责的区域范围及清查对象，落实责任。按小区实地访问、逐户摸底排查，参照清查基本单位名录册（库），排重补漏，核实完善清查对象信息，分别填写各类清查表、采集清查对象地理坐标，并按照汇总表式汇总后上报，具体见表 5-11～表 5-18。

表 5-11　第二次全国污染源普查工业企业和产业活动单位清查汇总表

序号	普查小区代码	统一社会信用代码	组织机构代码	排污许可证编号	单位名称	曾用名	运行状态	省（自治区、直辖市）	地区（市、州、盟）	县（区、市、旗）	乡（镇）	详细地址（街、村、门牌号）	联系人	固定电话	移动电话	行业类别	是否涉及稀土等15类矿产资源开采、选矿、冶炼（分离、冶炼）、加工	其他厂址/个	其他厂址/地址	备注	是否纳入普查范围
例	440305××××××	××××× ××××× ×××			×××通讯股份有限公司		运行	广东省	深圳市	南山区	××乡	××××路×号×××大厦	××× ××× ×	××× ××× ××	××× ××× ××	3921 通信系统设备制造	否	0			是

注：15类矿产资源指稀土、铌/钽、锆石氧化锆、锡、铅锌、铜、钢铁、煤（煤矸石）、铝、钒、钼、金、锗钛、镍。

表 5-12　第二次全国污染源普查畜禽规模养殖场清查汇总表

序号	普查小区代码	统一社会信用代码	组织机构代码	养殖场名称	运行状态	省（自治区、直辖市）	地区（市、州、盟）	县（区、市、旗）	详细地址（街、村、门牌号）	联系人	固定电话	移动电话	猪/头	奶牛/头	肉牛/头	蛋鸡/羽	肉鸡/羽	是否纳入普查范围
例	110××××××××× ××××××	××××× ××××× ×××××		×××××公司	运行	北京市	×××市	×××县	××××路×××号×乡	×× ×	×× ×× ×	××× ××× ×	×× ×	×× ×	×× ×	×× ×	×× ×	是

表 5-13 第二次全国污染源普查集中式污染治理设施清查汇总表

序号	普查小区代码	统一社会信用代码	组织机构代码	单位名称	运营单位	运行状态	省（自治区、直辖市）	地区（州、盟）	县（区、市、旗）	乡（镇）	详细地址（街、村、门牌号）	联系人	固定电话	移动电话	设施类别	农村集中式污水处理设施	设计处理能力/（吨/日）	服务人口/人	服务家庭/户	是否纳入普查范围
例	450503 ××××××	×××× ×××× ××××× ××		×××生活垃圾处理厂		运行	广西壮族自治区	北海市	银海区	××× 镇	××××村×××路×××号	×× ×	×× ×× ×× ×× ×	×× ×× ×× ×× ×	生活垃圾集中处理处置单位	否				是
例	320509 ××××××	×××× ×××× ××××× ××		××××村污水处理厂	×× ×公司	运行	江苏省	苏州市	吴江区	××× 镇	××××村×××路×××号	×× ×	×× ×× ×× ×× ×	×× ×× ×× ×× ×	污水集中处理处置单位	是	20			是

表 5-14　第二次全国污染源普查生活源锅炉清查汇总表

序号	普查小区代码	统一社会信用代码	组织机构代码	单位名称	锅炉产权单位（选填）	省（自治区、直辖市）	地区（市、州、盟）	县（区、市、旗）	乡（镇）	村、门牌号	联系人	固定电话	移动电话	机构类型	行业类别	拥有锅炉数量
例	1401051××	××××××××　××××		××××医院		山西省	太原市	小店区	北草镇	×××××村×× 路 01 号	×××	××××	×××× ×××	20 事业单位	××	2
例	1401051×××× ××	××××××××　××××		××××学校		山西省	太原市	小店区	北草镇	××××村×× 路××号	×××	××××	×××× ×××××	20 事业单位	××	1

表 5-15　第二次全国污染源普查生活源锅炉清查汇总表（续表 1）

锅炉用途	锅炉投运年份	锅炉编号	锅炉类型	锅炉型号	锅炉燃烧方式	额定出力（t/h）	年运行时间	燃料煤类型	燃料煤消耗量/t	燃料煤平均含硫量/%	燃料煤平均灰分/%	燃料煤平均干燥无灰基挥发分/%	燃油类型	燃油消耗量/t	燃油平均含硫量/t	燃料气类型	燃料气消耗量/万 m³	生物质燃料类型	生物质燃料消耗量/t
M2 供暖	1999	GL1	R1 燃煤锅炉	××××××	RM05 煤粉炉	××	6	101 原煤	××	××	××	××							
M6 高温消毒	1999	GL2	R1 燃煤锅炉	××××××	RM05 煤粉炉	××	12	101 原煤	××	××	××	××							
M5 餐饮	2001	GL1	R1 燃煤锅炉	××××××	RM05 煤粉炉	××	12	101 原煤	××	××	××	××							

表 5-16　第二次全国污染源普查生活源锅炉清查汇总表（续表 2）

除尘设施编号	除尘工艺名称	脱硫设施编号	脱硫工艺名称	脱硝设施编号	脱硝工艺名称	在线监测设施安装情况	排气筒编号	排气筒高度/m	粉煤灰、炉渣等固废去向
QC1	P1 袋式除尘	QS1	S1 炉内喷钙			ZX1 未安装	YC1	20	SJ1 集中收集处置
QC1	P1 袋式除尘					ZX1 未安装	YC1	15	SJ1 集中收集处置

表 5-17　第二次全国污染源普查入河（海）排污口清查汇总表

序号	普查小区代码	排污口编码	排污口名称	排污口类别	地理坐标经度/度	地理坐标经度/分	地理坐标经度/秒	地理坐标纬度/度	地理坐标纬度/分	地理坐标纬度/秒	设置单位	排污口规模	排污口类型	污水入河（海）方式	"其他"入河（海）方式说明	受纳水体名称	是否纳入普查范围
例	×××× ×××× ××××		××××	×××入河排污口	×××	××	××	××	××	××	××	规上	生活污水排污口	明渠	××××× ××××××	××××	是

表 5-18　第二次全国污染源普查伴生放射性矿企业初测筛查汇总表

序号	统一社会信用代码	组织机构代码	单位名称	曾用名	运行状态	省（自治区、直辖市）	地区（市、州、盟）	乡（镇）	详细地址（街、村、门牌号）	联系人	固定电话	移动电话	行业类别	放射性水平达到初测筛选标准固体物料				是否纳入伴生放射性矿普查范围
														物料1名称及初测结果	物料2名称及初测结果	物料3名称及初测结果	物料4名称及初测结果	
例	××××××××××××××		×××稀土有限公司		关闭	内蒙古	包头市	九原区×××乡	××××路××××号	×××	××××××××××	××××××××××××	0932 稀土金属矿采选	稀土原矿，××× nGy/h 或×××Bq/g	废渣，×××nGy/h 或×××Bq/g			是

5.3.5 入户调查名录的确定

各级普查机构根据清查结果确定本级普查基本单位名录，经上级普查机构审核认定，确定为第二次全国污染源普查入户调查对象名录。省级普查机构将本地区普查单位名录审定后报国家普查机构。2017年度停产的企业或单位，纳入普查范围；2017 年 12 月 31 日以前已关闭的企业或单位，不纳入普查范围。具体见图 5-5。

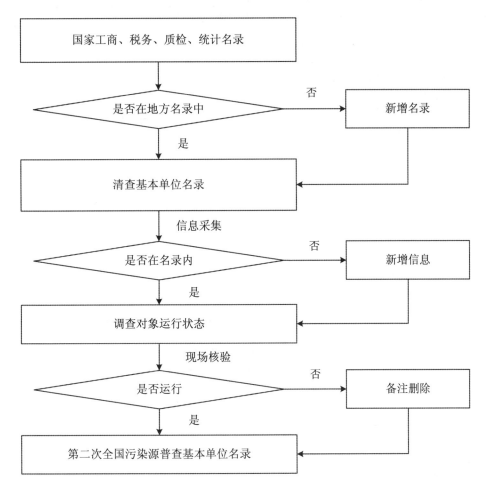

图 5-5　普查基本单位名录筛选

5.3.6 清查过程的质量控制

5.3.6.1 清查现场核查

普查核查员按照第二次全国污染源普查工业企业和产业活动单位清查核查表（表 5-19）、第二次全国污染源普查畜禽养规模殖场清查核查表（表 5-20）和第二次全国污染源普查集中式污染治理设施清查核查表（表 5-21）与调查对象逐一核对各类信息，核实无误后在清查核查表上加盖签章确认。

表 5-19   第二次全国污染源普查工业企业和产业活动单位清查核查表

单位名称			统一社会信用代码		
地址			联系电话		
编号	核对信息列表			已核对	未核对
1	统一社会信用代码证书：原件				
2	营业执照：原件				
3	用电记录：电费缴纳凭证等与企业生产时间周期一致				
4	用水记录：水费缴纳凭证等与企业生产时间周期一致				
5	用能记录：燃煤、燃油、燃气等凭证与企业生产时间周期一致				
6	生产情况记录：生产设施位置或照片				
7	生产情况记录：原材料或产品进出记录				
8	空间信息采集：大门坐标标注				
9	空间信息采集：中心坐标标注				
10	空间信息采集：厂界坐标标注				
11	污染治理设施：大气污染治理设施资料或照片				
12	污染治理设施：水污染治理设施资料或照片				
13	污染治理设施：固体废物贮存或治理设施资料或照片				
14	污染治理设施：危险废物贮存或治理设施资料或照片				
15	污染治理设施：放射性废物贮存或治理设施资料或照片				

以上信息工业企业和产业活动单位负责人现场核验，确认无误。

以上信息核验无误。

单位负责人：

单位签章：

　　　　　　　　年　月　日

核验员：

　　　　　　　年　月　日

表 5-20   第二次全国污染源普查畜禽养规模殖场清查核查表

单位名称			统一社会信用代码/养殖场主身份证号码		
地址			联系电话		
编号	核对信息列表			已核对	未核对
1	统一社会信用代码证书：原件				
2	营业执照/养殖场主身份证：原件				
3	用电记录：电费缴纳凭证等与企业生产时间周期一致				
4	用水记录：水费缴纳凭证等与企业生产时间周期一致				
6	生产情况记录：养殖区设施位置或照片				
7	生产情况记录：饲料购买或畜禽产品销售记录				
8	空间信息采集：大门坐标标注				
9	空间信息采集：中心坐标标注				
10	空间信息采集：厂界坐标标注				
11	污染治理设施：粪便收集、贮存及利用设施资料或照片				
12	污染治理设施：尿液污水收集、贮存及处理设施资料或照片				

以上信息规模化畜禽养殖场负责人现场核验，确认无误。

以上信息核验无误。

单位负责人：

单位签章：

　　　　　　　　年　月　日

核验员：

　　　　　　　年　月　日

表 5-21　第二次全国污染源普查集中式污染治理设施清查核查表

设施名称		统一社会信用代码		
地址		联系电话		
编号	核对信息列表		已核对	未核对
1	统一社会信用代码证书：原件			
2	营业执照：原件			
3	用电记录：电费缴纳凭证等与设施运行时间周期一致			
4	用水记录：水费缴纳凭证等与设施运行时间周期一致			
5	用能记录：燃煤、燃油、燃气等凭证与设施运行时间周期一致			
6	运行情况记录：设施位置或照片			
7	运行情况记录：运行或维护记录			
8	空间信息采集：大门坐标标注			
9	空间信息采集：中心坐标标注			
10	空间信息采集：厂界坐标标注			
11	污染治理设施：大气污染治理设施资料或照片			
12	污染治理设施：水污染治理设施资料或照片			
13	污染治理设施：固体废物贮存或治理设施资料或照片			
14	污染治理设施：危险废物贮存或治理设施资料或照片			
以上信息集中式污染治理设施负责人现场核验，确认无误。 单位负责人： 单位签章： 　　　　　　年　月　日		以上信息核验无误。 核验员： 　　　　　　年　月　日		

5.3.6.2　清查结果评估

地方各级普查机构对本行政区域清查结果进行审核并组织复核。以复核对象辖区内所有普查小区为总体，按比例随机抽取部分普查小区进行复核。地市级普查机构复核抽样要覆盖所有的区县和所选取的普查小区样本范围内所有清查对象；省级普查机构复核抽样要覆盖所有的地市和所选取的普查小区样本范围内所有清查对象。

（1）评估方法

采取多阶段分层随机抽样调查方法开展清查结果评估。在全国范围内将所有调查对象按照所在省（自治区、直辖市）分层，在省内将该省的所有工业企业、规模畜禽养殖场、生活源锅炉、集中式污染治理设施、入河（海）排污口分别按照企业所属行业大类、畜禽种类、锅炉种类、设施种类和受纳水体进行分层，在每一层中，抽取一定比例的调查对象作为事后质量调查的样本。

抽样调查的样本框来自第二次全国污染源普查基本单位名录库。各类污染源的抽样的比例根据全国工业污染源、畜禽规模养殖场、集中式污染治理设施、生活源锅炉、入河（海）排污口的单位总数来确定，每层都抽取层内该类污染源总数量的相应比例的样本作为质量评估样本（表 5-22）。

表 5-22　清查结果评估抽样比例

某类污染源的单位总数/个	抽样允许比例（建议比例）
少于 5 000	15%～20%（17.5%）
5 000～10 000	10%～15%（12.5%）
10 000～50 000	5%～10%（7.5%）
50 000～100 000	1%～5%（2.5%）
100 000～1 000 000	0.5%～1%（0.75%）
1 000 000 以上	0.1%～5%（0.25%）

得到样本库之后，对其进行逐一重新调查，填写清查表，与原调查清查表开展结果比对。

（2）评估内容

污染源普查数据质量评估抽样调查作为一次独立的抽样调查，抽查表式与原普查表相同，通过将抽查表与原普查数据对比，便可估计普查数据的误差。主要调查内容包括两方面：

调查对象清查名录质量评估。抽查的工业企业、畜禽规模养殖场、生活源锅炉、集中式污染治理设施、入河（海）排污口等调查对象是否在现有名录中，有无存在的调查对象漏报、虚报或重复的情况。

调查对象清查报表质量评估。抽查的工业企业、畜禽规模养殖场、生活源锅炉、集中式污染治理设施、入河（海）排污口等调查对象清查表信息是否完整，质量是否符合要求。

（3）具体指标

清查结果评估指标体系包括清查名录质量评估和清查报表质量评估 2 部分共计 5 个指标（表 5-23），其中 4 个指标为区域评估指标，1 个为调查对象评估指标。

表 5-23　清查结果评估指标

评估内容	指标名称
清查名录质量评估	区域调查对象漏报率
	区域调查对象虚报率
	区域调查对象重复率
清查报表质量评估	区域清查信息错误率
	调查对象清查指标错误率

区域调查对象漏报率，指不在评估区域范围名录中的调查对象数量占名录调查对象总数的百分比，计算公式：

$$区域调查对象漏报率 = \frac{\sum 漏报的调查对象数量}{\sum 调查对象总数} \times 100\%$$

区域调查对象虚报率，指在评估区域范围名录中的调查对象，现场核实无佐证材料证明 2017 年度存续的调查对象数量占名录调查对象总数的百分比，计算公式：

$$区域调查对象虚报率 = \frac{\sum 虚报的调查对象数量}{\sum 调查对象总数} \times 100\%$$

区域调查对象重复率，指在评估区域范围名录中的调查对象，在名录中有 2 条以上完全一致信息的调查对象数量占名录调查对象总数的百分比，计算公式：

$$区域调查对象重复率 = \frac{\sum 重复的调查对象数量}{\sum 调查对象总数} \times 100\%$$

区域清查信息错误率，指在评估区域范围名录中的调查对象，信息错误的清查表数量占清查表总数的百分比，信息错误包括表头、表体和签章等各类信息，计算公式：

$$区域清查信息错误率 = \frac{\sum 信息错误的清查表数量}{\sum 清查表总数} \times 100\%$$

调查对象清查指标错误率，指针对某一个具体调查对象，信息错误的指标数量占清查表指标总数的百分比，信息错误包括表头、表体和签章等各类信息，计算公式：

$$调查对象清查指标错误率 = \frac{\sum 信息错误的清查指标数量}{\sum 该类清查表指标总数} \times 100\%$$

6 数据采集、审核与汇总

普查数据主要包括名录数据、表格数据、空间数据和核算数据。名录数据指清查阶段通过清查底册和清查表形成普查对象的名录。表格数据指普查阶段通过普查表形成普查结果的数据。空间数据包括清查阶段重点小区确定边界、固定点源采集地理位置所形成的数据，普查阶段利用小区边界进行任务分发、确认固定点源地理位置、边界范围空间信息确定、固定源排放口位置空间信息采集所形成的数据，以及基础底图数据。核算数据包括系统核算产生的数据和实际采集的监测数据。

在入户开展数据采集工作前，县级应做好核实基本单位名录库、任务分配等各方面的准备。根据清查形成的普查基本单位名录库（以下简称"基本名录"）确认企业运行状态，补充不在基本名录的普查对象，禁用已经关闭的普查对象，确认普查对象基本信息的准确性。从第二次全国污染源普查数据采集与管理系统（以下简称"普查系统"）导出账号和密码，并下发给普查对象。按照"6 位行政区代码+4位顺序码"的用户名账号命名规则，做好"两员"（普查指导员和普查员）编号。将"两员"导入普查系统，添加新增或遗漏人员信息，删除错误人员信息。划分普查小区，为普查小区绑定普查指导员，为普查指导员绑定普查员，为普查员分配普查对象，最终生成任务。向普查员发放移动终端，要求普查员根据设备机器号、普查空间数据管理系统的用户账号和短信认证完成设备登录认证校验，登录普查空间信息系统下载地图离线包，完成安装。

6.1 数据采集的总体流程

数据采集包括两阶段，一是清查阶段，二是入户调查阶段。

在入户调查阶段，普查员或普查指导员根据县级分配的任务，可到现场指导普查对象填报，同时，手持移动终端采集普查对象边界、位置和排放口地理坐标等空间信息，将表格数据和空间数据一并提交至县级普查机构。

数据采集主要包括联网电子表格采集和纸质报表采集两种方式，管理部门和普查对象可根据实际情况灵活选用、自由组合。普查对象确认填报的相关数据无误后，应填写质量审核单，提交给普查员。数据采集流程见图 6-1。此外，在不同阶段，普查系统会根据实际需求作相应调整，但不影响具体功能的使用，因此同一级普查用户登录普查系统的截图可能有所差异。

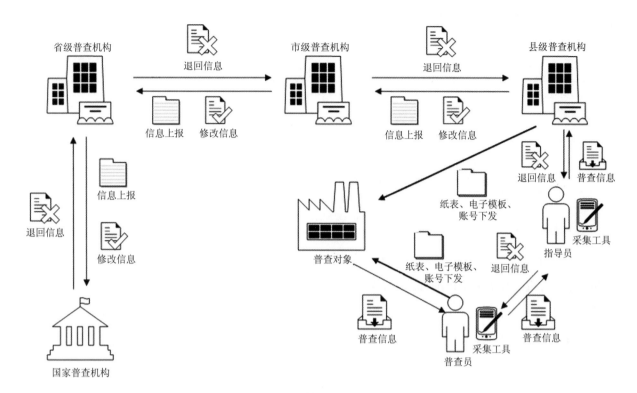

图 6-1　数据采集流程

6.1.1　入户准备

（1）入户调查培训

为确保入户调查工作顺利开展，生态环境部第二次全国污染源普查工作办公室组织五期技术培训和五期数据审核与处理技术培训，对各省的地市级技术骨干进行培训，相关课程名称见表 6-1。省级及以下普查机构可根据实际情况，组织普查对象（工业企业）进行动员培训，以及"两员"培训。

表 6-1　第二次全国污染源普查技术培训相关内容

序号	课程名称
1	第二次全国污染源普查报表制度与数据处理流程
2	第二次全国污染源普查工业源普查技术规定和报表制度解读
3	第二次全国污染源普查工业污染源产排污核算方法
4	第二次全国污染源普查机械行业污染物产排污量核算及填表指南
5	第二次全国污染源普查石化行业填报
6	第二次全国污染源普查钢铁行业报表填报
7	第二次全国污染源普查化学工业污染源普查报表填报说明
8	第二次全国污染源普查电子电气相关行业产排污特征及产排污量核算
9	第二次全国污染源普查农业源普查技术规定及核算方法
10	第二次全国污染源普查农业源普查报表填报
11	第二次全国污染源普查生活源普查技术规定和报表制度解读

序号	课程名称
12	第二次全国污染源普查移动源普查技术规定和报表制度
13	第二次全国污染源普查集中式污染治理设施普查技术规定和报表制度
14	第二次全国污染源普查质量控制技术规定
15	第二次全国污染源普查入户调查方法
16	第二次全国污染源普查全面入户调查数据处理流程解读
17	第二次全国污染源普查数据采集系统解读
18	第二次全国污染源普查空间信息管理系统

普查员和普查指导员入户调查前，须做好充分准备，制订入户调查计划和入户路线安排，做好与相关工业企业或事业单位工作人员的工作衔接和沟通。同时，熟悉调查内容、程序和方法，带齐相关材料，包括证件、因普查工作需要定制的标识性衣物、宣传手册、《致第二次全国污染源普查对象的一封信》《第二次全国污染源普查制度》和填报指引、预装好普查软件及相关代码和制度的移动终端等。

因《第二次全国污染源普查入户调查工作手册》已有详细的报表填报指引，故不在此重复。

（2）调查对象准备资料

在获知入户调查的通知后，普查对象需准备好厂区平面布置图、主要工艺流程图、水平衡图、环境影响评价文件及批复、清洁生产审核报告；2017年度主要物料（或排放污染物的前体物）使用量数据，生产报表，煤（油、燃气）、电、水等统计台账及凭证，产污、治污设施运行记录，及各种监测报告（自动监测数据报表），2017年度的排污许可年度执行报告（用执行报告填报排放量的必须提供）；其他普查对象认为其他能够证明其填报数据真实性、可靠性的资料。以工业企业为例，建议准备的资料清单见表6-2。

表6-2   资料清单

序号	资料名称
1	营业执照
2	排污许可证副本
3	厂区平面布置图
4	主要生产工艺流程图
5	排水管网图
6	2017年主要产品名称及产量汇总表
7	2017年主要原、辅材料名称及用量汇总表
8	2017年度能源与水、电用量汇总表
9	2017年度一般固体废物产生及处置量汇总表
10	2017年度危险废物转移联单
11	2017年度用水总量汇总表
12	2017年度挥发性有机物（清洗剂、油墨、油漆、固化剂、天那水等）使用量汇总表
13	2017年度废水监测报告
14	2017年度废气监测报告

序号	资料名称
15	2017 年发电锅炉、工业锅炉燃料使用量汇总表
16	废水、废气处理设施设计方案
17	厂内移动源（叉车、铲车等）铭牌信息数量、能源消耗量
18	有机液体储罐的设计文件或铭牌（储罐类型、容积、个数、年周转量、年装载量、储存物质）
19	企业风险评估报告
20	企业突发环境事件应急预案
21	清洁生产审核报告
22	生产项目环境影响评价、现状评价报告及批文
23	建设项目竣工环境保护验收报告
24	清洁生产审核报告

（3）入户填表

发放普查表或入户调查过程中，若发现遗漏的普查对象，应纳入普查范围，并及时报告县（区、市、旗）普查机构；发现普查对象不存在，或 2018 年 1 月 1 日后关闭且无法联系填报主体等情况，应及时报告县（区、市、旗）普查机构。县（区、市、旗）普查机构应将此类情况汇总后逐级上报。

工业源和集中式污染治理设施普查对象均需入户填表。农业源规模畜禽养殖场、生活源非工业企业单位锅炉和被抽样调查能源使用情况的生活源农村居民需入户填表，生活源的储油库、加油站也需要入户填表，报表详见表 6-3。

表 6-3　除工业源以外需入户采集数据的报表列表

序号	表号	表名
1	G101-1 表	工业企业基本情况
2	G101-2 表	工业企业主要产品、生产工艺基本情况
3	G101-3 表	工业企业主要原辅材料使用、能源消耗基本情况
4	G108 表	园区环境管理信息
5	N101-1 表	规模畜禽养殖场基本情况
6	N101-2 表	规模畜禽养殖场养殖规模与粪污处理情况
7	S103 表	非工业企业单位锅炉污染及防治情况
8	S106 表	生活源农村居民能源使用情况抽样调查
9	J101-1 表	集中式污水处理厂基本情况
10	J101-2 表	集中式污水处理厂运行情况
11	J101-3 表	集中式污水处理厂污水监测数据
12	J102-1 表	生活垃圾集中处置场（厂）基本情况
13	J102-2 表	生活垃圾集中处置场（厂）运行情况
14	J103-1 表	危险废物集中处置厂基本情况
15	J103-2 表	危险废物集中处置厂运行情况
16	J104-1 表	生活垃圾/危险废物集中处置厂（场）废水监测数据
17	J104-2 表	生活垃圾/危险废物集中处置厂（场）焚烧废气监测数据

序号	表号	表名
18	J104-3 表	生活垃圾/危险废物集中处置厂（场）污染物排放量
19	Y101 表	储油库油气回收情况
20	Y102 表	加油站油气回收情况
21	Y103 表	油品运输企业油气回收情况

工业源入户调查过程中，通过填报 G101-1 表指标筛选确定后续填报的报表。具体情况如下：

1）若有工业废水产生，需填报 G102 表，根据是否有合规的监测数据，选择填写 G106-1 表和 G106-2 表。

2）若有废气产生，需根据生产设备是否有锅炉或炉窑判断是否填报 G103-1 表或 G103-1 表；需根据行业性质填报 G103-3 表至 G103-11 表，如水泥行业且有熟料生产填报 G103-6 表；既有废气也有固体堆场的，需填报 G103-12 表；除重点行业以外的其他行业，将废气信息填写在 G103-13 表。根据是否有合规的监测数据，选择填写 G106-1 表或 G106-3 表。

3）若有固体废物产生，需根据固体废物的性质选择填写 G104-1 表和 G104-2 表。

4）若有生产或使用环境风险物质的工业企业，需填报 G105 表。

5）若是伴生放射性矿产企业，需填报 G107 表。

6）省级及以上级别工业园管理部门需填报 G108 表。

因《第二次全国污染源普查入户调查工作手册》已有《工业源报表填报索引示意》，故不在此重复。

6.1.2　联网电子表格采集

在联网情况下，普查对象根据县级普查机构下发的账号和密码等信息登录普查系统，填报相应的普查制度，确认并通过网页初步校验后保存。填报的数据依次经普查员和普查指导员审核无误后，提交县级普查机构。县级普查机构对普查对象相关数据进行审核，审核通过后将其从互联网提交至环保专网，逐级上报市级普查机构、省级普查机构和国家普查机构审核。若上级普查机构发现普查信息填报有误，可逐级返回，要求普查对象核实后提交上报。网页填报流程见图 6-2。

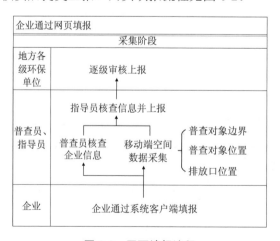

图 6-2　网页填报流程

移动端数据采集作为联网数据采集的补充功能，普查对象可采用移动端填报。所采集的数据经普查对象确认后保存至普查系统，经普查员核实无误后提交至普查指导员，普查指导员审核无误后，提交县级普查机构。县级普查机构对相关信息进行审核，通过后从互联网提交至环保专网，逐级上报审核。

此外，普查对象可通过两种途径从互联网下载电子表格，一是生态环境部网页，二是登录普查系统。同时，普查对象可通过集中培训或普查员获取由县级下发的电子表格，填写后保存。普查对象也可将填写完整的电子表格打印，提交至普查员。相关信息依次经普查员、普查指导员确认无误后，提交给县级普查机构。县级普查机构组织工作人员将电子表格导入普查系统，通过页面初步校验后，保存并逐级审核上报。电子表格采集流程见图6-3。

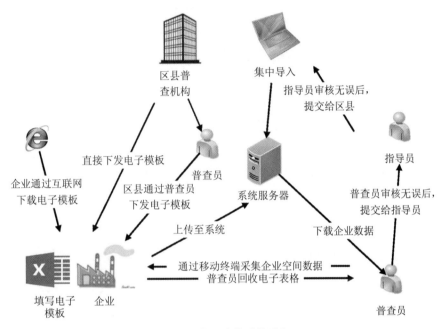

图6-3　电子表格采集流程

6.1.2.1　联网采集填报说明

以工业源为例，详细说明联网采集过程。工业企业利用县级普查机构下发的用户账号和密码登录系统，首页展示企业的填报界面，即G101-1表（图6-4）。在G101-1表某一指标选"是"，会有对应的表格显示，如在该表"16. 产生工业废水"选"是"，后续有G102表、G106-1/2表显示。在填表过程中，可根据需要选择"增加行""清空行"或"删除行"，如当同种产品有多种生产工艺的，可在G101-2表中增行填写（图6-5）。填报G101-2表时，可点击"产品代码"栏、填报框右边按钮查询，在新弹出的对话框"主要产品"输入"主要产品代码"或"主要产品名称"精确查询，勾选相应产品名称前的方框，最后点击"确定"（图6-6）。

填报中，可根据需要选择"增加列""清空列"或"删除列"，如在G103-6表中增加一个加热炉，可增加列填报（图6-7）。其他源填报操作同工业源。

保存前，系统对填报数据进行校验（图6-8），普查对象或相关工作人员需根据提示信息规范填报内容。

提交普查信息时，选择网页页面下方的"提交"按钮，系统弹出确认信息，选择"确定"（图6-9），表单置灰，不可再修改（图6-10）。

图6-4 工业企业普查对象填报界面

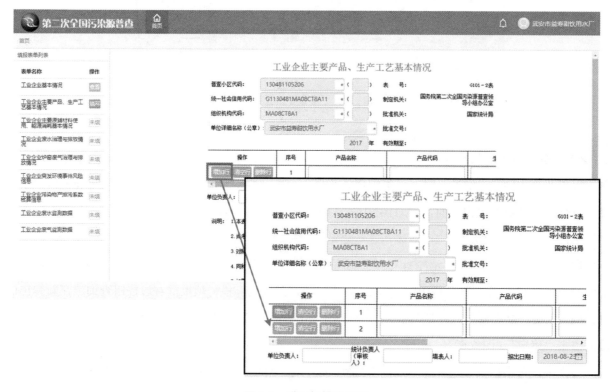

图6-5 增加行操作界面

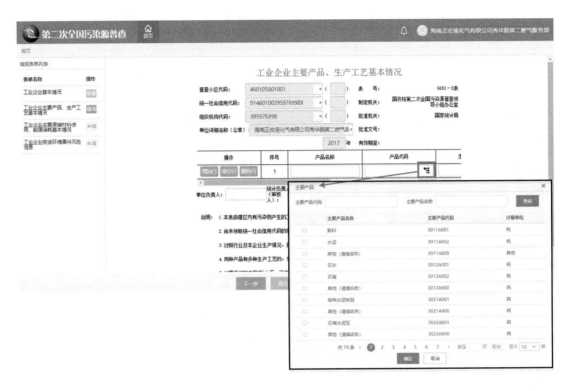

图 6-6 产品代码查询界面

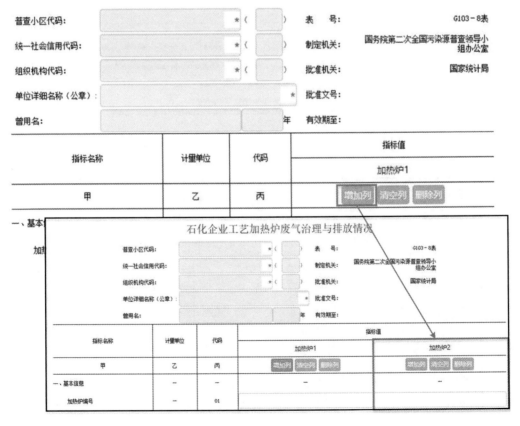

图 6-7 增加列操作界面

指标名称	计量单位	代码	指标值
甲	乙	丙	危险废物1
一	一	一	增加列　清空列　删除列
危险废物名称	一	01	HW11精（蒸）馏残渣
危险废物代码			
危险废物产生量			送持证单位量不能超过危险废物产生量！
送持证单位量	吨	04	531.00
接收外来危险废物量	吨	05	12.00
自行综合利用量	吨	06	234.00
自行处置量	吨	07	23.65
自行贮存量	吨	08	23.43

图 6-8　系统校验弹出的提示框

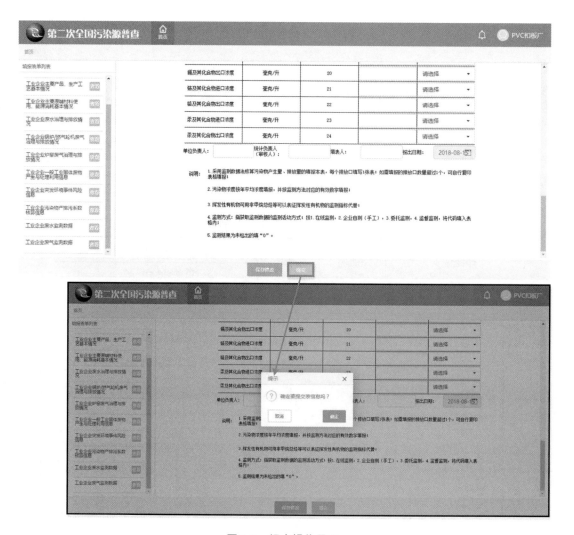

图 6-9　提交操作界面

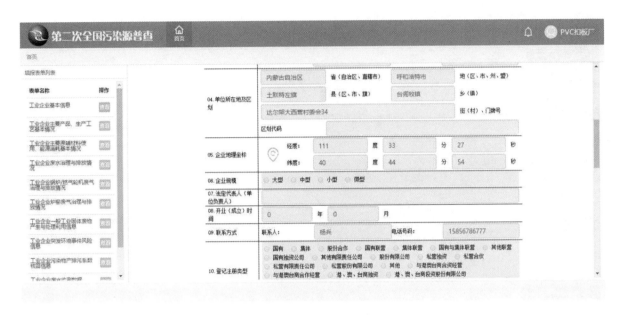

图 6-10 完成提交后系统置灰界面

6.1.2.2 普查员操作普查系统相关说明

普查员登录普查系统，主菜单显示两个模块"首页"和"任务"。点击"首页"显示数据采集工作的完成情况，包括"待填报""待上报""我的退回"三部分内容，左侧统计分属三部分的普查对象数量，页面主体部分显示普查对象详细信息，见图 6-11（a）。

点击"任务"，左侧显示"我的退回"和"我的填报"两个子菜单，见图 6-11（b）。"我的退回"显示上级回退普查员、需要修改的普查对象，普查员可查看这些普查对象并执行修改等操作。"我的填报"显示普查员的任务列表，普查员可查看、修改、删除普查对象填报的信息，见图 6-11（c）。

（a）登录首页界面

（b）"我的退回"界面

（c）"我的填报"界面

图 6-11   第二次全国污染源普查操作系统界面

6.1.2.3   普查指导员操作普查系统相关说明

普查指导员登录普查系统，主菜单显示两个模块"首页"和"任务"，见图 6-12。点击"首页"，左侧显示"我的任务"模块，包含"待审核"和"我的退回"，这两部分内容仅对所属普查对象数据进行统计。右边主界面包括两个模块："任务完成情况"和"审核及退回"相关信息。在"任务完成情况"模块，统计了普查员、企业数、工业源企业/农业源企业/集中式企业数、完成企业数和完成比。

点击"任务"，左侧显示"我的退回"和"我的审批"两个菜单，见图 6-13。点击"我的退回"，右侧显示上级退回普查指导员的待核实普查对象，普查指导员可以对其执行向下退回、查看等操作。

点击"我的审批"，右侧主体显示"待审核任务"和"已审核任务"。普查指导员审核"待审核任务"，审核通过勾选"普查对象"前方框，执行"通过"操作，审核不通过执行"退回"操作。普查指导员可连续勾选"普查对象"前方框，执行"批量通过"或"批量退回"操作。

图 6-12　普查指导员登录的首页界面

图 6-13　普查指导员登录的任务界面

6.1.2.4　县级普查机构数据采集操作说明

县级普查机构登录普查系统，首页显示见图 6-14，主菜单显示首页、任务、系统、汇总、查询、审核、分析、报表、Excel、帮助等模块。首页左侧显示"我的任务"，包含"待审核""我的退回"两部分内容。左边页面显示"任务完成情况"，展示普查员、企业数、完成比等信息。

点击主菜单栏"系统管理"，左侧显示普查密码重置、普查用户管理、普查企业名录管理、普查两员管理、普查组织机构管理、普查任务管理、普查组织人员管理等信息。

图 6-14　县级普查机构登录的首页界面

（1）普查用户管理

在"系统管理-普查机构组织管理"中，县级普查机构管理人员可逐个新建普查员和普查指导员，可批量导入删除/导入两员相关信息，同时可执行导出两员信息 Excel 表和查询"两员"信息的操作，见图 6-15。

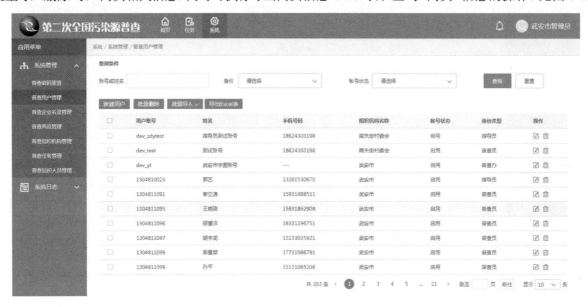

图 6-15　普查机构组织管理界面

（2）普查企业名录管理

国家普查机构将清查基本单位名录初始化导入普查系统，企业的用户账号和密码同时完成设置。县级普查机构根据初始化结果向普查对象下发用户账号和密码。点击"普查企业名录管理"，县级普查机构管理人员有新建/启用/禁用普查对象和查询普查名录等权限，见图 6-16。

图 6-16 普查企业名录管理界面

（3）普查两员管理

在"系统管理-普查两员管理"中，县级普查机构可为普查指导员分配普查员，执行"添加成员"或"批量删除"操作，见图 6-17。

图 6-17 普查"两员"管理界面

（4）普查组织机构管理

在"系统管理-普查组织机构管理"中，国家普查机构已将行政区划初始入普查系统，见图 6-18。

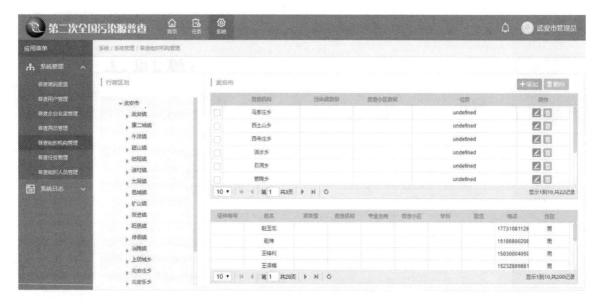

图 6-18　普查组织机构管理界面

（5）普查任务管理

"系统管理-普查任务管理"可实现为普查指导员和普查员分配普查对象的功能，从而生成任务。在"任务分配"标签下，见图 6-19，在某一行政区域下，分别勾选普查对象和两员信息，点击"放置选区"，结果显示于"分配助手"，最后"生成任务"。在"任务记录"标签下（图 6-20），可勾选任务实现单个或批量普查任务的下发或拆分。

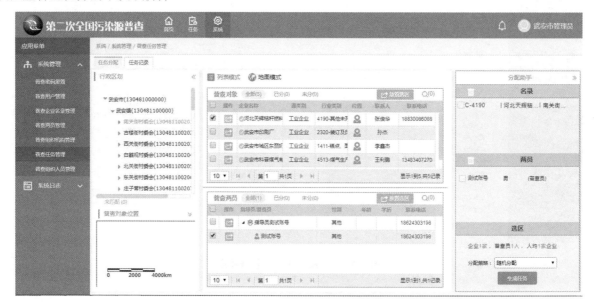

图 6-19　任务分配界面

图 6-20　任务记录界面

（6）普查组织人员管理

"系统管理-普查组织人员管理"可实现为普查机构分配普查指导员和普查员的功能，见图 6-21。

图 6-21　普查组织人员管理界面

6.1.2.5　县级综合机关数据采集

部分普查制度要求县级综合机关填报报表，如 S104 表、N201-1 表，因此普查系统中开发了相应的填报模块。县级综合机关登录系统，进行"填报"页面的原型见图 6-22（a），农业源数据采集页面原型见图 6-22（b）。

（a）

（b）

图 6-22   县级综合机关数据采集页面（a）和农业源部分数据采集页面原型（b）

6.1.2.6   地市及以上普查机构数据采集操作说明

地市普查机构登录普查系统的首页见图 6-23，主要分为"我的任务"和"任务完成情况"两个模块。省级普查机构登录普查系统的首页见图 6-24，同样地，主要分为"我的任务"和"任务完成情况"两个模块。

图 6-23　市级普查机构登录首页的界面

图 6-24　省级普查机构登录首页的界面

6.1.2.7　直辖市、地市综合机关数据采集

部分普查制度要求直辖市、市级综合机关填报，如 S201 表、Y201-1 表，因此普查系统中开发了相应的填报模块。有关综合机关登录系统，进行"填报"页面的原型见图 6-25（a），直辖市、地市综合机关采集部分生活源数据的页面原型见图 6-25（b）。

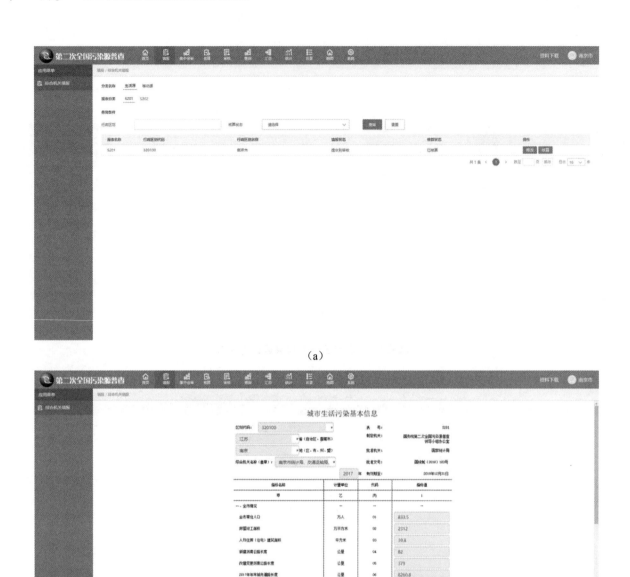

（a）

（b）

图 6-25　直辖市、地市综合机关填报页面（a）和生活源数据的页面原型（b）

6.1.2.8　移动端数据采集相关说明

普查工作人员选择"传输文件"的 USB 连接方式从网上下载移动端采集软件的安装包并进行安装，操作过程详见图 6-26（a、b、c）。普查员根据用户账号、密码和短信验证码，登录移动端见图 6-26（d）。

首先进入数据同步页面，页面显示"企业数据上报""下载企业数据""下载地图数据"三大模块，软件自动加载普查员对应的任务，普查员可点击查看，见图 6-27（a）。点击进入"下载企业数据"，普查员可勾选列表中的普查对象名称，下载普查对象信息，见图 6-27（b）。

（a）

（b）

（c）

（d）

图 6-26 安装登录移动端数据采集软件

（a）

（b）

图 6-27 数据同步页面（a）和下载企业数据页面（b）

　　企业数据下载完成后，进入数据采集页面，该页面包括采集数据、数据同步、进度查询、系统更新、使用帮助五大模块，见图 6-28（a）。此时，普查员可持移动终端到现场采集工业源、农业源和集中式污染治理设施数据，或者核实已填报数据的真实性。点击工业源企业列表，可见企业列表及填报状况，见

图 6-28（b）；点击"开始填报"，可见某一普查对象对应需填写的表单，见图 6-28（c），开始普查信息采集。表单数据和空间信息采集的页面展示见图 6-29（a、b、c）。

图 6-28　数据采集页面（a）、企业列表（b）和表单列表（c）

图 6-29　表单数据页面（a）和空间信息采集页面（b）、（c）

数据采集结束，返回采集软件主界面，见图 6-30（a）。点击"企业数据上报"，勾选普查对象名称，选择"保存"，此时数据已保存入普查系统。审核确认后，再次勾选普查对象名称，选择"提交"，此时数据已上报普查指导员，见图 6-30（b）。

（a）　　　　　　　　　　（b）

图6-30　软件主界面（a）和确认保存与提交界面（b）

6.1.2.9　电子表格录入普查系统操作说明

以工业源为例，将电子表格导入普查系统时，首先登录页面，进入 G101-1 表，点击"Excel 导入"按钮，在文件夹中选中目标表单，点击"打开"，见图 6-31，导入 G101-1 表。系统会根据 G101-1 表填报的内容，显示待填报的表目录。其他表的操作类似，选中其他表，进入页面，点击"Excel 导入"按钮，导入表内容。

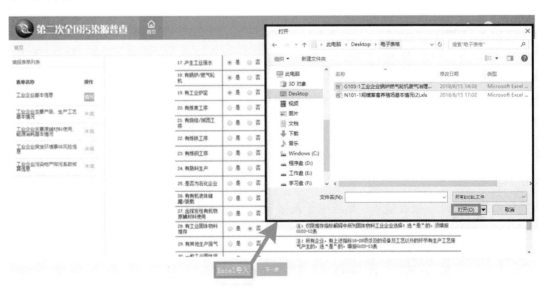

图6-31　电子表格导入页面

6.1.3 纸质报表采集

在不能联网的情况下，普查对象可填报纸质报表。县级普查机构可通过集中培训等方式下发纸质报表，或者通过普查员带着纸质报表到现场。相关信息经确认无误后普查对象将纸质报表提交至普查员。经普查员、普查指导员和县级审核通过后，由县区组织工作人员将纸质报表录入普查系统，逐级审核上报，填报流程见图6-32。具体操作详见本章"6.1.2 联网电子表格采集" 一节。

在纸质报表填写过程中，应注意字迹清晰，名称代码要按普查制度规范填写，计量单位要与产品对应等相关事项。

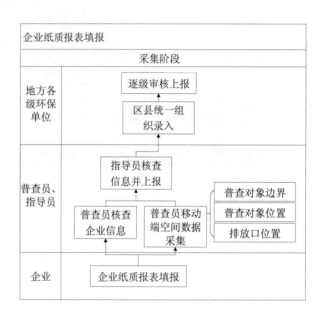

图 6-32　纸质报表填报流程

6.1.4 空间信息采集

普查员手持移动终端，带着已下载的底图和已分配的任务，到现场采集空间信息，包括点状对象信息（如企业中心位置或大门、排水口、排气口等地理坐标）、面状对象信息（如厂区边界等）和照片信息。所采集的空间信息经普查对象负责人确认后，由普查员和普查指导员审核，经审核通过后提交县级普查机构。县级普查机构对空间信息进行审核，审核无误后从互联网提交至专网，逐级审核上报，采集流程见图6-33。

空间采集系统支持纸质报表录入、离线电子表格导入、数据审核复核、本地数据汇总、本地数据查询统计、数据导入导出、本地数据管理、电子表格导出与打印、数据报送与数据包导出、数据变更留痕、本地安全管理、日志管理等功能。

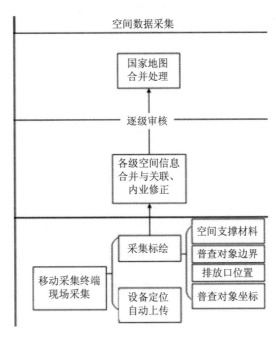

图 6-33 空间信息采集流程

（1）点状对象信息

根据《第二次全国污染源普查技术规定》与《第二次全国污染源普查制度》，本次普查需采集的点状对象信息如表 6-4 所示。

表 6-4 点状对象信息

报表编号	报表名称	报表指标
G101-1 表	工业企业基本情况	企业（厂门口）地理坐标
G102 表	工业企业废水治理与排放情况	废水总排放口地理坐标
G103-1 表	工业企业锅炉/燃气轮机废气治理与排放情况	治理设施及污染物产生排放情况，排放口地理坐标
G103-3 表	钢铁与炼焦企业炼焦废气治理与排放情况	治理设施及污染物产生排放情况，焦炉烟囱排放口地理坐标
		装煤地面站排放口地理坐标
		推焦地面站排放口地理坐标
		干法熄焦地面站排放口地理坐标
G103-4 表	钢铁企业烧结/球团废气治理与排放情况	治理设施及污染物产生排放情况，烧结机头（球团单元焙烧）排放口地理坐标
		烧结机尾排放口地理坐标
G103-5 表	钢铁企业炼铁生产废气治理与排放情况	治理设施及污染物产生排放情况，高炉矿槽排放口地理坐标
		高炉出铁场排放口地理坐标
G103-6 表	钢铁企业炼钢生产废气治理与排放情况	治理设施及污染物产生排放情况，转炉二次烟气排放口地理坐标
		电炉烟气排放口地理坐标
G103-7 表	水泥企业熟料生产废气治理与排放情况	治理设施及污染物产生排放情况，窑尾排放口地理坐标
		窑头排放口地理坐标
G104-1 表	工业企业一般工业固体废物产生与处理利用信息	一般工业固体废物贮存处置场情况，贮存处置场地理坐标

报表编号	报表名称	报表指标
G104-2 表	工业企业危险废物产生与处理利用信息	危险废物自行填埋处置情况，填埋场地理坐标
		危险废物自行焚烧处置情况，焚烧装置的地理坐标
N101-1 表	规模畜禽养殖场基本情况	企业（厂门口）地理坐标
S103 表	非工业企业单位锅炉污染及防治情况	地理坐标
S104 表	入河（海）排污口情况	地理坐标
J101-1 表	集中式污水处理厂基本情况	企业地理坐标
		排水进入环境的地理坐标
J102-1 表	生活垃圾集中处置场（厂）基本情况	企业地理坐标
		排水进入环境的地理坐标
		焚烧废气排放口地理坐标
J103-1 表	危险废物集中处置厂基本情况	企业地理坐标
		排水进入环境的地理坐标
		废气排放口地理坐标
Y102 表	加油站油气回收情况	地理坐标
Y103 表	油品运输企业油气回收情况	地理坐标（企业）

（2）面状对象信息

此类信息主要包括空间位置和形状大小，符合以下条件的普查对象需标绘面状对象：

1）填报《工业企业突发环境事件风险信息》（G105 表）的普查对象；

2）属于 09 有色金属矿采选业，25 石油、煤炭及其他燃料加工业，26 化学原料和化学制品制造业，27 医药制造业，28 化学纤维制造业，29 橡胶和塑料制品业，32 有色金属冶炼和压延加工业的工业普查对象；

3）有尾矿库（标绘尾矿库边界）；

4）填报《园区环境管理情况》（G108 表）的园区。

点状对象信息和面状对象信息示意图见图 6-34。

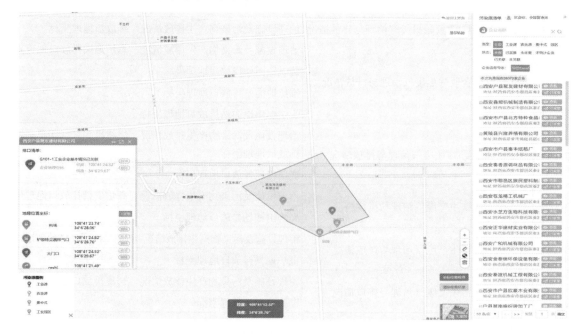

图 6-34　点状对象信息和面状对象信息示意图

（3）轨迹记录

普查员手持移动终端开展空间信息采集时，空间采集系统通过软件自动记录采集人员位置坐标。轨迹点采集频率每隔 30 秒自动记录一次，每隔 5 分钟统一上传一次。通过特征点位置，最终形成外业采集的工作轨迹。工作轨迹对普查员不可见，仅满足管理人员考核或检查普查员工作路径和质量的需要。

（4）现场照片

各地区可根据软硬件条件自行采集带地理位置信息的厂区和排口照片，包括废气（烟囱）排口、废水排口、固体废物及入河排污口等。

6.1.5　数据上报

普查员和普查指导员对拟上报的数据进行审核确认，再上报给区县普查机构，县普查机构审核通过后，数据层层向上报送。如果哪一级普查机构发现问题，可逐级往下打回。在省（区、市）审核过程中，发现疑似错误的，也可以逐级打回核实或修改。数据上报流程见图 6-35。

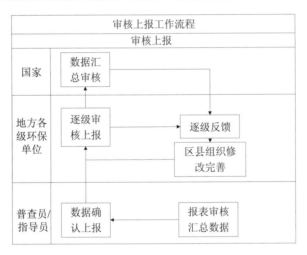

图 6-35　数据上报流程

6.1.6　排放量核算

污染物排放量核算子系统根据数据采集结果对污染排放量进行核算，支持 41 个行业大类、近 600 个行业小类、近 30 种污染物排放量建模计算，支持核算相关数据的输入输出，为其他普查数据处理相关系统提供数据接口。

通过系统可对区域的普查对象的普查全过程进行审核，主要包括普查对象完整性核查、合理性核查、审核结果统计、退回等功能。

6.1.6.1　工业源污染物排放量核算

工业源污染物排放量核算的数据来源主要有三个：一是 2017 年度排污许可执行报告中的年度排放量，或者当排污许可申请与核发技术规范中有污染物排放量许可限值要求的，污染物排放量核算方法与排污许可证申请与核发技术规范中相应污染物实际排放量的核算方法保持一致；二是符合规范性和使用要求的监测数据；三是采用产排污系数法（物料衡算法）核算污染物的产生量和排放量。第一种在数据采集阶段根据企业实际情况直接填报，若没有则留空。第二种通过 G106-2 表与 G106-3 表结合监测法核算公式进行核算。第三种通过 G106-1 表、G102 表和 G103 系列表填报的内容，分别进行挥发性有机物及其他污染物的核算。

根据实际情况采用合适的方法核算污染物排放量，核算结束后需点击"选择"标签进行保存。核算页面原型见图 6-36。

图 6-36　工业源核算页面原型

6.1.6.2　农业源污染物排放量核算

（1）规模畜禽养殖场污染物排放量核算

规模畜禽养殖场主要核算污染物排放量、粪便及尿液的产生量和利用量两类。将采集的报表数据代入规模畜禽养殖场的核算公式和对应系数，核算污染物排放量。根据采集的报表数据进行加和汇总，得到粪便、尿液的产生量和利用量。核算页面原型见图 6-37。

图 6-37　规模畜禽养殖场核算页面原型

（2）种植业污染物排放量核算

普查系统根据 N201-1 表、N201-2 表、N201-3 表采集的数据，代入核算公式计算污染物产生量与排放量，然后按照污染物的种类汇总得到辖区内污染物的产生与排放情况、地膜和秸秆产生与利用情况等。核算页面原型见图 6-38。

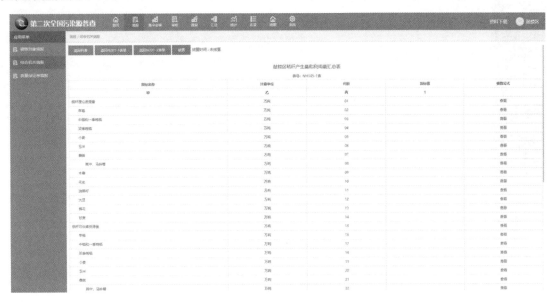

图 6-38　种植业核算页面原型

（3）规模以下畜禽养殖场污染物排放量核算

各县级畜牧部门组织填报辖区内规模以下养殖户养殖量及粪污处理情况，普查系统根据采集的数据，代入污染物产生量、排放量的计算公式，汇总得到该辖区规模以下畜禽养殖场污染物产生量、排放量及粪污产生与利用情况。核算页面原型见图 6-39。

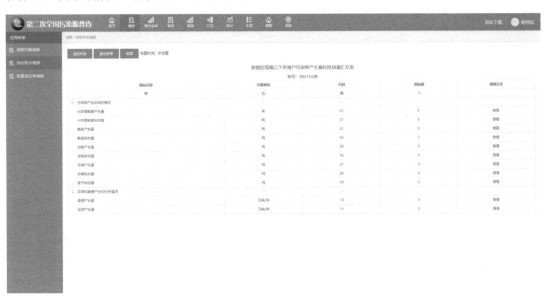

图 6-39　规模以下畜禽养殖场核算页面原型

（4）水产养殖污染物排放量核算

普查系统将 N203 表采集的数据代入公式，核算污染物产生量与排放量，再根据污染物类别分别进行加和，汇总得到该辖区水产养殖污染物的产生量与排放量。核算页面原型见图 6-40。

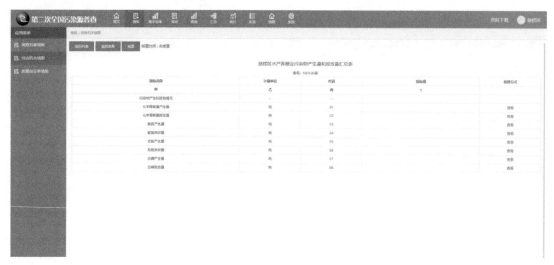

图 6-40　水产养殖核算页面原型

6.1.6.3　生活源污染物排放量核算

（1）重点区域生活源社区（行政村）燃烧使用情况核算

普查系统将 S101 表采集的数据代入公式，核算得出重点区域颗粒物等大气污染物的排放量。核算页面原型见图 6-41。

图 6-41　重点区域生活源社区（行政村）核算页面原型

（2）行政村生活污染情况核算

普查系统将 S102 表采集的数据代入公式，核算得出行政村污水排放量、污染物产生量与排放量。再根据污染物类别分别进行加和，得到行政村污染物的产生与排放情况。根据行政村核算结果，汇总得到县级污染物的产生与排放情况。核算页面原型见图 6-42。

图 6-42 行政村生活源核算页面原型

（3）非工业企业锅炉污染物情况核算

普查系统根据非工业锅炉的锅炉类型、燃料类型及燃烧方式确定产污系数，根据除尘工艺、脱硫工艺及脱硝工艺确定污染物去除效率，将 S103 表采集的数据代入公式完成非工业企业锅炉污染物产生量和排放量的核算，然后按污染物种类汇总结果，得出普查对象非工业企业锅炉及其燃料的污染物产生与排放情况。核算页面原型见图 6-43。

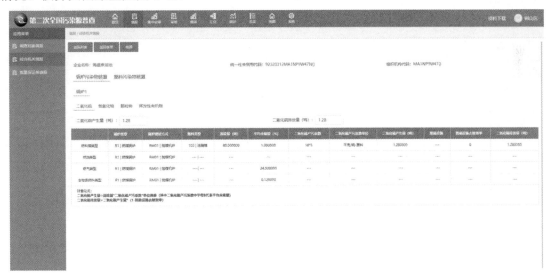

图 6-43 非工业企业锅炉核算页面原型

（4）入河（海）排污口

入河（海）排污口根据 S104 表和 S105 表采集的数据，按县级范围汇总普查对象个数，计算污水平均流量和污染物平均浓度，作为城镇生活源水污染物核算过程的数据。

（5）城市和县域生活污染情况核算

普查系统将 S201 表和 S202 表采集的数据代入公式，核算得到市辖区（包括市区和镇区）废水、废气污染物和第三产业挥发性有机物产生与排放情况，以及县域（包括县城和镇区）废水、废气污染物产生量与排放量，再按污染物类别汇总全市生活污水排放量及各类污染物的产生量与排放量。城市生活源核算页面原型见图 6-44，县域城镇生活源核算页面原型见图 6-45。

图 6-44   城市生活源核算页面原型

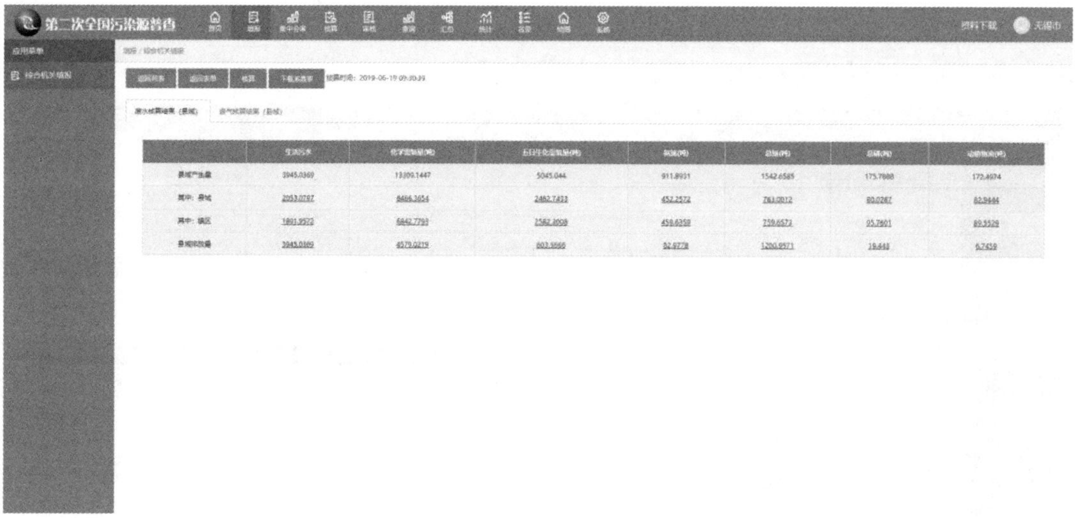

图 6-45   县域城镇生活源核算页面原型

6.1.6.4   集中式污染物排放量核算

（1）污水处理厂污染物排放情况核算

普查系统根据集中式污水处理厂类型及 J101 系列表单采集的数据，核算污染物的产生量和排放量。另外，系统根据核算公式计算城镇、工业、其他污水处理设施对污染物的削减量，及农村集中式污水处理设施对污染物的削减率。两类结果都将应用于生活源水污染物排放量核算的计算过程。集中式污水处理厂污染物排放量核算页面根据所选的普查对象类型显示不同的核算页面，其中，城镇、工业、其他污水处理设施通过表单填报内容核算各污染物削减量，农村集中式污水处理设施通过表单填报内容核算各污染物的削减率。

（2）生活垃圾集中处置场（厂）污染物排放情况核算

普查系统根据生活垃圾集中处置场（厂）的类型或处理方式核算不同污染物。例如，生活垃圾集中处置场（厂）涉及焚烧则需要核算废气污染物，否则不核算废气污染物；生活垃圾集中处置场（厂）涉及焚烧发电，则焚烧发电部分需在工业源进行核算。所有生活垃圾集中处置场（厂）都需要核算废水污染物。核算结果统一保存至核算结果表中。核算页面原型见图6-46。

图 6-46　生活垃圾集中处置场（厂）核算页面原型

（3）危险废物集中处理厂污染物排放情况核算

在 J103 系列表采集数据的基础上，普查系统根据危险废物集中处理厂的类型或处理方式核算废水、废气污染物产生量与排放量，得出普查对象各类污染物的产生与排放情况，核算结果统一保存至核算结果表中。核算页面原型见图6-47。

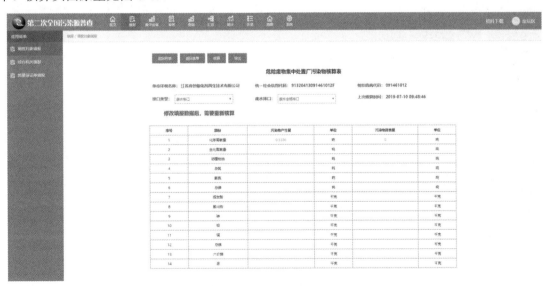

图 6-47　危险废物集中处理厂核算页面原型

6.1.6.5　移动源污染物排放量核算

（1）储油库污染物排放情况核算

在 Y101 表采集数据的基础上，普查系统根据燃油类型（原油、柴油、汽油）核算普查对象挥发性有机物排放量，核算页面原型见图 6-48。按县级汇总时，普查系统汇总辖区内储油库挥发有机物的排放量，统一保存至核算结果表中。

图 6-48　储油库核算页面原型

（2）加油站污染物排放情况核算

在 Y102 表采集数据的基础上，普查系统根据燃油类型（柴油、汽油）核算普查对象挥发性有机物排放量，核算页面原型见图 6-49。按县级级汇总时，普查系统汇总辖区内加油站挥发有机物的排放量，统一保存至核算结果表中。

图 6-49　加油站核算页面原型

（3）油品运输企业污染物排放情况核算

在 Y103 表采集数据的基础上，普查系统根据燃油类型（柴油、汽油）核算普查对象挥发性有机物排放量，核算页面原型见图 6-50。按县级汇总时，普查系统汇总辖区内油品运输企业挥发有机物的排放量，统一保存至核算结果表中。

图 6-50　油品运输企业核算页面原型

（4）机动车污染物排放情况核算

在 Y201-1 表采集数据的基础上，普查系统根据机动车类型、保有量和燃料类型（汽油、柴油和燃气）核算机动车废气排放量，核算页面原型见图 6-51，再根据污染物种类汇总得到某地市机动车废气排放量。

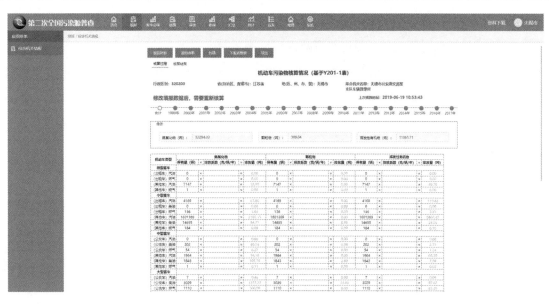

图 6-51　机动车核算页面原型

（5）农业机械污染物排放情况核算

在 Y202-1 表采集数据的基础上，普查系统根据机械类型等核算农业机械废气排放量，核算页面原型见图 6-52，再根据污染物种类汇总得到某地市机动车废气排放量。

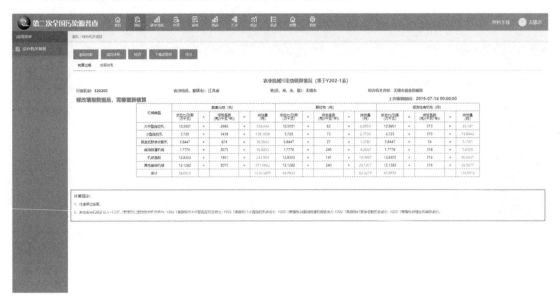

图 6-52　农业机械核算页面原型

6.2　数据审核

数据审核贯穿清查、入户调查和汇总分析全过程，是普查数据处理流程的关键环节。普查不结束，审核不停止。数据审核主要针对普查对象在普查制度中填报的基础数据和基于报表数据的汇总数据的审核。第二次全国污染源普查领导小组高度重视普查数据质量相关工作，要求各级普查机构建立健全普查责任体系，明确质量管理岗位人员，强化普查数据质量溯源制度等机制，按要求开展各个阶段的核查工作，确立"质量是普查工作的生命线"的工作理念。国家普查机构组织编制审核规则，植入普查系统和数据审核软件，初步保证数据质量。采取培训、制作视频、专家团队现场复核等方式，对数据审核工作进行监督指导，保证数据真实、全面、准确。组织开展数据质量评估，促进各级普查机构对普查数据自审分析，确保数据一致、合理。数据审核责任的建立、目标、思想、方法、制度、落实和评价构架见图 6-53。

微观审核指对填报数据的审核，可能还得进行入户调查，微观审核需要很多人员，且没有同类型的数据比对难以发现离群数据。审核行业的生产水平和运行参数，没有专业知识或经验的支持，难以发现问题。宏观审核受样本限制，若以县级为组合，可能缺乏这样的宏观数据；另外容易矫枉过正，有些统计部门的数据可能跟我们普查的不一致，统计部门的统计口径不一致，还得转化为普查制度中统计的指标，核实后再进行比较。因此，在审核方法的选择上，常采用微观审核、行业审核和宏观审核相结合的方法，见表 6-5。

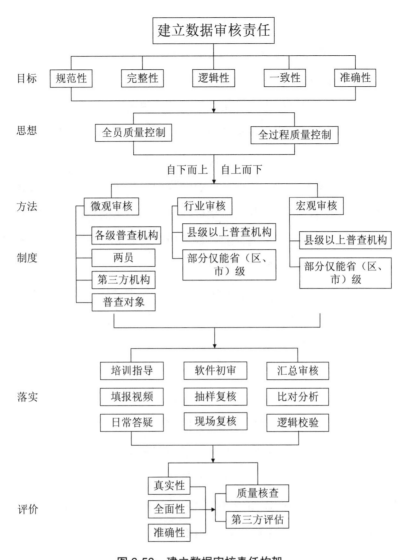

图 6-53 建立数据审核责任构架

表 6-5 微观审核、行业审核和宏观审核方法比较

方法比较	微观审核	行业审核	宏观审核
优点	提高基表质量 降低缺表情况 确保数据一致性	提高审核效率 发现行业共性问题 解决行业离群数据	提高审核效率 发现离群数据
缺点	市以上机构覆盖面有限 无法提取行业共性问题 较难发现离群数据	对审核人员要求高 仅解决统计学问题 结果通过基表返查	数据获取难 易矫枉过正 受样本限制

在进行微观审核时，要用好软件内嵌的审核规则，但不能过于依赖。通过行业特征压实 G102 表、G103 表的填报，结合行业特征和系数手册反向推断是否确实无废水/气产生。通过 Excel 等软件开展离群值查找分析，可通过指标直接审核（如工业总产值）或基于指标简单计算结果间接审核（如生产总值/实际产量=产品当年价值）。此外，需要充分利用行业特点和区域特征开展微观审核。如梳理采选、食

品、冶炼、化工等行业是否有废水产生；不产生废气的行业有哪些；设置排放口数量的上下限是多少；废水治理设施多少套属于合理范围；哪些行业需要设置炉窑等。

采用行业审核方法时，梳理国家发布的《水污染防治行动计划》《大气污染防治行动计划》《土壤污染防治行动计划》中得出重点行业，如煤炭开采和洗选业，黑色金属矿采选业，有色金属矿采选业，非金属矿采选业，农副食品加工业，酒、饮料和精制茶制造业，造纸和纸制品业，煤炭开采和洗选业，化学原料和化学制品制造业，医药制造业，黑色金属冶炼和压延加工业，有色金属冶炼和压延加工业，电力、热力生产和供应业等。根据行业准入条件、产业结构调整目录、清洁生产标准、用水定额、能耗定额、区域或行业中位值或平均值，筛选提取重点指标，形成审核用的直接或间接指标，合理确定指标阈值。查找筛选行政区域内的重点行业、特色行业、数量最多的工业企业，利用上述结果，对填报数据进行审核。追本溯源，查找填报问题，压实基础数据质量。

开展宏观审核时，重点关注大宗及环境影响大的工业产品设计生产能力、产品产量，与各部门发布的统计数据（如工业总产值、工业用水量、能源消费量、原煤消费量）进行比对，找准问题，明确差异，分析原因，从而确保基础数据质量。

6.2.1　数据审核责任的建立

《关于第二次全国污染源普查质量管理工作的指导意见》（国污普〔2018〕7号）明确建立健全普查责任体系，建立普查质量管理岗位责任制和普查数据质量溯源制度，依法开展质量核查评估。通过《关于第二次全国污染源普查普查员和普查指导员选聘及管理工作的指导意见》（国污普〔2017〕10号）、《关于做好普查入户调查和数据审核工作的通知》（国污普〔2018〕17号）、《关于印发〈第二次全国污染源普查质量控制技术指南〉的通知》（国污普〔2018〕18号）、《关于强化污染源普查数据审核和质量核查工作的通知》（国污普〔2019〕2号）等文件，压实数据审核的责任，建立了四级联审（国家级、省级、市级和县级）和"两员"（普查员和普查指导员）审核的数据审核责任体系。

各级普查机构主要的共同职责如下：各级普查领导小组对普查质量管理负领导和监督责任。各级普查领导小组办公室（工作办公室）对辖区内普查数据审核、汇总负主体责任；对登记、录入的普查资料与普查对象填报的普查资料的一致性，以及加工、整理的普查资料的准确性负主体责任。各级普查领导小组成员单位根据职责分工对其提供的普查资料的真实性负主体责任。各级普查机构不得随意更改普查对象填报的普查表。各级普查机构均需要编制数据审核报告。各级普查机构按照管辖权限对行政区域数据进行审核，采取集中审核、多部门联合会审和专家审核等方式，主要对数据的完整性、逻辑性、一致性、合理性进行审核；选取一定数量的普查对象开展数据现场复核或报表审核；同时，加强对重点区域/行业/污染源的数据审核。各级普查机构按程序和审核职责分工开展数据审核工作，确保普查表填报全面、指标完整、指标间逻辑关系合理，保留审核过程记录和相关材料。由各级普查机构对当前普查填报数据组织开展同步审核。各级普查机构不得随意更改普查对象填报的普查表。由各级普查机构对当前普查填报数据组织开展同步审核。

地方各级普查机构主要的共同职责为：地方各级普查机构对其委托的第三方机构负监督责任，并对第三方机构承担的普查工作质量负主体责任。县级、市级和省级普查机构通过环保专网，分别对行政区域内普查汇总数据进行逐级质量审核确认。

各级普查机构除了上述共同职责，还有其他方面的职责，主要如下：

按照分级审核原则，区县普查机构做好本级普查数据自审和抽样复核工作，其中，自审要求全面覆盖。区县普查机构重点做好普查数据现场复核工作，核实各类普查报表填报的真实性、准确性和全面性，确保普查对象、产污、治污设施等不遗漏，各类普查表及表内指标填报完整。区县普查机构在纸质报表数据采集完成后，组织纸质报表录入；同时，须组织复录，核查数据录入质量，复录比例不低于30%。

市级普查机构要做好县级普查机构清查结果的现场抽查、抽样复核和质量评估。市级普查机构要组织专家团队，强化对区县级普查机构数据审核与整改完善工作的技术指导。市级普查机构要做好县级普查机构清查结果的现场抽查、抽样复核和质量评估。市级普查机构审核发现的问题，发现一批，反馈一批，及时督促区县级普查机构整改完善。市级普查机构组织做好数据联合会审工作，分行业、分区域开展数据审核工作。

省级普查机构要做好县级普查机构清查结果的现场抽查、抽样复核和质量评估。省级普查机构要做好市级普查机构清查结果的现场抽查、抽样复核和质量评估。省级普查机构审核发现的问题，发现一批，反馈一批，及时督促区市级普查机构整改完善。省级普查机构组织做好数据联合会审工作，分行业、分区域开展数据审核工作。

国家普查机构根据工作需要，组织专家团队对区域、行业普查数据汇总情况进行审核，不定期、不定时反馈省级，由省级普查机构组织安排相关问题的核实与整改。

普查员和普查指导员、第三方机构和普查对象的责任主要如下：

普查员对普查对象数据来源以及普查表信息的完整性和合理性负初步审核责任。普查员进行现场人工审核，发现错误信息提醒普查对象及时修改或备注说明。

普查指导员负责对普查员提交的报表进行审核；负责对入户调查信息进行现场复核，复核比例不低于5%。对普查员提交的普查表及入户调查信息表负审核责任，主要对填报数据的完整性、规范性、一致性、合理性和准确性进行审核。

第三方机构对其承担的普查工作依据合同约定承担相应责任。

普查对象对提供的有关资料以及填报的普查表的真实性、准确性和完整性负主体责任。普查对象法人代表或负责人对普查数据负责，填报后签字确认。

6.2.2　全员和过程质量控制

6.2.2.1　全员和过程质量控制流程

全员和全过程两条主线贯穿普查质量控制。普查数据控制全员参与，层层把关，环环相扣，共同做好质量控制工作。普查对象法人代表或负责人对普查数据负责，填报后在报表上或其他文件上签字确认。普查员依据台账等资料，现场审核填报信息的真实性、完整性、逻辑性，填写入户调查数据质量控制清单并签字，同时，采集与填报信息相关的佐证材料。普查指导员对普查员提交的数据进行审核，通过后提交县级普查机构。县级、市级和省级普查机构通过环保专网，分别对行政区域内普查汇总数据进行逐级质量审核确认。省级普查机构完成汇总审核后，由国家普查机构组织开展全国普查结果汇总审核工作。参与普查工作的第三方机构，按照合同约定和《关于做好第三方机构参与第二次全国污染源普查工作的通知》（国污普〔2017〕11号）等相关文件要求，做好质量控制工作。参与质量评估的第三方评估机构，按照普查质量评估实施方案，对各级普查机构的普查工作质量进行评估。

在数据质量责任体系中，已明确普查的参与者和各级普查机构相关的职责和权限。下面以国家普查机构为例，介绍其在数据的采集、填报审核、提交、核算、汇总审核、上报、定库等过程中，为做好数据质量控制所开展的工作。

清查阶段，组织两次检查，一次针对前期工作，一次针对清查工作。前期工作检查共发现问题300余个，所有问题均通报至各省普查机构限期整改，总体来看，前期工作检查达到了发现问题、推进工作的目的。清查工作检查随机抽取186个普查小区开展现场地毯式排查，共核实普查对象6 387个，反馈整改意见143条，对结果较差的省份印发督办函。两次检查确保了清查工作"全面覆盖、不重不漏、信息准确"。

在入户调查数据采集、审核及提交过程中，国家普查机构在2018年9月，举办数据审核与处理技术培训班，指导各地开展入户调查的数据采集与审核工作，以及软件操作等业务工作。为全面提升数据质量，强化质量审核能力，2019年2月至3月，国家普查机构分别在华东、华南、华北、华中、西北、西南、东北六大片区选取一个区县，分期组织开展入户调查数据汇总评估和现场专业指导。

在数据汇总审核过程中，2019年6月下旬至9月，国家普查机构组织行业专家和地方技术骨干在北京开展了三轮集中审核，通过下发问题清单、面对面集中反馈、开展专项指导等方式，促进普查数据质量的提升。立足于发现问题，督促整改，强化审核工作质量，国家普查机构于2019年7月中旬至8月组织开展数据审核现场检查工作。

在定库前质量控制过程中，2019年8月底，国家普查机构分两批组织开展对全国所有省份和新疆生产建设兵团的普查质量核查工作。2019年9月至10月，根据《普查方案》要求，委托第三方机构从工作完成情况和数据质量两方面开展第三方评估，独立客观评估普查工作完成情况。第三方机构分3轮开展现场评估，覆盖31个省份和兵团，同步开展国家层面的评估。2019年10月，组织各省普查办主任集中在北京进行现场整改，通过"边分析、边发现、边反馈、边整改"的方式对数据质量再次审核把关，持续提升数据质量。全员和全过程质量控制流程见图6-54。

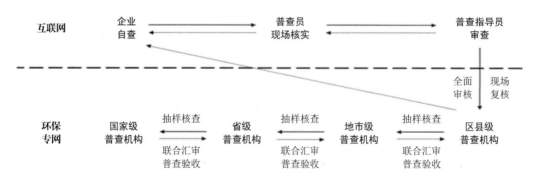

图6-54　全员和全过程质量控制流程

6.2.2.2　普查系统的审核操作

数据审核责任建立之后，各级普查机构及参与者应在填报、采集、记录、审核、汇总等过程中，层层审核把关，确保数据真实、准确和完整，做到全过程质量控制，最终完成上报、归档等工作。普查系统根据普查人员的职责，设置相应的审核权限。

省级、市级和县级登录普查系统，审核功能下的四种数据状态，分别是未审核、未通过、通过与上报。在"未通过"标签下，县级普查机构可查看审核意见和审核历史，且可进行修改。在"通过"标签下，县级只有当强制性审核、提示性审核通过，且完成核算时，普查数据才能定义为审核通过；市级和省级只要强制性审核和提示性审核通过，普查数据即通过审核。"上报"指在一个时间点，将本级所有普查数据统一上报的操作。一旦上报，本级不能对本级填报的内容进行修改，只能查看。只有被上级退回，或者申请退回，才能再次修改。

普查系统审核模块下包括未审核、审核未通过与审核通过三部分内容。表单数据提交审核进入"未审核"标签下，此时审核状态显示"数据准备中"，通过系统自动进行审核，通过强审和提示性审核后，"未审核"标签下显示审核状态为"审核通过"。不通过审核的表单信息转移到"审核未通过"标签下，根据提示性审核信息修改或说明理由后可通过审核。在"审核通过"标签下，若经过人工审核发现疑似问题待核实，可执行"不通过"操作，普查对象转入"未通过"标签下，按提示信息执行相关操作后即可通过。

"普查系统-审核状态"下，标签的背景颜色表明审核状态的转换，红色表示审核未通过，绿色表示审核通过，蓝色表示相关内容的审核可通过说明理由通过，有关说明见图6-55。关于各级普查人员的审核功能和操作权限，后续内容有详细介绍。

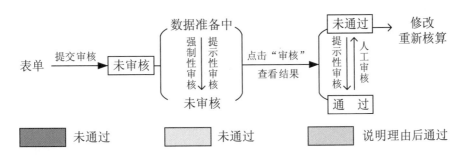

图 6-55　审核流程与标签背景色的关系

（1）普查对象

普查对象对提供的有关资料以及填报数据的真实性、准确性和完整性负主体责任，普查对象负责人要对填报的普查表信息进行签字确认。

（2）普查员

普查员对所分配普查对象的报表审核负责，对经普查对象负责人确认的普查表进行现场审核，填写入户调查数据质量控制清单并签字，随后上报给普查指导员。

（3）普查指导员

为保证普查对象的数据填报质量和普查员的数据采集质量，普查指导员对表单内容进行人工审核。

登录普查系统，进入"任务"模块，显示"我的审批"任务列表。选择普查对象名称，进入表单列表，点击"查看"，对其中内容逐一进行审核，然后在页面下方点击"通过""退回"或"关闭"，页面原型见图 6-56。如审核通过，则上报县级普查机构；若执行"退回"操作，则需要填写审核不通过的理由并将数据退回。若退回的数据为普查员填报，则由普查员修改；若退回的数据为普查对象，则逐级退回至普查对象进行修改；普查指导员不能修改填报数据。

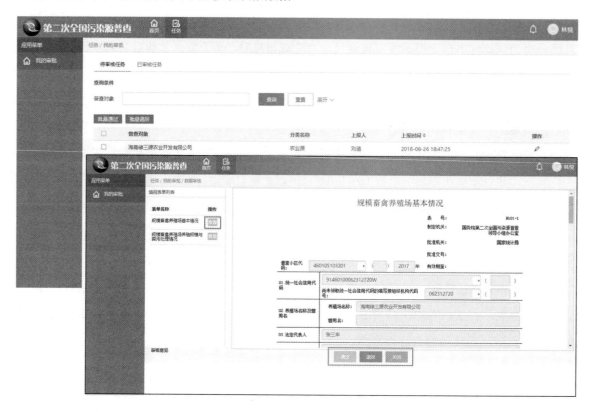

图 6-56　普查指导员审核页面原型

（4）县级普查机构

县级普查机构登录普查系统，可获取本辖区内所有处于启用状态且已提交至县级审核状态的普查对象列表，点击普查对象相关信息可查看相关表单和审核结果。县级普查机构组织开展数据审核，若发现问题，可逐级向下一级单位退回，由县级普查机构组织相关人员进行修改完善。

普查指导员或县级综合机关将数据提交后，数据进入县级数据审核模块并自动审核。当自动审核进行中时，数据在"未审核"标签下展示，审核状态为"数据准备中"。当自动审核完成时，数据在"未审核"标签下，审核状态为"审核完成"。若审核未通过，审核状态的标签背景色变成红色，县级普查机构可执行"退回""修改"或查看"审核历史"操作。若审核通过，审核状态"强审""提示"标签背景色为绿色。三种审核状态示意图见图 6-57。

县级普查机构可执行"不通过"和点击查看"审核历史"操作，见图 6-58。若县级普查机构人工审核发现填报数据存在疑似问题有待确认，可执行"不通过"操作；此时该普查对象显示在"审核未通过"标签下，且"审核状态"下"人工"标签背景色为红色。县级审核通过后，"审核状态"下标签背景色为绿色；若标签背景色为蓝色，表明普查对象可以说明理由的方式回复审核不通过的问题，经县级普查机构确认后通过的情况、说明见图 6-59。

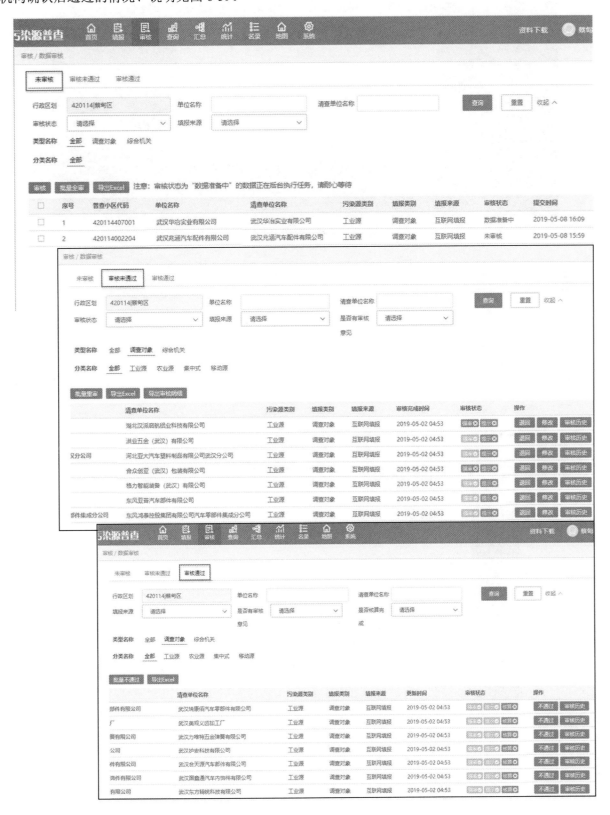

图 6-57　"未审核""审核未通过""审核通过"示意图

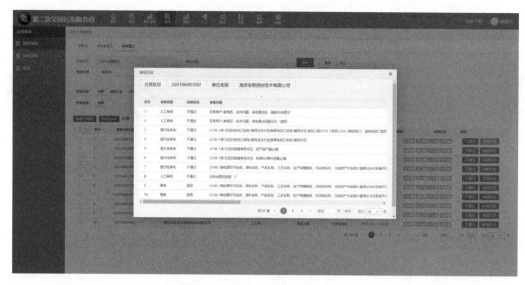

图 6-58　查看"审核历史"页面

图 6-59　审核状态标签背景色意义的说明

（5）市级普查机构

市级普查机构登录普查系统，可获取本辖区内所有处于启用状态且已提交至审核状态的普查对象列表。若填报单位为市级单位，市级普查机构可审核填报信息。若填报单位为县级单位、普查员或普查对象，市级普查机构只能查看填报数据。

在数据审核阶段，普查系统依据审核规则对市级填报的数据进行自动审核，同时，市级普查机构可查看所辖各县级的审核进度和普查对象填报的数据。市级综合机关将填报数据提交后，数据进入市级数据审核模块并自动审核。当自动审核进行中，数据在"未审核"标签下展示，审核状态为"数据准备中"。当自动审核完成时，数据在"未审核"标签下，审核状态为"审核完成"。

市级普查机构登录普查系统进行审核确认操作，数据将在"审核状态"显示审核结果，点击"审核历史"，可查看审核结果明细，见图 6-60，同时可对本级填报内容进行修改。为避免多头操作，市级普查机构无法对县级普查机构正在审核的内容执行操作，仅能查看所辖县级普查机构的审核进度。

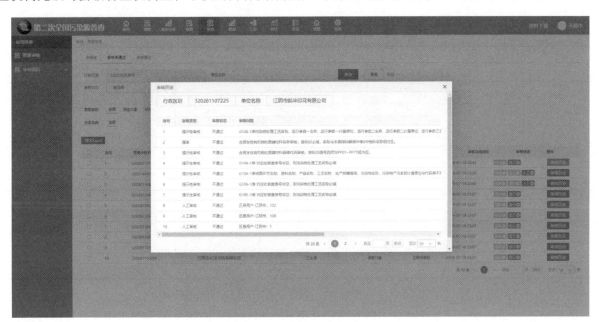

图 6-60　查看审核历史页面

（6）省级普查机构

省级普查机构登录普查系统，可获取本辖区内所有处于启用状态且已提交至审核状态的普查对象列表。若填报单位为省级单位，省级普查机构可对填报信息进行审核操作。若填报单位为市级单位、县级单位、普查员或普查对象，省级普查机构只能查看填报数据。

在数据审核阶段，普查系统依据审核规则对省级普查机构填报的数据进行自动审核，同时，省级普查机构可查看的辖各市级普查机构的审核进度和普查对象填报的数据。省级综合机关将填报数据提交后，数据进入省级数据审核模块并自动审核。当自动审核进行中时，数据在"未审核"标签下展示，审核状态为"数据准备中"。当自动审核完成时，数据在"未审核"标签下，审核状态为"审核完成"。

省级普查机构登录普查系统进行审核确认操作，数据在"审核状态"显示审核结果，点击"审核历史"，可查看审核结果明细，同时可对本级填报内容进行修改。为避免多头操作，省级无法对市级普查机构正在审核的内容执行操作，仅能查看所辖市级的审核进度。

6.2.3　数据审核规则的建立

为落实普查制度、技术规定、质量控制技术指南的要求，满足排放量核算及数据汇总的需要，编制审核规则。审核规则只能解决有限问题，如部分数据的规范性、完整性及逻辑性，不能解决一致性及准确性问题。

不同的分类产生不同的审核规则。按污染源类型分类，可分为工业源审核规则、农业源审核规则、生活源审核规则、集中式污染治理设施审核规则和移动源审核规则等。普查对象状态有运行和关闭、全年停产和其他三种，不同状态对应不同的审核规则。其中，状态为"其他"的普查对象不参与审核。按规则本身的属性，可分为强制性审核、提示性审核和人工审核。三种状态下各源审核规则数量见表 6-6。

表 6-6　三种状态下各源审核规则数量　　　　　　　　单位：条

	运行（1 144）		停产（238）		关闭（1 144）	
	强制性 审核规则	提示性 审核规则	强制性 审核规则	提示性 审核规则	强制性 审核规则	提示性 审核规则
工业源	476	214	163	8	476	214
农业源	26	1	15		26	1
生活源	145	8			145	8
集中式	209	10	52		209	10
移动源	55	0			55	0
总计	911	233	230	8	911	233

强制性审核主要解决"填了能算"以及其他关键指标的漏填、错填问题。若强制性审核没有通过，必须改正。

提示性审核主要解决"是否填得合理"的问题。由于该规则面向全国，所以适用范围较广，在一定程度上也降低了它的价值。因此，这仅仅是基本要求，各地还需要根据当地实际情况，制定更严格的审核规则。如果提示性审核没有通过，可根据实际情况进行合理判断、修改，并填写通过理由。在参考其他地方审核规则的时候，应注意这些审核规则是否符合当地的实际情况。

省（区、市）审核意见（人工审核）指省（区、市）审核可以对管辖所有区县的"强审、提审通过，核算完成"的企业进行"线上审核"，填后企业将从审核"通过"，退回到"未通过"的状态，区县可以对省、市提的意见进行合理判断；对于其他情况的，可以通过查询、汇总等功能，导出数据，进行"线下审核"。审核过程数据状态变化见图 6-61。

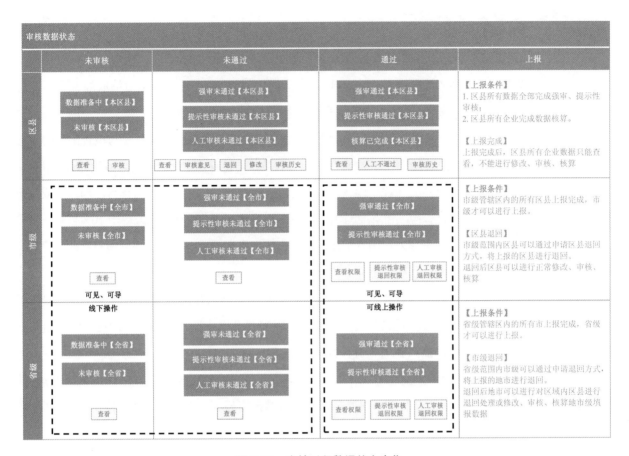

图 6-61　审核过程数据状态变化

6.2.4　数据质量评估

《全国污染源普查条例》（国务院令第 508 号）第三十条规定，全国污染源普查领导小组办公室统一组织对污染源普查数据的质量核查。核查结果作为评估全国或者各省、自治区、直辖市污染源普查数据质量的重要依据。

为做好数据质量评估工作，国家普查机构在清查阶段和数据汇总阶段组织开展两次质量核查，对各地的数据质量进行评估；首次引进第三方评估机构，对国家和省级的普查质量进行客观公正的评估。

为确保普查质量，提升数据质量，扎实开展质量核查工作，国家普查机构印发了《关于做好第二次全国污染源普查质量核查工作的通知》（国污普〔2018〕8 号）、《关于印发〈第二次全国污染源普查清查工作抽查检查方案〉的通知》（国污普〔2018〕11 号）、《关于开展第二次全国污染源普查质量核查工作的通知》（国污普〔2019〕6 号）。文件明确质量核查的目标和内容，制定质量核查方案，确定评估标准，为质量核查工作的落实提供可操作性的依据。

以下为国家层面在数据质量评估所做的工作。

（1）清查质量核查

为加强普查清查工作质量管理，奠定全面入户调查的基础，开展清查质量核查工作。省、市两级普查机构按照国污普〔2018〕8 号和国污普〔2018〕11 号有关要求，组织开展质量核查工作。国家普查机构根据国污普〔2018〕11 号相关要求，于 2018 年 7 月开展质量核查工作。

《第二次全国污染源普查清查工件抽查检查方案》明确检查区域的抽取原则、检查内容和评估方法与标准，其中，检查内容包括各级普查机构清查质量管理工作、按照清查技术规定对抽取的普查小区进行现场排查复核的情况和重点检查清查表中普查对象名称等信息填报情况。

评估方法主要是计算清查对象漏查率和清查表错误率，前者是漏查的普查对象数量与检查确定的普查对象数量的百分比，后者是关键指标填报错误或漏填的清查表数量与检查确定的普查对象数量的百分比。检查方案对评估指标进行了详细的说明。清查对象率和清查表错误率均低于或等于 1%为优秀；均低于或等于 5%且有一项指标高于 1%的为合格，需完善清查工作，再开展入户调查工作；均低于或等于 10%且有一项指标高于 5%，需补充清查工作，再开展入户调查工作；有任一项指标高于 10%，责令重新清查并限期完成。

（2）普查数据质量核查

为提升数据质量，确保普查数据真实、准确、全面，开展质量核查工作。省、市两级普查机构按照国污普〔2018〕8 号有关要求，组织开展质量核查工作。国家普查机构按照国污普〔2019〕6 号相关要求，开展质量核查及现场复核，抽查各地区普查数据质量。

根据《第二次全国污染源普查质量核查工作方案》要求，选取两个地级及以上的行政区，从中分别抽取一定数量的污染源样本，设计评估标准，对数据采集工作数据审核和质量核查工作、停产/关闭/其他企业核实工作和名录比对工作开展核查。为形成可量化的评估标准，国家普查机构从普查制度 1 796 个指标中提取 412 个关键指标。关键指标是影响得出核算结果的充要条件。通过合计被抽取普查对象出现差错的关键指标数量和关键指标总数，计算两者的百分比，得出指标差错率，作为评估标准的重要组成。此外，国家普查机构设计了"停产、关闭、其他企业核查结果表""名录比对核查结果表"，共同构成评估的依据。

（3）第三方评估

第三方评估机构按照抽查方法确定各省用于评估的普查对象和普查数据，通过拉网式排查、资料核对、现场评估的方式，计算普查对象遗漏率和普查数据指标差错率，得到省级数据质量评估结果，同时收集所有相关的评估过程资料，整理归档。国家普查数据质量评估在综合省级数据质量评估结果的基础上，通过进一步统计分析得到。

6.3　普查数据汇总

按汇总依据分类，普查数据汇总关系分为三类，包括基表汇总、综表汇总和专项汇总。基表汇总指基于普查对象数量的汇总，可从普查制度填报的数据或填报某份报表的数量直接加和得到。综表汇总一般指关于污染物产生与排放情况的汇总，需要通过汇总表加工后获得。专项汇总是根据"2+26"城市、南水北调沿线城市、七大流域（长江、黄河、珠江、松花江、淮河、海河、辽河）或者行业分类等要求进行专项汇总所得。

按汇总层级分类，普查数据汇总可分为：普查对象汇总数据、行政村或社区汇总数据、县级汇总数据、市级汇总数据、省级汇总数据和全国汇总数据等。村级及以上的区划汇总，根据污染物类型对行政区划范围内某种污染物的产生与排放情况进行汇总。

下面分别对普查数据汇总关系建立、数据汇总表框架构建和汇总结果的展示展开介绍。

6.3.1　普查数据汇总关系建立

结合普查方案、普查制度和技术规定，确定汇总目标、对象、范围、内容、方法，建立汇总关系。根据调查方式和核算方法的不同，普查内容既可以是工业企业的基本信息、活动水平和污染产生与排放情况，也可以是村级行政区划范围内的污染产生的基本信息、活动水平及排放情况。通过确定统计范围，如县级、市级、省级或国家级，按照普查对象数量、活动水平或基本信息，以及污染物类型可进行汇总。建立普查数据汇总关系见图 6-62。下面介绍各类源在各层级的汇总关系。

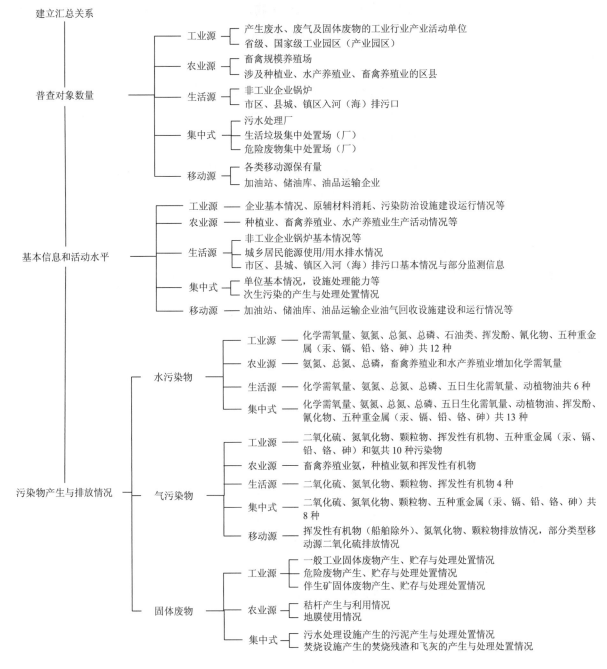

图 6-62　建立普查数据汇总关系图示

6.3.1.1   工业源

工业源以工业企业或工业园区（产业园区）为普查对象，通过基础数据的核算可得单个普查对象的污染产生与排放情况，可根据需要划定统计范围，对某个指标（如具体一种原材料）进行汇总。同时，也可按县级、市级、省级和国家级进行分级汇总。

工业源普查对象数量汇总包括两类，一是产生废水、废气及固体废物的工业行业产业活动单位，二是省级、国家级的工业园区（产业园区）。基本信息和活动水平包含企业基本情况、原辅材料消耗、污染防治设施建设运行情况等。

污染物的产生与排放情况主要包括三方面，一是废水污染物，二是废气污染物，三是固体废物处理处置情况。废水污染物包括化学需氧量等 12 种，废气污染物包括二氧化硫等 10 种，固体废物处理处置包括一般工业固体废物和危险废物的产生、贮存与处理处置情况。

6.3.1.2   农业源

农业源水污染物产生与排放情况分为两部分，一部分是畜禽养殖业与水产养殖业中化学需氧量等 4 种污染物的产生量与排放量；另一部分是种植业氨氮、总氮和总磷排放量。农业源气污染物包括种植业和养殖业排放的氨，以及种植业挥发性有机物排放量。

畜禽养殖场分为规模以上和规模以下，前者通过对养殖户发表调查获得相关信息，在县级范围统计所有畜禽养殖场，得到县级地区规模畜禽养殖场汇总结果；后者的汇总范围是县级，对规模以下畜禽养殖场进行统计，得到县级规模以下养殖户汇总结果。种植业和水产养殖业均以县级为基本汇总单元进行统计。根据污染物的类型，对养殖场、种植业和水产养殖业污染物的产生与排放情况进行加和，得到县级农业源污染物产生量和排放量汇总结果。往上可对市级、省级和国家级进行分级汇总。

6.3.1.3   生活源

生活源水污染物分为两部分，一部分是城镇生活源水污染物，另一部分是农村生活源水污染物，前者的基本汇总单元是市级，后者的基本汇总单元是县级。农村生活源水污染物在市级层面对全市县级水污染物的产生与排放情况进行加和，再与城镇生活源水污染物的市级汇总结果按污染物类型进行加和统计，得到市级生活源水污染物产生与排放情况，往上汇总得到省级和国家级的统计结果。

生活源大气污染物分为五部分，包括重点区域生活源燃煤使用情况、非工业企业单位锅炉污染及防治情况、农村和城镇居民能源消费污染物排放情况、全市其他城乡居民生活和第三产业挥发性有机物排放。其中，其他城乡居民生活和第三产业挥发性有机物排放情况在市级范围开始汇总，其他在县级层面开始汇总。根据污染物类型，按省级和国家级行政区划范围统计可得到相应的汇总结果。

同时，可以根据需要对某一类信息进行一定范围的汇总。如对全国非工业企业锅炉燃料煤消耗量进行汇总，需对县级行政区划范围内的所有非工业企业锅炉燃料煤消耗量进行加和，再逐步以市级、省级为汇总单元，对辖区内所有非工业企业锅炉燃料煤消耗量进行统计，最后汇总省级非工业企业锅炉燃料煤消耗量，得出全国非工业企业锅炉燃料煤消耗量汇总结果。

6.3.1.4   集中式污染治理设施

关于对废水污染物的治理情况、废水与废气污染物的产生与排放情况，污水处理厂主要对化学需氧量等 6 种水污染物的削减量进行汇总；生活垃圾集中处置场（厂）对废水中化学需氧量等 12 种污染物的产生量与排放量、废气中二氧化硫等 8 种污染物的排放量进行汇总统计；危险废物集中处置厂对渗滤液中化学需氧量等 12 种污染物的产生量与排放量、焚烧废气中二氧化硫等 8 种污染物的排放量进行汇总统计。其他的基础信息和处理处置情况，包括污染治理设施数量、设计处理能力、实际处置量、处理处置方式、干污泥产生量等，可根据需要在行政区域范围或流域等范围进行统计汇总。

6.3.1.5　移动源

通过向对外营业的储油库和加油站运营单位分别采集储油库及加油站基本信息与活动水平，以及向油品运输企业采集单位基本情况和油气回收信息，经核算后汇总可得到该辖区内油品运输相关信息和挥发性有机物排放量。

机动车污染物排放情况通过 Y201-1 表、Y201-2 表在市级或直辖市层面进行汇总，得到机动车保有量和氮氧化物、颗粒物、挥发性有机物 3 种污染物排放量。

非道路移动机械包括农业机械和工程机械，前者包括通过 Y202-1 表和 Y202-2 表在市级进行汇总，得到总动力和氮氧化物、颗粒物、挥发性有机物 3 种污染物排放量；后者由国家提供数据，在市级层面汇总；再对两者共同的污染物进行统计加和，得到市级非道路移动机械污染物排放量。

船舶相关数据由国家提供，直接导入数据库，汇总可得部分区域（如长三角流域）的船舶数量等基本信息和二氧化硫、氮氧化物和颗粒物 3 种污染物的排放量。铁路内燃机车和民航飞机相关数据由国家提供，同样直接导入数据库，汇总可得到燃油消耗量或起降架次合计等基本信息，以及氮氧化物、颗粒物和挥发性有机物 3 种污染物的排放量。

通过进一步汇总市级层面数据，得到全国移动源相关信息。

6.3.2　数据汇总表框架

根据汇总关系，为汇总全国普查对象主要基本信息、污染物排放总量情况和固体废物处理处置情况，设计了 3 张汇总表。

综 DQ101 表为汇总普查对象的基础信息而设计，如工业企业数、工业总产值（当年价格）等。各地区填表基本情况汇总框架见图 6-63。

综 101 表为汇总废水和废气污染物排放总量而设计，前者包括废水排放量、化学需氧量等 14 种污染物；后者包括工业废气排放量、二氧化硫等 9 种污染物，以及氨排放量。需要说明的是，若在县级层面进行汇总，应通过生活源综 SH102-1 表和综 SH201-2 表汇总水污染物，通过生活源综 SH103-1 表、综 SH201-2 表和综 SH202-1、综 SH202-2 表 4 张表汇总气污染物。若在市级层面进行汇总，可直接根据生活源综 SH204 表进行统计。因县级只汇总油品储运销环节挥发性有机物排放量，故取综 YH106 表油品储运销污染物排放情况中储油库挥发性有机物排放量、加油站挥发性有机物排放量、油品运输企业挥发性有机物排放量数据加和；省市级汇总表根据综 YH111 表各地区移动源排放情况汇总表。汇总表框架见图 6-64。

综 102 表包括三方面。一是工业源一般工业固体废物、危险废物处理处置，取综 GH104-1 相应数据加和。二是农业源畜禽粪便、种植业地膜和秸秆处理处置，其中，畜禽粪便处理处置情况通过综 NH101 表和综 NH103 表进行汇总；种植业地膜和秸秆处理处置情况通过 NH105 表进行汇总。三是集中式污水处理设施污泥、焚烧设施炉渣和飞灰产生、贮存和处置，包含污水处理设施污泥（取综 JH101 表相应数据进行加和）、垃圾焚烧处置炉渣和飞灰（取综 JH102 表相应数据进统计），以及危险废物焚烧处置炉渣和飞灰（取综 JH103 表进行汇总）三部分。汇总表框架见图 6-7。

表 6-7　各地区汇总表名称和表号

序号	汇总表名称	表号
1	各地区填表基本情况	综 DQ101 表
2	各地区污染物排放总量情况	综 101 表
3	各地区固体废物处理处置情况	综 102 表

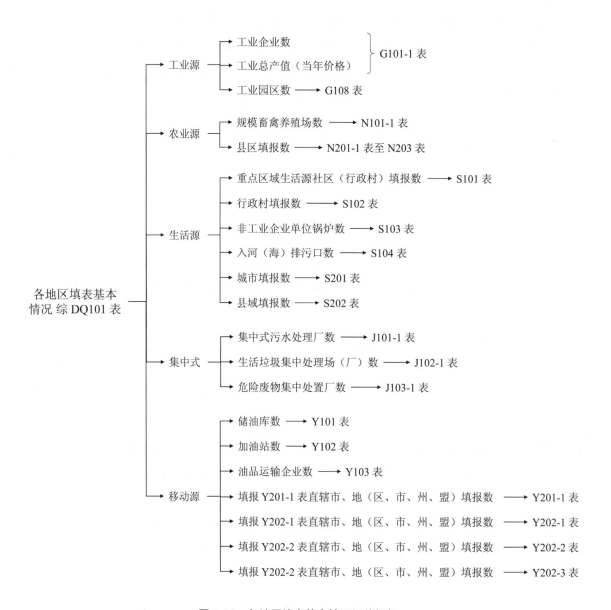

图 6-63　各地区填表基本情况汇总框架

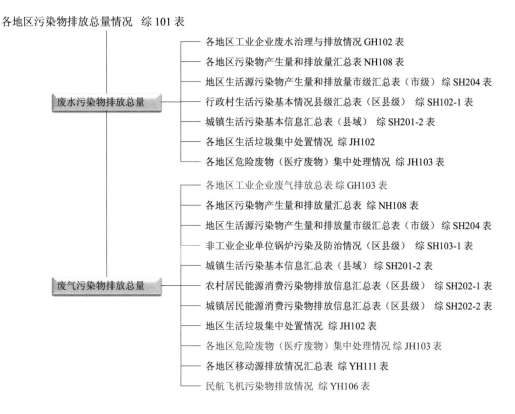

各地区污染物排放总量情况 综 101 表

废水污染物排放总量
- 各地区工业企业废水治理与排放情况 GH102 表
- 各地区污染物产生量和排放量汇总表 NH108 表
- 地区生活源污染物产生量和排放量市级汇总表（市级） 综 SH204 表
- 行政村生活污染基本情况县级汇总表（区县级） 综 SH102-1 表
- 城镇生活污染基本信息汇总表（县域） 综 SH201-2 表
- 各地区生活垃圾集中处置情况 综 JH102
- 各地区危险废物（医疗废物）集中处理情况 综 JH103 表

废气污染物排放总量
- 各地区工业企业废气排放总表 综 GH103 表
- 各地区污染物产生量和排放量汇总表 综 NH108 表
- 地区生活源污染物产生量和排放量市级汇总表（市级） 综 SH204 表
- 非工业企业单位锅炉污染及防治情况（区县级） 综 SH103-1 表
- 城镇生活污染基本信息汇总表（县域） 综 SH201-2 表
- 农村居民能源消费污染物排放信息汇总表（区县级） 综 SH202-1 表
- 城镇居民能源消费污染物排放信息汇总表（区县级） 综 SH202-2 表
- 地区生活垃圾集中处置情况 综 JH102 表
- 各地区危险废物（医疗废物）集中处理情况 综 JH103 表
- 各地区移动源排放情况汇总表 综 YH111 表
- 民航飞机污染物排放情况 综 YH106 表

图 6-64　各地区污染物排放总量情况汇总框架

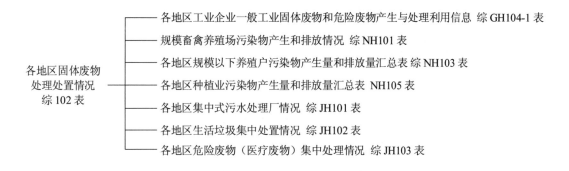

各地区固体废物处理处置情况 综 102 表
- 各地区工业企业一般工业固体废物和危险废物产生与处理利用信息 综 GH104-1 表
- 规模畜禽养殖场污染物产生和排放情况 综 NH101 表
- 各地区规模以下养殖户污染物产生量和排放量汇总表 综 NH103 表
- 各地区种植业污染物产生量和排放量汇总表 NH105 表
- 各地区集中式污水处理厂情况 综 JH101 表
- 各地区生活垃圾集中处置情况 综 JH102 表
- 各地区危险废物（医疗废物）集中处理情况 综 JH103 表

图 6-65　各地区固体废物处理处置情况汇总框架

6.3.2.1　工业源

工业源共 22 张汇总表，见表 6-8。G101-4 表、G101-5 表分别为设计每个工业源普查对象的废水/气治理与排放情况而设计。综 GH101-1 表根据行业分类，对统计范围内调查的工业企业进行汇总。综 GH101-2 表为汇总统计范围内的能源使用情况而设计。综 GH102 表为汇总统计范围内工业企业取水情况、废水治理与排放情况而设计。综 GH103 表为汇总统计范围内工业企业废气治理情况及污染物产生与排放情况而设计。针对锅炉/燃气轮机、炉窑、钢铁与炼焦企业炼焦废气治理与排放情况等情况，设计了综 GH103-1 表等共 13 个分表。普查制度中 G103-1 表等共 13 个专表可相应在汇总表中统计。综 GH104-1 表为汇总各地区工业企业一般工业固体废物和危险废物产生与处理利用信息，综 GH104-2 表为汇总各地区工业企业一般工业固体废物和危险废物处理设施信息。综 GH108 表为汇总各地区园区环境管理情况。

在汇总表的基础上，可根据需要进行县级、市级等分级汇总，也可进行重点流域（如长三角流域）进行专项汇总。同时，可根据某一指标，如化学需氧量在某一统计范围（如全国）实现汇总。

表 6-8　工业源汇总表

序号	汇总表名称	表号
1	废水治理与排放情况总表（基层表）	G101-4 表
2	废气治理与排放情况总表（基层表）	G101-5 表
3	各地区工业企业基本情况	综 GH101-1 表
4	各地区工业企业能源消耗情况	综 GH101-2 表
5	各地区工业企业废水治理与排放情况	综 GH102 表
6	各地区工业企业废气排放总表	综 GH103 表
7	各地区工业企业锅炉/燃气轮机废气治理与排放情况	综 GH103-1 表
8	各地区工业企业炉窑废气治理与排放情况	综 GH103-2 表
9	各地区钢铁与炼焦企业炼焦废气治理与排放情况	综 GH103-3 表
10	各地区钢铁企业烧结/球团废气治理与排放情况	综 GH103-4 表
11	各地区钢铁企业炼铁生产废气治理与排放情况	综 GH103-5 表
12	各地区钢铁企业炼钢生产废气治理与排放情况	综 GH103-6 表
13	各地区水泥熟料生产废气治理与排放情况	综 GH103-7 表
14	各地区石化企业工艺加热炉废气治理与排放情况	综 GH103-8 表
15	各地区石化生产工艺废气治理与排放情况	综 GH103-9 表
16	各地区有机液体储罐、装载情况	综 GH103-10 表
17	各地区含挥发性有机物原辅材料使用情况	综 GH103-11 表
18	各地区工业固体物料堆存情况	综 GH103-12 表
19	各地区工业其他废气治理与排放情况	综 GH103-13 表
20	各地区工业企业一般工业固体废物和危险废物产生与处理利用信息	综 GH104-1 表
21	各地区工业企业一般工业固体废物和危险废物处理设施信息	综 GH104-2 表
22	各地区园区环境管理情况	综 GH108 表

6.3.2.2　农业源

农业源共 10 张汇总表，见表 6-9。

NH101 表为汇总每个规模畜禽养殖场污染物产生和排放情况而设计。NH102 表为汇总地区规模畜禽养殖场基本情况、活动水平和污染物产生、利用与排放情况而设计。NH103 表为汇总各地区规模以下养殖户污染物产生与排放情况而设计，下面分 NH103-1 表和 NH103-2 表两个分表，分别汇总散养户（1～49 头）污染物产生量和排放量，以及规模下（50～499 头）污染物产生量和排放量。以上畜禽养殖场相关信息汇总到 NH104 表。

NH105 表是统计各地区种植业污染物产生量和排放量的汇总表，下面设计了 NH105-1 表，专门汇总秸秆产生量和利用量。

NH106 表为汇总各地区水产养殖业污染物产生量和排放量所设计。

NH108 表为汇总各地区污染物产生量和排放量而设计，涵盖畜禽养殖场、种植业和水产养殖业三大类，NH104 表、NH105 表和 NH106 表污染物产生与排放的相关信息在此汇总。汇总表框架见图 6-66。

表 6-9 农业源汇总表

序号	汇总表名称	表号
1	规模畜禽养殖场污染物产生和排放情况	NH101 表
2	各地区规模畜禽养殖场汇总表	NH102 表
3	各地区规模以下养殖户污染物产生量和排放量汇总表	NH103 表
4	各地区规模下散养户（1～49 头）污染物产生量和排放量汇总表	NH103-1 表
5	各地区规模下（50～499 头）污染物产生量和排放量汇总表	NH103-2 表
6	各地区畜禽养殖业污染物产生量和排放量汇总表	NH104 表
7	各地区种植业污染物产生量和排放量汇总表	NH105 表
8	各地区秸秆产生量和利用量汇总表	NH105-1 表
9	各地区水产养殖业污染物产生量和排放量汇总表	NH106 表
10	各地区污染物产生量和排放量汇总表	NH108 表

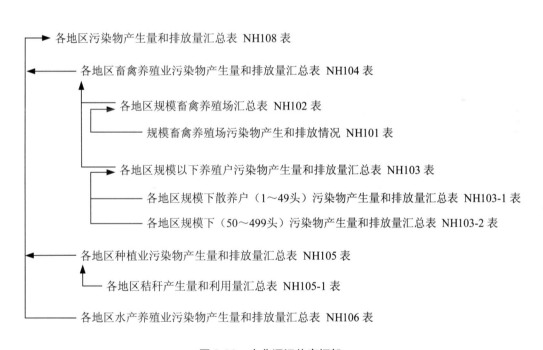

图 6-66 农业源汇总表框架

6.3.2.3 生活源

生活源共有 8 张汇总表，各表名称及表号见表 6-10，汇总表框架见图 6-67。

在县级层面，可通过综 SH102-1 表、综 SH103-1 表、综 SH201-2 表相关数据、综 SH202-1 表和综 SH202-2 表共五张汇总表进行加和统计，若该县区在重点区域，则需结合综 SH101-1 表进行汇总。在市级及以上进行分级统计，可直接通过 SH204 表进行汇总。

SH201-3 表由综 SH201-1 表和综 SH201-2 表两张表汇总得到。城乡居民能源消费污染物排放情况，通过综 SH202-1 表和综 SH202-2 表两张表加和获得。

表 6-10　生活源汇总表

序号	汇总表名称	表号
1	重点区域生活源燃煤使用情况汇总表（区县级）	综 SH101-1 表
2	行政村生活污染基本情况县级汇总表（区县级）	综 SH102-1 表
3	非工业企业单位锅炉污染及防治情况（区县级）	综 SH103-1 表
4	入河（海）排污口情况汇总表（区县级）	综 SH104-1 表
5	城镇生活污染基本信息汇总表（市辖区）	综 SH201-1 表
6	城镇生活污染基本信息汇总表（县域）	综 SH201-2 表
7	城镇生活污染基本信息汇总表（全市）	综 SH201-3 表
8	农村居民能源消费污染物排放信息汇总表（区县级）	综 SH202-1 表
9	城镇居民能源消费污染物排放信息汇总表（区县级）	综 SH202-2 表
10	地区生活源污染物产生量和排放量市级汇总表（市级）	综 SH203 表

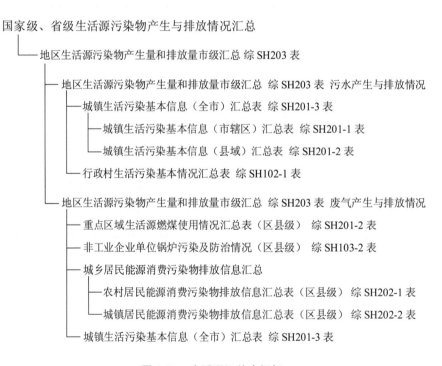

图 6-67　生活源汇总表框架

6.3.2.4　集中式污染治理设施

集中式污染治理设施共 3 张汇总表，见表 6-11。综 JH101 表为汇总污水处理厂基本情况及其对水污染物的去除情况而设计。综 JH102 表为汇总生活垃圾处置厂（场）和餐厨垃圾处理厂的处理处置情况、全厂（场）废水（含渗滤液）产生及处置情况和主要污染物产生及排放情况而设计。综 JH103 表为汇总危险废物（含医疗废物）基本情况、主要处理情况、综合利用方式等三种处置方式的处理情况、医疗废物处置情况，及废水产生与处置情况、渗滤液主要污染物产生与排放情况和焚烧废气主要污染物排放情况等而设计。集中式污染治理设施普查对象是污染治理设施，对同种污染物（如化学需氧量）在统计范围内进行加和，可根据需求实现乡镇、县级、市级、省级和国家级等不同层级的汇总。

表6-11 集中式污染治理设施汇总表

序号	汇总表名称	表号
1	各地区集中式污水处理厂情况	综JH101表
2	各地区生活垃圾集中处置情况	综JH102表
3	各地区危险废物（医疗废物）集中处理情况	综JH103表

6.3.2.5 移动源

移动源共18张汇总表，见表6-12。C205-1表、C205-2表、C205-3表、C205-4表，主要为汇总长三角、珠三角、环渤海水域和长三角经济带船舶氮氧化物、颗粒物和二氧化硫排放量所设计，其数据包含于YH108表。Y101-1表、Y102-1表和Y103-1表为基层表，目的是为核算具体某个储油库、加油站运营单位及油品运输企业挥发性有机物排放情况。

综YH101表、YH101-2表、YH101-3表为汇总市级层面储油库、加油站和油品运输企业的活动水平和挥发性有机物排放情况所设计。在Y101-1表、Y102-1表、Y103-1表和综YH101表、YH101-2表、YH101-3表的基础上，为汇总市级层面储油库的原油、汽油和柴油的周转量，加油站的汽油、柴油销售量，油品运输企业汽油和柴油运输量，以及三者的挥发性有机物排放量，设计了综YH106表。YH104表、综YH105表是在市级层面分别对机动车和农业机械的污染物排放情况进行汇总。综YH107表、综YH108表、综YH109表和综YH110表是在市级层面分别汇总工程机械、船舶、铁路内燃机车和民航飞机的污染物排放情况。需要注意的是，综YH107表至YH110共4张表的数据由国家提供并直接导入数据库，不需要地方填报汇总。YH111表的数据由综YH104表至YH110共7张表汇总得到，同样在市级开始汇总。移动源汇总表框架见图6-68。

表6-12 移动源汇总表

序号	汇总表名称	表号
1	长三角水域船舶汇总	C205-1表
2	珠三角水域船舶汇总	C205-2表
3	环渤海水域船舶汇总	C205-3表
4	长江经济带船舶汇总	C205-4表
5	储油库挥发性有机物排放情况（基层表）	Y101-1表
6	加油站挥发性有机物排放情况（基层表）	Y102-1表
7	油品运输企业挥发性有机物排放情况（基层表）	Y103-1表
8	各地区储油库油气回收情况	综YH101表
9	各地区加油站油气回收情况	综YH102表
10	各地区油品运输企业油气回收情况	综YH103表

序号	汇总表名称	表号
11	机动车污染物排放情况	综 YH104 表
12	农业机械污染物排放情况	综 YH105 表
13	油品储运销污染物排放情况	综 YH106 表
14	工程机械污染物排放情况	综 YH107 表
15	船舶污染物排放情况	综 YH108 表
16	铁路内燃机车污染物排放情况	综 YH109 表
17	民航飞机污染物排放情况	综 YH110 表
18	各地区移动源排放情况汇总表	综 YH111 表

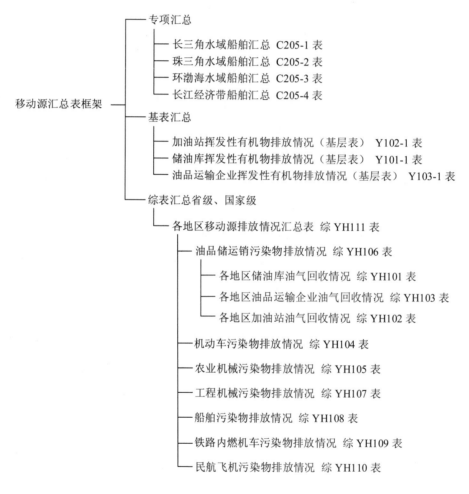

图 6-68　移动源汇总表框架

6.3.3　汇总结果的展示

（1）基表汇总

普查系统根据基表数据，对普查对象的核算结果按废水和废气两种治理与排放情况进行汇总，汇总结果页面可供面可供县级、市级、省级查看。如县级普查机构登录查看汇总数据。如进入"工业企业废水治理与排放情况总表 G101-4"，点击某企业名称，可查看该普查对象的废水核算结果，页面原型见图 6-69。

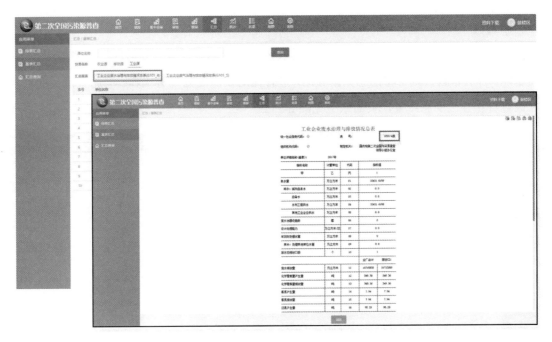

图 6-69　基表汇总查看页面原型

（2）综表汇总

普查系统对县级及以上行政区对辖区内污染物产生量与排放量的核算结果进行汇总，汇总结果页面可供县级、市级、省级查看。进入"综表汇总"菜单，点击汇总表的名称，可查看本辖区内相应的汇总结果，页面原型见图 6-70。

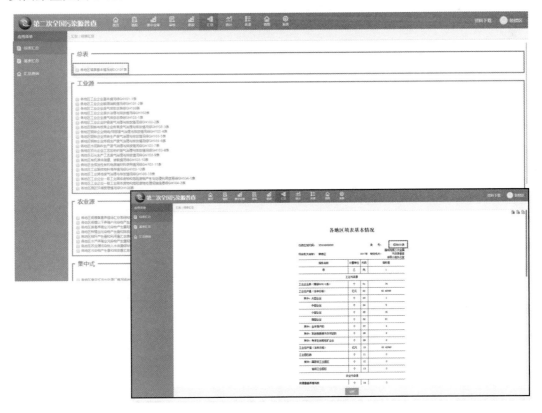

图 6-70　综表汇总查看页面原型

（3）汇总查询

"汇总查询"可实现根据所选行政区划及汇总表表单，查询该行政区划对应汇总表单中各项指标汇总结果的功能。各级普查机构可将汇总数据导出，进行比对及深度处理等工作。汇总查询页面可供县级、市级、省级查看和导出汇总结果，页面原型见图 6-71。

图 6-71　汇总查询页面原型

7 产排污核算

7.1 核算逻辑框架搭建

核算方法软件化是普查信息系统开发的一项重要工作，是建立第二次全国污染源普查数据库的重要保障，以国家普查办业务需求为基本出发点，统一支撑国家、省、市、县四级普查机构数据处理工作，并结合各类污染源及不同行业的特点，从数据采集、数据统计、数据分析、成果应用、业务运营管理、被调查对象、信息安全、运行环境等多个角度进行系统设计。第二次全国污染源普查产排污核算中，各源不同核算因子由于核算方法不同，核算和审核的权限也不尽相同，部分权限在区县级，部分在地市级，部分由国家统一核算和审核。具体核算阶段核算与审核流程见图 7-1。

7.1.1 工业源

工业源普查范围为《国民经济行业分类》（GB/T 4754—2017）中采矿业，制造业，电力、热力、燃气及水生产和供应业，普查对象为 3 个门类中 41 个行业的全部工业企业，即行业大类代码为 06～46 的，包括经各级工商行政管理部门核准登记、领取营业执照的各类工业企业，以及未经有关部门批准但实际从事工业生产经营活动、有或可能有废水污染物、废气污染物或工业固体废物（包括危险废物）产生的所有产业活动单位。

工业源污染物核算统一由区县进行，核算操作采用按企业逐个排口进行分别核算，企业污染物总产生量与排放量为企业各排口核算的产生量与排放量总和。工业源的核算方法包括三种，排污许可证执行报告法、监测法和产排污系数法（包含物料衡算法），根据适用范围选取不同的核算方法计算污染物的产生量与排放量，如果可使用两种或两种以上的方法，根据核算方法的选取顺序，由人工选择其中一种方法的计算结果作为最终的核算结果返回相应表单。

核算方法及排放量选取顺序（图 7-2）：①经管理部门审核通过的 2017 年度排污许可证执行报告中的年度排放量；②监测数据符合规范性和使用要求的，采用监测数据法核算污染物产生量和排放量；③采用产排污系数法（物料衡算法）核算污染物产生量和排放量。工业企业根据基本信息筛选需填写符合条件的普查表，进而计算每个排口的产生和排放量，例如某企业产生废水，需填写 G102 工业企业废水治理与排放情况，若具备符合规定性和使用要求的监测数据，填写 G106-2 工业企业废水监测数据采用监测法计算产生和排放量，若不具备，则填写 G106-1 工业企业污染物产排污系数核算信息采用系数法计算产生量和排放量。具体工业企业污染物排放核算逻辑框架见图 7-3。

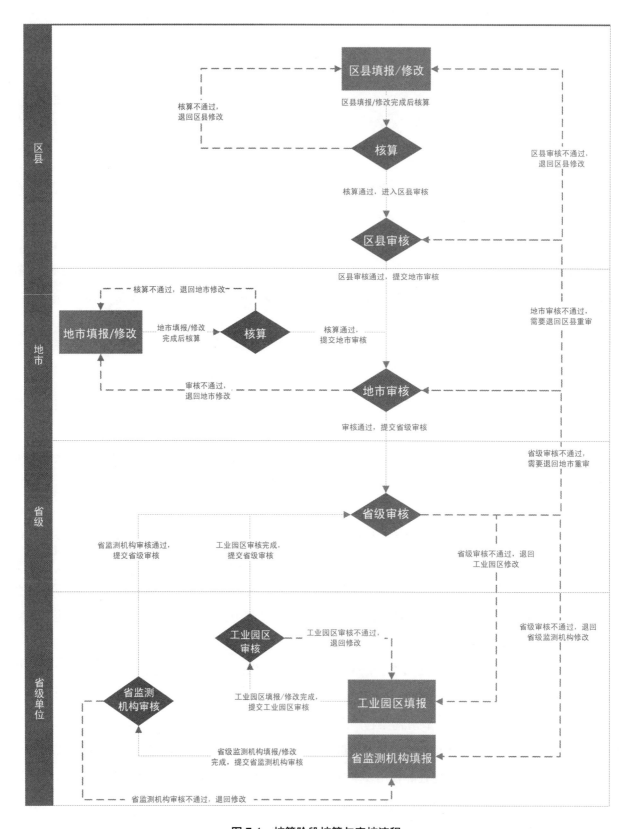

图 7-1　核算阶段核算与审核流程

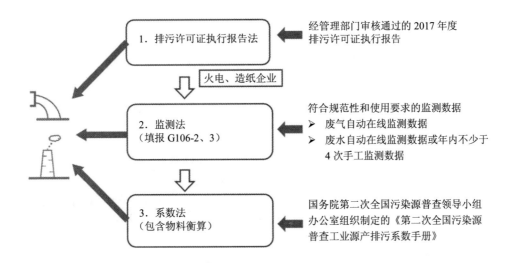

图 7-2　工业源产生量和排放量核算方法选取顺序图

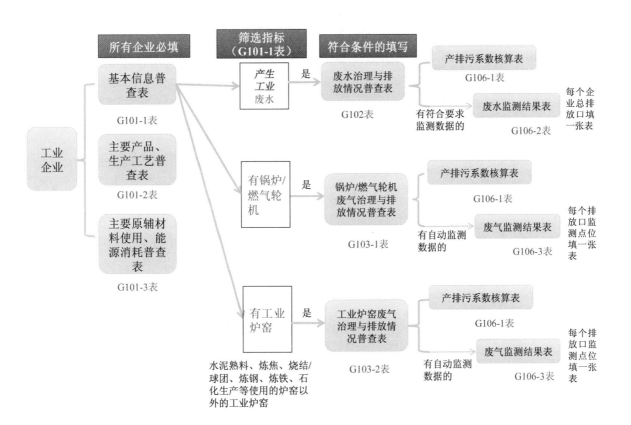

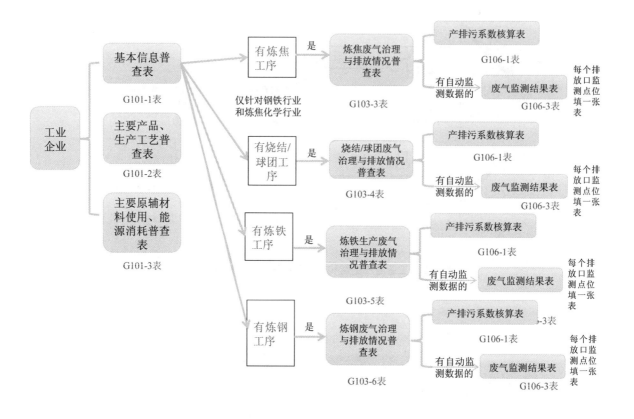

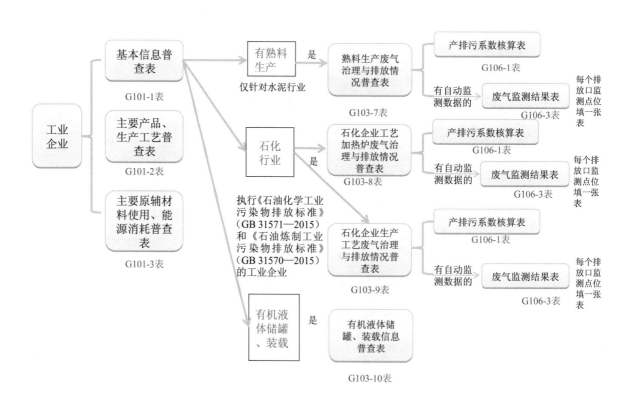

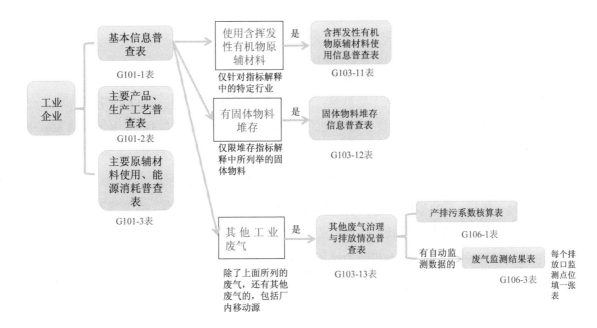

图 7-3　工业企业污染物排放核算逻辑框架

7.1.2　生活源

生活源的普查对象包括除工业企业生产使用以外所有单位和居民生活使用的锅炉（以下简称生活源锅炉），以城市市区、县城、镇区、行政村为单位统计城乡居民能源使用情况，生活污水产生、排放情况，建筑涂料与胶黏剂使用、沥青道路铺装、餐饮油烟、干洗、日用品使用等五类其他城乡居民生活和第三产业污染源，以及储油库和加油站的情况。生活源核算总体思路是开展活动水平调查，进行普查表填报与审核，根据活动水平数据与产污特征参数，结合抽样调查、数据共享以及产排污系数核算污染物排放总量。生活源污染物排放核算逻辑框架见图 7-4。

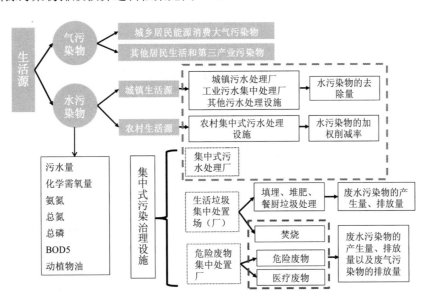

图 7-4　生活源污染物排放核算逻辑框架

7.1.3 移动源

移动源普查对象包括机动车、非道路移动源，其中机动车包括汽车、低速汽车和摩托车；非道路移动源包括飞机、船舶、铁路内燃机车和工程机械、农业机械（含机动渔船）等非道路移动机械。

机动车按车辆类型、燃料种类、初次登记日期的划分填写各类机动车的保有量，从而计算氮氧化物、颗粒物、挥发性有机物的排放。非道路移动源中，飞机按机型划分的起飞着陆循环次数、航空燃油消耗量等基本信息，核算氮氧化物、颗粒物、挥发性有机物的排放；船舶通过额定时间、航行时间等参数，核算二氧化硫、氮氧化物、颗粒物的排放；铁路通过铁路内燃机车燃油消耗量、客货周转量等相关信息，核算氮氧化物、颗粒物、挥发性有机物的排放；工程机械按机械类型、燃料种类、销售日期划分的保有量，核算氮氧化物、颗粒物、挥发性有机物的排放；农业机械（含机动渔船）按机械类型、燃料种类、销售日期划分的拥有量，核算氮氧化物、颗粒物、挥发性有机物的排放。移动源核算逻辑框架见图 7-5。

图 7-5 移动源核算逻辑框架

7.1.4 集中式污染治理设施

集中式污染治理设施包括生活垃圾集中处置场（厂）、危险废物集中处置厂、城镇工业及企业污水设施和农村污水设施 4 种类型。

集中式污染治理设施污染物产生和排放量主要采用监测数据法和产排污系数法核算。核算方法使用顺序依次为监测数据法、产排污系数法。监测数据法核算污染物产生量和排放量的优先顺序为自动监测数据、自行监测数据（手工）、监督性监测数据，依据对普查对象产生和外排废水、废气（流）量及其污染物的实际监测浓度，计算出废气、废水排放量及各种污染物产生量和排放量。产排污系数统一制定使用。同一家企业不同污染物可采用不同的核算方法,如两种方法核算的污染物产生量和排放量相对误差大于 20%,应核实企业的生产工况及生产工艺,确定污染物排放量的计算方法是否正确,同时核查产排污系数选取是否正确。如监测数据、系数核算排放量均符合相关技术规定要求,同时产排污系数的应用正确,则取监测数据法和产排污系数法核算结果中污染物排放量大的数据作为认定数据上报。集中式污染治理设施核算逻辑框架见图 7-6。

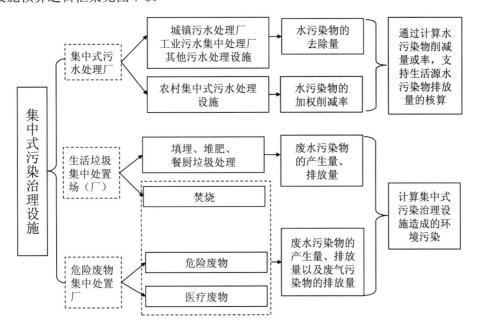

图 7-6 集中式污染治理设施核算逻辑框架

7.1.5 农业源

农业源普查范围包括种植业、畜禽养殖业和水产养殖业。

种植业的普查内容包括县级种植业基本情况,包括县(区、市、旗)名称、农户数量、农村劳动力人口数量、耕地和园地总面积等;主要作物播种面积情况和农药、化肥、地膜等生产资料投入情况;主要作物收获方式、秸秆利用方式与利用量,污染物包括氨氮、总氮、总磷。

畜禽养殖业的普查内容包括规模养殖场名称、畜禽种类、存/出栏数量、养殖设施类型、饲养周期、饲料投入情况等;养殖规模与粪污处理情况,包括养殖量、废水处理方式、利用去向及利用量,粪便处理方式、利用去向及利用量,配套利用农田面积等;规模以下养殖户包括县(区、市、旗)不同畜禽种类养殖户数量、存/出栏数量,不同清粪方式、不同粪便与污水处理方式下的养殖量占该类畜禽养殖总量的比例、配套利用农田面积等,污染物包括氨氮、总氮、总磷和化学需氧量。

水产养殖业的普查内容包括县(区、市、旗)名称、养殖水体类型、养殖模式、投苗量与产量、养殖面积等,污染物包括氨氮、总氮、总磷和化学需氧量。

农业源核算逻辑框架见图 7-7。

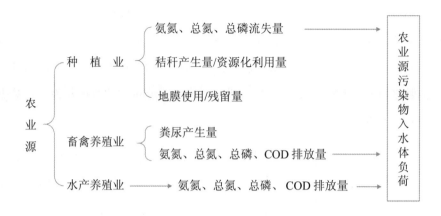

图 7-7   农业源核算逻辑框架

7.2   核算方法与实例验证校核

7.2.1   核算方法

7.2.1.1   工业源

（1）排污许可执行报告法

排污许可证执行报告排放量是根据企业在 G106-1 表"排污许可证执行报告排放量"填报的情况，核算对应排放口下的污染物排放量，对同一排口下，相同污染物的 "排污许可证执行报告排放量"进行加和。排污许可执行报告 2017 年度排放量需经管理部门审核通过，且污染物产生量和排放量核算方法与排污许可证申请与核发技术规范中相应污染物实际排放量的核算方法保持一致。

（2）监测法

监测法是根据对应表号和排放口编号/名称，利用监测法的核算公式以及 G106-2 表工业企业废水监测数据、G106-3 表工业企业废气监测数据表中填写的废水、废气流量及污染物的浓度，分别核算废水、废气污染物的产生量与排放量。其中废水污染物产生量=进口水量×进口浓度，废水污染物排放量=经总排放口排放的水量×出口浓度；废气污染物产生量=平均流量×年排放时间×进口浓度，废气污染物排放量=平均流量×年排放时间×出口浓度。

监测数据核算污染物产生、排放量的使用顺序为自动监测数据、企业自测数据、监督性监测数据。其中，自动监测数据的规范性要求是 2017 年度全年按照相应技术规范开展校准、校验和运行维护，季度有效捕集率不低于 75%的，且保留全年历史数据的自动监测数据，可用于污染物产生量和排放量核算；企业自测数据的规范性要求是 2017 年度内由企业自行监测或委托有资质机构按照有关监测技术规范、标准方法要求监测获得的数据；监督性监测数据的规范性要求是 2017 年度内由县（区、市、旗）及以上环保部门按照监测技术规范要求进行监督性监测得到的数据。

（3）系数法

系数法（物料衡算法）是根据对应表号和排放口编码/名称，利用系数法的核算公式，核算污染物的产生量与排放量，核算公式包括通用、特殊行业（4430 锅炉、4411/4412 火电、3110 钢铁）以及挥发性有机物核算公式。常规污染物和部分挥发性有机物源项基于系数手册中给定的"四同"组合利用 G106-1 表核算，涉及 G102 表、G103-1 表、G103-2 表、G103-3 表、G103-4 表、G103-5 表、G103-6 表、G103-7 表、G103-8 表、G103-9 表和 G103-13 表；部分挥发性有机物源项和堆场颗粒物的产生量与排放量根据表单 G103-1 表、G103-2 表、G103-5 表、G103-6 表、G103-7 表、G103-8 表、G103-9 表（动静密封点及循环水冷却塔）、G103-10 表、G103-11 表、G103-12 表填报内容在表中进行核算。废水排放量和各污染物的产生和排放量是基于 G102 表中各排口加和所得，废气中各污染物的产生和排放量是 G103 表（G103-11 表外）中各污染物加和所得。系数法核算基础见图 7-8，工业源系数法（物料衡算法）核算公式见表 7-1。

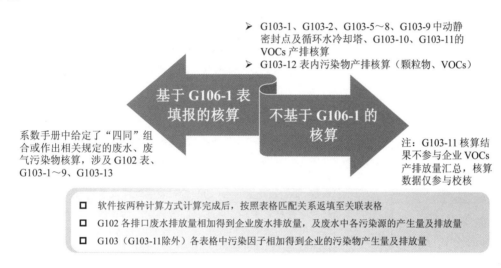

图 7-8　系数法核算基础

表 7-1　工业源系数法（物料衡算法）核算公式

类型	适用范围	涉及报表	核算公式
废水	一般排放口的产排量均需核算废水污染物	G106-1 表 G102 表	根据"产品、原料、工艺、规模"确定产污系数； 产生量=（产品产量/原料用量）×产污系数×单位换算； 排放量=废水污染物产生量×（1−K×去除率）×（1−废水回用率）； 废水回用率=1−废水排放量/（年实际处理水量−处理其他单位水量）
	HSCSL 只核算产生量	G106-1 表	根据"产品、原料、工艺、规模"确定产污系数； 废水污染物产生量=（产品产量/原料用量）×产污系数×单位换算
废气通用行业	除 4411、4412、4430、3110、部分 VOCs 外，且产污系数不包括函数的行业	G106-1 表	根据"产品、原料、工艺、规模"确定产污系数； 废气污染物产生量=（产品产量/原料用量）×产污系数×单位换算； 废气污染物排放量=废水污染物产生量×（1−K×去除率）
废气特殊行业	3110 钢铁行业	G106-1 表 G103-4 表	钢铁只有二氧化硫的产生量使用特殊算法，需要提取 G103-4 表中的含硫量的数据
	4430 锅炉	G106-1 表	锅炉行业的重金属核算方法特殊，需调用所在省份的 Hg 含量
	4411/4412 火电行业	G106-1 表	重金属汞的排放量和燃料为煤炭且工艺为循环流化床的颗粒物算法特殊

类型	适用范围	涉及报表	核算公式
VOCs	工业锅炉燃烧烟气 VOCs	G103-1 表	根据锅炉类型、燃烧方式、燃料类型确定产污系数，产生量=排放量=产污系数×燃料消耗量
	工业炉窑燃烧烟气 VOCs	G103-2 表	根据炉窑类型、产品名称、燃料类型确定产污系数，产生量=排放量=产污系数×燃料消耗量/产品产量
		G103-5 表	根据产品名称确定产污系数，产生量=排放量=产污系数×产品产量
		G103-6 表	根据产品名称确定产污系数，产生量=排放量=产污系数×产品产量
		G103-7 表	根据炉窑类型、产品名称确定产污系数，产生量=排放量=产污系数×产品产量
		G103-8 表	根据燃料类型确定产污系数，产生量=排放量=产污系数×燃料消耗量
	设备动静密封点和循环水 VOCs	G103-9 表	动静密封点 VOCs 产生量=排放量=动静密封点产污系数×全厂动静密封点个数×正常生产时间÷8 760； 敞开式循环水冷却塔 VOCs 产生量=排放量=循环水产污系数×敞开式循环水冷却塔年循环水量
	储罐和装载 VOCs	G103-10 表	根据省和地市的行政区划代码和物料名称、储罐类型、储罐容积、储存温度，确定储罐 VOCs 产污系数；根据省和地市的行政区划代码、物料名称、汽车/火车装载方式、船舶装载方式，确定装载 VOCs 产污系数。 产生量=储罐工作损失系数×物料年周转量+储罐静置损失系数×相同类型/容积/温度的储罐个数+汽车/火车装载系数×汽车/火车装载量+船舶装载系数×船舶装载量。 排放量=（储罐工作损失系数×物料年周转量+储罐静置损失系数×相同类型/容积/温度的储罐个数）×（100−储罐处理效率）÷100+（汽车/火车装载系数×汽车/火车装载量）×（100−汽车/火车装载处理效率）÷100+（船舶装载系数×船舶装载量）×（100−轮船装载处理效率）÷100
	有机溶剂使用 VOC（核算结果不参与产排量总量计算，仅作为校核）	G103-11 表	结合原辅材料类别、名称、品牌确定产污系数，产生量=产污系数×含挥发性有机物的原辅材料使用量；结合处理工艺和收集方式，确定含挥发性有机物的原辅材料的处理效率和收集率，排放量=产生量×（1−收集率×处理效率÷10 000）
	堆场 VOCs 和颗粒物	G103-12 表	根据堆场类型和堆存物料确定挥发性有机物系数，挥发性有机物产生量=排放量=固体物料堆存产污系数×日均储存量×365。 粉尘产污系数确定方法：结合省份行政区划代码，确定风速概化系数；堆存物料确定含水率概化系数和风蚀概算系数。 粉尘产生量=装卸扬尘+风蚀扬尘=年物料运载车次×单车平均运载量×各省风速概化系数÷含水率概化系数+2×堆场风蚀扬程概化系数×占地面积÷1 000。 产污系数确定方法：结合粉尘控制措施，确定粉尘控制措施控制效率；结合堆场类型确定堆场类型控制效率。 粉尘排放量=粉尘产生量×（1−粉尘控制措施控制效率）×（1−堆场类型控制效率）。 其控制效率，采用多项措施的可叠加，采用洒水、围挡两项措施的，粉尘排放量=粉尘产生量×（1−洒水控制效率）×（1−围挡控制效率）×（1−堆场类型控制效率）

7.2.1.2　生活源

通过重点调查获取重点区域城镇居民能源使用情况，通过抽样调查获取农村居民能源使用情况，结合非工业企业单位锅炉普查结果，利用排污系数核算重点区域城乡居民能源使用的大气污染物排放量。

针对建筑涂料与胶黏剂使用、沥青道路铺装、餐饮油烟、干洗、日用品使用等五类其他城乡居民生活和第三产业污染源，根据常住人口数量、房屋竣工面积、人均住房（住宅）建筑面积以及沥青公路和城市道路长度等统计数据，利用排污系数核算挥发性有机物排放量；通过调查储油库单位基本信息以及总库容、周转量、顶罐结构、油气处理装置、装油方式、在线监测系统等油气回收信息，利用产排污系数核算挥发性有机物排放情况；通过调查加油站单位基本信息和总罐容、销售量、油气回收阶段、在线监测系统等油气回收以及防渗漏措施信息，利用产排污系数核算挥发性有机物排放情况。

城镇生活污水与污染物的排放量是产生量与去除量的差值，其中城镇生活污水与污染物产生量根据城镇居民生活用水数据、折污系数、入河（海）排污口水质监测结果以及集中式污染治理设施普查获得的城镇污水处理厂进水水质数据，经产污系数校核后，利用城镇常住人口、城镇人均日生活用水量、折污系数和城镇生活污水平均浓度相乘核算；根据集中式污染治理设施普查结果，估算城镇污水处理厂、工业污水集中处理厂和其他污水处理设施对城镇生活源水污染物的去除量。

根据农村常住人口、农村人均日生活用水量以及厕所类型、粪尿处理情况和生活污水排放去向等信息，利用农村常住人口与产排污系数相乘，核算农村生活污水与污染物产生量；根据农村集中式生活污水处理设施普查结果，结合农村集中式生活污水处理设施的排污系数，获取农村生活污水与污染物的排放量。

生活源普查核算逻辑框架见图 7-9，生活源核算方法及所需参数见表 7-2。

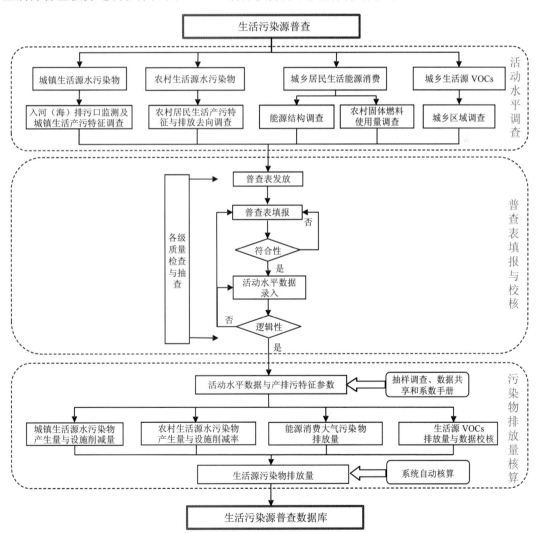

图 7-9 生活源普查核算逻辑框架

表 7-2　生活源核算方法及所需参数

核算类别	表号	表名	核算方法	所需参数	核算公式	填报单位/统计范围
城乡居民能源消费大气污染物	S103 表	非工业企业单位锅炉污染及防治情况	排污系数法	燃料类型、锅炉类型、燃烧方式等	各类能源（燃料）消耗量×排污系数	拥有或实际使用锅炉的非工业企业单位填报
	S106 表	城乡生活能源使用污染物	排污系数法	包括煤炭、生物质等不同燃料类型	各类能源（燃料）消耗量×排污系数	抽样调查方案确定区域范围内的农户，由抽样调查单位组织填报
	S202 表	城乡生活能源使用污染物	排污系数法	家庭用煤气、天然气和液化石油气等	各类能源（燃料）消耗量×排污系数	直辖市和地级行政区第二次全国污染源普查领导小组组织填报，统计范围为全县（市、旗）所辖区域
城乡水污染物	S201 表	城市生活源水污染物	产生量利用产污系数计算；削减量利用产污系数或监测法计算	根据人口、用水统计数据，以及排污口和污水厂进水水质数据，经产排污系数校核，核算污染物产生量；根据污水厂普查结果，核算污水厂对生活污水的污染物去除量	排放量=产生量-削减量	直辖市和地级行政区第二次全国污染源普查领导小组组织填报，统计范围为全市所辖区域（全国每个城市的市辖区和县（市、旗）分别计算，建制镇纳入所在的市辖区或县（市、旗）计算）
	S102 表	农村生活源水污染物	产生量利用产污系数计算；削减量利用排污系数计算	根据农村常住人口、农村人均生活用水量以及厕所类型、粪尿处理方式、污水排放去向等信息，利用产排污系数核算农村生活水污染物产生量。根据农村集中式生活污水处理设施的普查结果，结合其排放系数核算污染物去除量	排放量=产生量-削减量	所有行政村村民委员会填报，统计范围为本行政村范围
其他居民生活和第三产业污染物	S201 表	建筑装饰过程中各类建筑涂料和胶黏剂使用过程中 VOCs 的排放	排污系数法	新建是房屋竣工面积：普查填报数据；翻新是住房（住宅）建筑面积：由地区常住人口和人均住房（住宅）建筑面积计算得出，均为普查填报数据（S201 表）	房屋竣工面积和住房（住宅）建筑面积×排污系数	直辖市和地级行政区第二次全国污染源普查领导小组组织填报，统计范围为全市所辖区域
	S201 表	沥青混凝土在高温加热、搅拌和摊铺等过程中的 VOCs 排放	排污系数法	新建沥青公路长度和改建变更沥青公路长度：普查填报数据（S201 表）。新建城市沥青道路长度：由 2017 年年末城市道路长度、2016 年城市道路长度及城市道路中沥青道路比例计算得到；改建变更沥青道路长度：由 2016 年年末城市道路长度、城市道路中沥青道路比例及城市沥青道路改建变更比例计算得到。2017 年和 2016 年年末城市道路长度：普查表填报数据（S201 表），城市道路中沥青道路比例及城市沥青道路改建变更比例通过"系数手册"获取	新建或改建变更沥青公路长度和城市沥青道路长度×排污系数	

核算类别	表号	表名	核算方法	所需参数	核算公式	填报单位/统计范围
其他居民生活和第三产业污染物	S201 表	个人、家庭和服务行业清洁卫生用品、化妆品、黏着剂、芳香剂、除臭剂及家用杀虫剂等使用过程的VOCs排放	排污系数法	包括城镇常住人口(为餐饮油烟、干洗和日用品使用核算基量)和农村常住人口(为餐饮油烟和日用品使用核算基量),均为普查填报数据	常住人口数量×排污系数	直辖市和地级行政区第二次全国污染源普查领导小组组织填报,统计范围为全市所辖区域
		干洗业干洗剂使用过程中的VOCs排放	排污系数法		常住人口数量×排污系数	
		餐饮服务单位和居民家庭烹饪过程中的VOCs排放	排污系数法		常住人口数量×排污系数	
	Y101	储油库	排污系数法	汽油按照顶罐结构等参数,结合有无油气回收装置,选择对应罐容条件下的静置损失和工作过程损失排放系数计算;原油柴油直接计算。分地级市相应系数	排放量=静置损失排放系数+周转量×工作过程损失排放系数	从事油品储存的企业填报
	Y102	加油站	排污系数法	汽油按照油气回收阶段、有无排放处置装置和有无在线监测系统,选择对应罐容条件下的工作过程损失排放系数计算;柴油直接计算。分地级市相应系数	排放量=销售量×工作过程损失排放系数	从事油品销售的企业填报

7.2.1.3 移动源

机动车按照源分级分类体系,第一级根据车辆类型分为微型客车、小型客车、中型客车、大型客车、微型货车、轻型货车、中型货车、重型货车、三轮汽车、低速货车、普通摩托车、轻便摩托车;第二级根据使用性质分为出租、公交和其他;第三级根据燃油种类分为汽油、柴油、燃气等;第四级根据初次登记日期分至每一年。氮氧化物、颗粒物和挥发性有机物的排放与机动车保有量有关,以地市为基本单位,根据保有量与相应系数相乘,计算污染物排放量。

工程机械、船舶、飞机、铁路内燃机车排放量由国家普查机构统一核算。工程机械污染物排放量测算采用单位功率排放系数法;船舶污染物排放量测算采用单位功率排放系数法,核算的水域范围为我国内河及沿海水域,其中,沿海水域核算范围为交通运输部印发的《船舶大气污染物排放控制区实施方案》(交海发〔2018〕168号)中沿海控制区范围;飞机污染物排放量测算采用单位起降架次排放系数法;铁路内燃机车污染物排放量测算采用单位燃油消耗量排放系数法。

移动源的核算方法和数据来源见表7-3。

表 7-3 移动源的核算方法和数据来源

类型	调查指标		核算方法	污染物产排情况
	基础生产数据	产排污系数		
机动车	保有量：地级市公安交管部门填报	以地级市为单位进行核算；分地市、车型、注册年份确定排放系数	排放量=保有量×排放系数×单位换算	核算过程：提取保有量—按车型、注册年份找系数—相乘得到排放量—加和不同车型排放量—地市机动车排放总量
农用机械	总动力：地级市农机管理部门部门填报	以地级市为单位进行核算；分地市选择对应机械的排放系数	排放量=总动力×排放系数×单位换算	核算过程：提取总动力—按机械类型找系数—相乘得到排放量—加和不同机械类型排放量—地市农业机械排放总量
工程机械	保有量：工程机械协会行业共享数据	国家核算；选择对应机械的排放系数	排放量=保有量×排放系数×单位换算 保有量=销售量×存活曲线	核算过程：提取保有量—按机械类型找系数—相乘得到排放量—加和不同类型机械排放量—地市工程机械排放总量
船舶		国家以船为单位进行核算	排放量=额定功率×负荷系数×航行时间×排放系数×单位换算	额定功率：静态数据及研究设计数据获取； 负荷系数：静态数据与动态数据匹配后获取； 航行时间：动态数据获取
铁路内燃机	燃油消耗：司机报单记录能源统计和加油量等数据	国家以单台机车为单位进行核算	排放量=燃油消耗量×综合排放因子	综合排放因子=年份机型占比×年份机型排放因子； 年份机型排放因子=排放限值×实测值与限值的比例
民航飞机		国家以起降架次为单位进行核算；排放系数：229个机场	排放量=起降架次×综合排放因子	综合排放因子=机型起降架次占比×机型模式油耗×机型模式时间×基本排放因子

7.2.1.4 农业源

农业源核算分为规模畜禽养殖场污染物产生和排放核算、秸秆产生量和利用量核算、种植业污染物产生量和排放量核算、规模以下养殖户污染物产生量和排放量核算、水产养殖业污染物产生量和排放量核算 5 种类型。

种植业氮磷流失量采用流失系数法，以该县（区、市、旗）各种种植模式的种植面积分别与该种植模式流失系数相乘，得到的乘积进行加和，测算全县（区、市、旗）种植业氮磷的流失量；农作物秸秆产量、秸秆可收集资源量、各种利用途径的秸秆利用量是结合普查统计和统计数据，通过理论分析和实地监测相结合的方法，对我国不同作物种类、不同区域的秸秆草谷比、可收集系数和"五料化"利用比例进行测定测算；地膜通过农田地膜的使用量与残留率、回收率等系数测算地膜残留情况。

畜禽养殖业水污染物产生量通过产生系数法测算，某种动物的存/出栏量与对应的水污染物产生系数相乘，得到某种动物的水污染物产生量，将该县（区、市、旗）所有种类动物的水污染物产生量加和，测算全县（区、市、旗）畜禽养殖的水污染物产生量；畜禽养殖水污染物排放量通过排放系数法测算，该县（区、市、旗）某种粪污处理工艺条件下的养殖量与某种粪污处理工艺下的排放系数相乘，测算全县（区、市、旗）畜禽养殖的水污染物排放量。

水产养殖水污染物排放量通过排放系数法测算，以该县（区、市、旗）某种水产品的产量与相应的排放系数相乘，各种水产品的排放量加和，测算全县（区、市、旗）水产养殖水污染物的排放量。农业源的核算方法和数据来源见表7-4。

表7-4　农业源的核算方法和数据来源

类型	调查指标		核算方法	污染物产排情况	表号	表名
	基础生产数据	产排污系数				
畜禽养殖业，区县级普查机构可以登录系统对调查对象填报的数据进行核算	养殖种类、数量等	通过清粪方式、圈舍通风方式、治污工艺、粪污处理利用方式等指标得到排污系数	产排污系数法	氨氮、总氮、总磷、化学需氧量产生和排放量	N101-1表 N101-2表	规模畜禽养殖场基本信息普查表；规模畜禽养殖场养殖规模及粪污处理情况普查表
					N202表	县（区、市、旗）规模以下养殖户养殖量及粪污处理情况普查表
种植业，区县级普查机构可以登录系统对农业源综合机关填报的数据进行核算	作物种植类型与面积、化肥、农药、地膜投入品使用量等	通过抽样调查得到不同区域不同作物类型营养物流失系数	流失系数法（水）；排放系数法（气）	氨氮、总氮、总磷流失量	N201-1表	县（区、市、旗）种植业基本情况普查表
	农作物机械收割面积、秸秆五料化利用比例等	通过抽样调查获取草谷比、株高、割茬高度等指标，得到秸秆可收集利用系数	收集系数法	农作物秸秆产生量与利用量	N201-2表	县（区、市、旗）种植业播种、覆膜与机械收获面积普查表
	覆膜作物面积、地膜应用及回收情况	通过抽样调查得到农田地膜的使用量与残留率、回收率等系数	回收系数法	地膜残留量、回收利用量	N201-3表	县（区、市、旗）农作物秸秆利用情况普查表
水产业，区县级普查机构可以登录系统对农业源综合机关填报的数据进行核算	养殖模式、投苗量与产量、养殖面积等	通过原位监测获得单位养殖产量产、排污系数	排放系数法	氨氮、总氮、总磷、化学需氧量产生量和排放量	N203表	县（区、市、旗）水产养殖基本情况普查表

7.2.1.5　集中式污染治理设施

城镇生活污水与工业废水集中处理设施水污染物核算方法包括监测法和系数法，同一家企业不同污染物可采用不同的核算方法。监测数据法是依据对普查对象产生和外排废水量及其污染物的实际监测浓度，计算出废水排放量及各种污染物产生量和排放量。污染物排放量=污染物年加权平均浓度×废水年排放量；有累计流量计的，以年累计废水流量为废水排放量，没有累计流量计的，通过监测的瞬时排放量（均值）和年生产时间进行核算。产排污系数统一由国务院第二次全国污染源普查领导小组办公室提供，污染物排放量=污染物参考值选取浓度×废水年排放量。

农村集中式污水处理设施水污染物核算方法包括监测法和系数法,同一个设施不同污染物可采用不同的核算方法。监测数据法是依据对普查对象外排污水量及其污染物的实际监测浓度,计算出污水排放量及各种污染物排放量。污染物排放量=污染物年加权平均浓度×污水年排放量;有累计流量计的,以年累计污水流量为污水排放量,没有累计流量计的,通过监测的瞬时排放量(均值)和年生产时间进行核算。产排污系数统一由国务院第二次全国污染源普查领导小组办公室提供,污染物排放量=污水年排放量×污染物参考值选取产生系数×(1-污染物参考值选取削减系数)。

生活垃圾填埋处理设施水污染物核算方法按生活垃圾卫生填埋类和简易填埋类处理设施,建立了以年渗滤液产生量为核算基本量的生活垃圾集中处理处置单位水污染物产排污系数核算方法体系。首先,根据普查表中水平防渗方式有无情况和废水处理方式判断填埋场类型;根据普查表中前4位行政区划代码确定填埋场所在降水分区。其次,核算渗滤液量,如果普查表中填报有渗滤液量相关信息,采用普查表填报渗滤液量;如果普查表未填报渗滤液量信息,采用渗滤液量计算公式和相关系数表单及普查表中信息计算渗滤液量。再次,根据普查表填报的监测数据或系数表单确定渗滤液中各污染物产排浓度。最后,根据渗滤液量和渗滤液中各污染物产排浓度计算出渗滤液产排污总量。

生活垃圾焚烧处理设施水污染物产排污量优先采用普查表填报的数据进行核算,其中每个核算单元的渗滤液产生量及进出口的污染物浓度从普查表J102-2、J104-1中对应污染物指标浓度抓取,由此可核算得出每个核算单元各污染物的产排污量。当普查表中填报的废水(含渗滤液)产生量为空值时,缺失数据则根据《第二次全国污染源普查集中式污染治理设施产排污系数手册》(以下简称《系数手册》)中测算出的废水(含渗滤液)产生量系数、与普查表中的垃圾处理量,计算出废水(含渗滤液)产生量。对于进出口浓度空缺的污染物,则根据《系数手册》依据不同的废水处理工艺废水(含渗滤液)产生量,计算出废水(含渗滤液)中对应污染物的产排量。根据报表制度,废气污染物只进行排放量核算,不进行产生量核算。同时,跟废水污染物核算方式一样,首先使用废气监测数据(普查表J104-2)中的数据进行核算,当焚烧废气流量、污染物排放浓度等填报数据缺失时,根据对应垃圾焚烧炉炉型以及烟气净化处理工艺,根据《系数手册》中提供的烟气流量系数、烟气污染物排放系数测算出污染物的排放量。

生活垃圾堆肥厂与餐厨垃圾处理厂水污染物产排污量优先采用普查表填报的数据进行核算,其中每个核算单元的渗滤液产生量及进出口的污染物浓度从普查表J102-2、J104-1中对应污染物指标浓度抓取,由此可核算得出每个核算单元各污染物的产排污量。对于生活垃圾堆肥厂,当普查表中填报的废水(含渗滤液)产生量为空值时,缺失数据则根据《系数手册》中依据不同区域测算出的废水(含渗滤液)产生量系数、与普查表中的垃圾处理量,计算出废水(含渗滤液)产生量。对于进出口浓度空缺的污染物,则根据《系数手册》依据不同的区域测算出的水污染物处理前后浓度系数,与废水(含渗滤液)产生量,计算出废水(含渗滤液)中对应污染物的产排量。对于餐厨垃圾处理厂,当普查表中填报的废水(含渗滤液)产生量为空值时,缺失数据则根据《系数手册》中测算出的废水(含渗滤液)产生量系数、与普查表中的垃圾处理量,计算出废水(含渗滤液)产生量。对于进出口浓度空缺的污染物,则根据《系数手册》依据不同的废水处理工艺测算出的水污染物处理前后浓度系数,与废水(含渗滤液)产生量,计算出废水(含渗滤液)中对应污染物的产排量。

7.2.2 核算方法软件化过程

为将核算方法正确植入软件，基于核算方法、涉及的报表制度中具体指标，各源产排污系数及核算方法制定单位与软件公司反复对接，实现产排量核算的软件化，过程中签订《需求确认、评审、跟踪与变更控制报告》。

为了更加明确各类源各类污染物的核算方法和流程，普查办组织软件公司编制了《第二次全国污染源普查核算使用手册》，详细介绍了与核算方法相关的各源的核算权限、核算过程、核算结果查看、核算结果回写等相关内容。

为验证核算模块功能的正确性、完整性和可操作性，2019年3月，普查办举办产排污核算软件培训班，组织工业源、生活源、农业源、移动源、集中式污染治理设施的产排污系数及核算方法制定的项目负责人，江苏省、陕西省、云南省各地（市、州）普查机构及试点地区相关负责人参加，培训内容包括普查填报核算、审核和汇总软件操作实训，现场及时发现问题、反馈问题、解决问题。此外，地方普查机构在实操过程中，建立了地方与国家普查办信息反馈的沟通机制，地方发现核算方法软件化问题，可通过问题反馈单的形式及时反馈刚给国家普查办，国家普查办力求当天发现当天解决。核算方法软件化过程见图7-10。

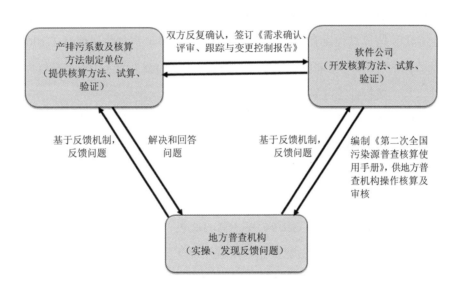

图 7-10 核算方法软件化过程

7.3 批量核算功能开发与实现

为了防止漏算、减少地方核算的工作量、节省核算时间更多地投入到数据审核内容，在数据审核阶段，开发了产排放量批量核算功能。实现步骤是批量核算功能的开发、批量核算功能的试算和批量核算功能全国应用。以最复杂的工业源为例介绍批量核算功能。

7.3.1 监测法批量核算

废水监测法主要数据来源为 G106-2 表，G106-2 表以排口计，每个排口需根据公式依次核算一次。若进口水量为空，则视为不用监测法计算该排口的废水污染物产生量，若经总排放口排放的水量为空，则视为不用监测法计算该排放口的废水污染物排放量；如该企业填写了出口水量，但未填写经总排放口排放的水量，则提示该企业 G106-2 表未填写经总排放口排放的水量指标，未使用监测法计算废水污染物排放量。

废气监测法主要数据来源为 G106-3 表，G106-3 表以排口计，每个排口需根据公式依次核算一次。若平均流量和年排放时间都为空，则视为不用监测法计算该排口的废气污染物产生量与排放量；若平均流量和年排放时间只有一个为空，则需提示该企业 G106-3 表填报不完整，未执行废气监测法核算过程。

7.3.2 系数法批量核算

7.3.2.1 G106-1 表核算

一般行业 G106-1 表进行批量核算时，需根据 G106-1 表核算环节 ID 更新污染物产污系数指标，然后根据核算环节 ID 与末端治理技术名称更新污染物去除效率，然后再进行 G106-1 表的批量核算过程，整体核算过程与企业单独核算过程没有区别。如计算公式需要污染物参数取值且 G106-1 表中对应字段为空时，需给出提示企业 G106-1 表未填写完整，未完成核算。特殊行业 G106-1 表核算除对应取值位置及计算公式不同外，与一般行业无区别。

7.3.2.2 G103-13 表场内移动源核算

企业 G103-13 表中如厂内移动源部分（13～17 项）不全为空或 0 时，需核算厂内移动源，厂内移动源核算时与企业单独核算无区别。

7.3.2.3 挥发性有机物核算

G103-1 表、G103-5 表、G103-6 表、G103-7 表、G103-8 表、G103-9 表动静密封点和循环水、G103-10 表、G103-12 表的 VOCs 核算，此部分核算跟企业单独核算无区别，根据专表表单中获取的对应字段填写值匹配系数进行计算。如无法匹配对应系数，则按系数值为 0 进行计算。

G103-2 表根据核算页面人工选择的下拉框内容进行系数匹配进行计算，故无法进行所有企业此部分的重新计算，仅能够将可以匹配上系数的部分在批量核算时进行重新核算，无法匹配系数的部分跳过此部分 VOCs 核算环节；G103-11 表部分核算无法匹配系数的部分，选择该原辅材料的其他品牌系数进行核算。

7.3.3 批量核算及回写流程图

批量核算首先要实现单个企业批量核算，通过对比企业排口信息、G106-1 表填报和 VOCs 核算表格的填报信息，判断企业是否存在核算环节，如果没有，就自动跳过本企业执行下一家企业的批量核算，如果有，先对本企业定的核算状态进行初始化，依次执行 G106-1 表核算环节、G103-13 表厂内移动源核算环节、VOCs 专表核算环节，然后回写各核算环节的结果，执行到下一家企业进行批量核算。单个企业的批量核算路线见图 7-11。

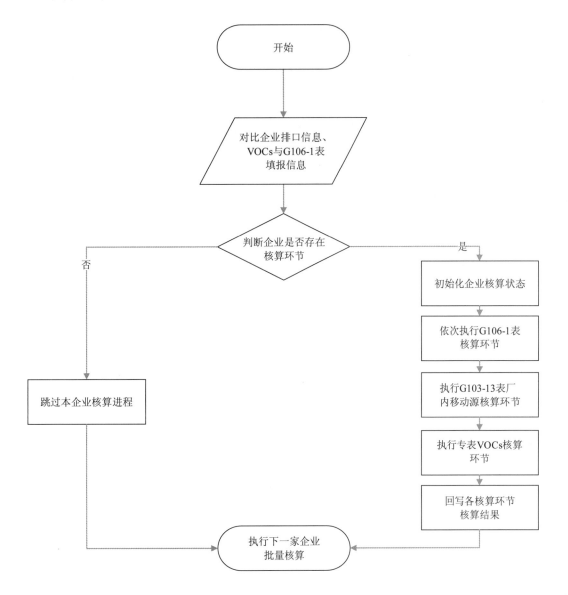

图 7-11　单个企业批量核算流程

当企业监测法与系数法全部完成核算后，首先根据企业最后一次各排口核算结果选择情况进行结果回填；无法查询到核算结果选择情况的核算环节，依次按照排污许可证执行报告排放量、监测法、系数法的优先顺序选择核算结果进行结果回填。G106-1 表核算结果回写流程见图 7-12。

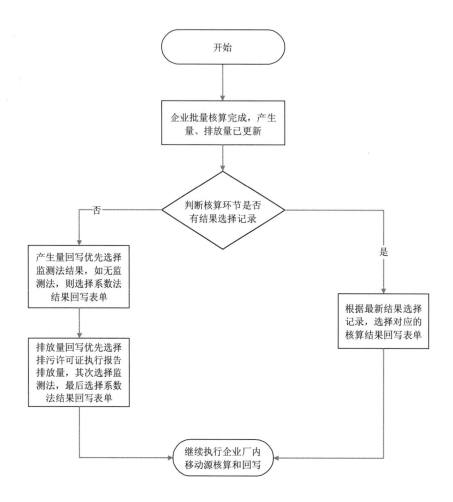

图 7-12　G106-1 表核算结果回写流程

8 数据汇总

8.1 汇总表设计开发

按照先汇总单个调查对象污染治理与排放情况后汇总区域污染治理与排放情况的思路，分别对普查基层表和综合表进行汇总。

普查汇总表包括普查基层表式和普查综合表式2类共计56张，其中基层表式5张，综合表式51张。基层表式包括2张工业源基层表和3张油品储运销环节基层表；综合表式包括填表对象地区汇总1张，工业源地区汇总20张，农业源地区汇总8张，生活源地区汇总8张，集中式污染治理设施地区汇总表3张，移动源地区汇总表11张。普查基层表式和普查综合表式中表号、表名和最小汇总范围见表8-1和表8-2。

表 8-1 普查基层表式

表号	表名	最小汇总范围
G101-4	工业企业废水治理与排放情况总表	单个工业企业
G101-5	工业企业废气治理与排放情况总表	单个工业企业
Y101-1	储油库挥发性有机物排放情况	单个储油库
Y102-1	加油站挥发性有机物排放情况	单个加油站
Y103-1	油品运输企业挥发性有机物排放情况	单个油品运输企业

表 8-2 普查综合表式

表号	表名	最小汇总范围
综 DQ101	各地区填表基本情况	县（区、市、旗）
综 GH101-1	各地区工业企业基本情况	县（区、市、旗）
综 GH101-2	各地区工业企业能源消耗情况	县（区、市、旗）
综 GH102	各地区工业企业废水治理与排放情况	县（区、市、旗）
综 GH103	各地区工业企业废气排放总表	县（区、市、旗）
综 GH103-1	各地区工业企业锅炉/燃气轮机废气治理与排放情况	县（区、市、旗）
综 GH103-2	各地区工业企业炉窑废气治理与排放情况	县（区、市、旗）
综 GH103-3	各地区钢铁与炼焦企业炼焦废气治理与排放情况	县（区、市、旗）
综 GH103-4	各地区钢铁企业烧结/球团废气治理与排放情况	县（区、市、旗）
综 GH103-5	各地区钢铁企业炼铁生产废气治理与排放情况	县（区、市、旗）
综 GH103-6	各地区钢铁企业炼钢生产废气治理与排放情况	县（区、市、旗）
综 GH103-7	各地区水泥熟料生产废气治理与排放情况	县（区、市、旗）
综 GH103-8	各地区石化企业工艺加热炉废气治理与排放情况	县（区、市、旗）
综 GH103-9	各地区石化生产工艺废气治理与排放情况	县（区、市、旗）

表号	表名	最小汇总范围
综 GH103-10	各地区有机液体储罐、装载情况	县（区、市、旗）
综 GH103-11	各地区含挥发性有机物原辅材料使用情况	县（区、市、旗）
综 GH103-12	各地区工业固体物料堆存情况	县（区、市、旗）
综 GH103-13	各地区工业其他废气治理与排放情况	县（区、市、旗）
综 GH104-1	各地区工业企业一般工业固体废物和危险废物产生与处理利用信息	县（区、市、旗）
综 GH104-2	各地区工业企业一般工业固体废物和危险废物处理设施信息	县（区、市、旗）
综 GH108	各地区园区环境管理情况	县（区、市、旗）
综 NH101	规模畜禽养殖场污染物产生和排放情况	县（区、市、旗）
综 NH102	各地区规模畜禽养殖场汇总表	县（区、市、旗）
综 NH103	各地区规模以下养殖户污染物产生量和排放量汇总表	县（区、市、旗）
综 NH104	各地区畜禽养殖业污染物产生量和排放量汇总表	县（区、市、旗）
综 NH105	各地区种植业污染物产生量和排放量汇总表	县（区、市、旗）
综 NH105-1	各地区秸秆产生量和利用量汇总表	县（区、市、旗）
综 NH106	各地区水产养殖业污染物产生量和排放量汇总表	县（区、市、旗）
综 NH107	各地区农业源污染物入水体量	县（区、市、旗）
综 SH101-1	重点区域生活源燃煤使用情况汇总表（区县级）	县（区、市、旗）
综 SH102-1	行政村生活污染基本情况县级汇总表（区县级）	县（区、市、旗）
综 SH103-1	非工业企业单位锅炉污染及防治情况（区县级）	县（区、市、旗）
综 SH104-1	入河（海）排污口情况汇总表（区县级）	县（区、市、旗）
综 SH201-1	城镇生活污染基本信息汇总表（市辖区）	直辖市、地（市、州、盟）
综 SH201-2	城镇生活污染基本信息汇总表（县域）	县（旗）
综 SH201-3	城镇生活污染基本信息汇总表（全市）	直辖市、地（市、州、盟）
综 SH202	农村生活废气排放信息汇总表（区县级）	县（区、市、旗）
综 JH101	各地区集中式污水处理厂情况	县（区、市、旗）
综 JH102	各地区生活垃圾集中处置情况	县（区、市、旗）
综 JH103	各地区危险废物（医疗废物）集中处理情况	县（区、市、旗）
综 YH101	各地区储油库油气回收情况	县（区、市、旗）
综 YH102	各地区加油站油气回收情况	县（区、市、旗）
综 YH103	各地区油品运输企业油气回收情况	县（区、市、旗）
综 YH104	机动车污染物排放情况	直辖市、地（区、市、州、盟）
综 YH105	农业机械污染物排放情况	直辖市、地（区、市、州、盟）
综 YH106	油品储运销污染物排放情况	直辖市、地（区、市、州、盟）
综 YH107	工程机械污染物排放情况	直辖市、地（区、市、州、盟）
综 YH108	船舶污染物排放情况	全国
综 YH109	铁路内燃机车污染物排放情况	省、自治区、直辖市
综 YH110	民航飞机污染物排放情况	直辖市、地（区、市、州、盟）
综 YH111	各地区移动源排放情况汇总表	直辖市、地（区、市、州、盟）

8.2 汇总方法设计

8.2.1 汇总方法

统计常用汇总方法可分成逐级汇总、越级汇总、超级汇总和综合汇总 4 种模式。具体包括：

1）逐级汇总。按照一定的统计管理机制，将统计调查资料自而上逐级汇总并逐级上报，直至最高机构。

2）越级汇总。指在自下而上的汇总过程中，越过一定中间层次而进行的汇总的模式。

3）超级汇总。指在自下而上的统计汇总过程中，越过一切中间层次，将统计调查资料由基层直接上报到组织统计调查的最高机构统一汇总的方式。

4）综合汇总。将逐级与超级汇总两种形式结合使用的方式。即将各级所需要的最基本的统计指标实行超级汇总，同时又将全部原始资料集中到最高机构超级汇总。

在第二次全国污染源普查汇总阶段，采取逐级与超级汇总相结合的综合汇总方式进行汇总。国家级使用超级汇总模式对工业企业、畜禽规模养殖场、集中式污染治理设施、油品储运销环节等基层表进行数量和污染排放汇总。按照县（区、市、旗）级—地（区、市、州、盟）级—省（自治区、直辖市）级—国家级汇总的模式对种植业、规模以下畜禽养殖、水产养殖、城镇生活污染等综合表进行汇总。按照地（市、州、盟）级—省（自治区、直辖市）级—国家级汇总的模式对机动车、农业机械、机动渔船、民航飞机等综合表进行汇总。按照省（自治区、直辖市）级—国家级汇总的模式对铁路内燃机综合表进行汇总。

8.2.2 汇总方式

根据汇总的具体方式差异，第二次全国污染源普查数据汇总方式又可分为按代码汇总、按类型汇总、重点流域汇总和重点区域汇总等。

8.2.2.1 按代码汇总

按代码汇总指按照报表制度中各类代码，比如行业代码、区划代码等各类代码，对相关指标进行汇总的方式。

以第二次全国污染源普查工业企业基本情况 G101-1 表（图 8-1）为例，按照行业代码进行汇总，统计得到符合《国民经济行业分类》（GB/T 4754—2017）行业大类分类的地区工业企业数量，同时可按照区划代码进行汇总，得到不同县（区、市、旗）级、地（区、市、州、盟）级、省（自治区、直辖市）级工业企业基本情况汇总综 GH101-1 表（图 8-2）。

三、普查表式
工业企业基本情况

表　　号：　　　　G101－1表
制定机关：　国务院第二次全国污染源普查
　　　　　　　　领导小组办公室
批准机关：　　　　　国家统计局
批准文号：　国统制〔2018〕103号
2017年　有效期至：　　　2019年12月31日

01.统一社会信用代码	□□□□□□□□□□□□□□□□□□（□□） 尚未领取统一社会信用代码的填写原组织机构代码号：□□□□□□□□□（□□）
02.单位详细名称及曾用名	单位详细名称： 曾用名：
03.行业类别	行业名称1：　　　　　　　　　行业代码1：□□□□ 按行业代码 行业名称2：　　　　　　　　　行业代码2：□□□□ 汇总 行业名称3：　　　　　　　　　行业代码3：□□□□
04.单位所在地及区划	省(自治区、直辖市)　　　　　　　地(区、市、州、盟) 　　　　　　县(区、市、旗)　　　　　　　乡(镇) 　　　　　　　　　　　　　　　　　　街(村)、门牌号 区划代码　　□□□□□□□□□□□□　按区划代码汇总
05.企业地理坐标	经度：　　　度　　　分　　　秒　纬度：　　　度　　　分　　　秒
06.企业规模	□ 1 大型　2 中型　3 小型　4 微型
07.法定代表人（单位负责人）	
08.开业（成立）时间	□□□□年□□月
09.联系方式	联系人：　　　　　　　　电话号码：
10.登记注册类型	□□□ 内资　　　　　　　　　　港澳台商投资　　　　　　外商投资 110 国有　　159 其他有限责任　210 与港澳台商合资经营　310 中外合资经营 　　　　　　　　公司 120 集体　　160 股份有限公司　220 与港澳台商合作经营　320 中外合作经营 130 股份合作　171 私营独资　　230 港、澳、台商独资　330 外资企业 141 国有联营　172 私营合伙　　240 港、澳、台商投资股　340 外商投资股份 　　　　　　　　　　　　　　　　份有限公司　　　　　　有限公司 142 集体联营　173 私营有限责任　290 其他港、澳、台商投　390 其他外商投资 　　　　　　　公司　　　　　　资 143 国有与集　174 私营股份有限 体联营　　　公司 149 其他联营　190 其他 151 国有独资 公司
11.受纳水体	受纳水体名称：　　　　　　　　受纳水体代码：
12.是否发放新版排污许可证	□ 1 是　2 否　　　　　许可证编号：
13.企业运行状态	□ 1 运行　2 全年停产
14.正常生产时间	小时
15.工业总产值（当年价格）	千元
16.产生工业废水	□ 1 是　2 否　注：选"1"的，须填报 G102 表
17.有锅炉/燃气轮机	□ 1 是　2 否　注：选"1"的，须填报 G103-1 表
18.有工业炉窑	□ 1 是　2 否　注：选"1"的，须填报 G103-2 表
19.有炼焦工序	□ 1 是　2 否　注：选"1"的，须填报 G103-3 表
20.有烧结/球团工序	□ 1 是　2 否　注：选"1"的，须填报 G103-4 表
21.有炼铁工序	□ 1 是　2 否　注：选"1"的，须填报 G103-5 表

图 8-1　含汇总代码基表样表

各地区工业企业基本情况

行政区划代码：□□□□□□　　　　　　　表　　号：　　綜GH101－1表
综合机关名称：　　　　　2017年　制定机关：国务院第二次全国污染源普查
　　　　　　　　　　　　　　　　　　　　　　　领导小组办公室

指标名称	计量单位	代码	指标值
甲	乙	丙	1
分行业调查企业数（05-46行业分别汇总）			
05 农、林、牧、渔专业及辅助性活动	个	15	汇总于 G101-1 中指标 03 中行业代码 1 前两位为 05 的
06 煤炭开采和洗选业	个	16	汇总于 G101-1 中指标 03 中行业代码 1 前两位为 06 的
……	……	……	……

图 8-2　按代码汇总的综表样表

8.2.2.2 按类型汇总

按类型汇总指按照报表制度中各类指标的具体分类，比如排水去向、工业锅炉蒸吨数等不同类型，对相关指标进行汇总的方式。

以第二次全国污染源普查工业企业废水治理与排放情况 G102 表（图 8-3）为例，按照排水去向类型汇总，统计得到各地区工业企业废水治理与排放情况综 GH102 表里工业废水"直接进入海域""直接进入江河湖、库等水环境""进入城市下水道（再入江河、湖、库）""进入城市下水道（再入沿海海域）""进入城市污水处理厂""直接进入污灌农田""进入地渗或蒸发地""进入其他单位""进入工业废水集中处理厂""其他" 10 类去向的排放口数量（图 8-4）。

工业企业废水治理与排放情况

| | | | 表　号： | G102表 |
| | | | 制定机关： | 国务院第二次全国污染源普查领导小组办公室 |

统一社会信用代码：□□□□□□□□□□□□□□□□□□（□□）　批准机关：国家统计局
组织机构代码：□□□□□□□□□（□□）　批准文号：国统制〔2018〕103号
单位详细名称（盖章）：　2017年　有效期至：2019年12月31日

指标名称	计量单位	代码	指标值	
甲	乙	丙	1	
一、取水情况	—	—	—	
取水量	立方米	01		
其中：城市自来水	立方米	02		
自备水	立方米	03		
水利工程供水	立方米	04		
其他工业企业供水	立方米	05		
二、废水治理设施情况	—	—	—	
废水治理设施数	套	06		
废水治理设施	—	—	废水治理设施1	……
废水类型名称/代码	—	07		
设计处理能力	立方米/日	08		
处理方法名称/代码	—	09		
年运行小时	小时	10		
年实际处理水量	立方米	11		
其中：处理其他单位水量	立方米	12		
加盖密闭情况	—	13		
处理后废水去向	—	14		
三、废水排放情况	—	—	—	
废水总排放口数	个	15		
废水总排放口	—	—	废水总排放口1	……
废水总排放口编号	—	16		
废水总排放口名称	—	17		
废水总排放口类型	—	18		
排水去向类型	—	19	按类型汇总	
排入污水处理厂/企业名称	—	20		
排放口地理坐标	—	21	经度：__度__分__秒	经度：__度__分__秒
			纬度：__度__分__秒	纬度：__度__分__秒
废水排放量	立方米	22		
化学需氧量产生量	吨	23		
化学需氧量排放量	吨	24		
氨氮产生量	吨	25		
氨氮排放量	吨	26		
总氮产生量	吨	27		
总氮排放量	吨	28		
总磷产生量	吨	29		
总磷排放量	吨	30		
石油类产生量	吨	31		
石油类排放量	吨	32		
挥发酚产生量	千克	33		
挥发酚排放量	千克	34		

图 8-3　含分类指标基表样表

各地区工业企业废水治理与排放情况

行政区划代码：□□□□□□   表   号：   综ＧＨ１０２表
综合机关名称：   ２０１７年   制定机关：   国务院第二次全国污染源普查
                                                              领导小组办公室

指标名称	计量单位	代码	指标值
甲	乙	丙	1
汇总工业企业数	个	01	汇总 G102 表任一项不为空的企业数
取水量	万立方米	02	汇总于 G102 表指标 01 项/10000
其中：城市自来水	万立方米	03	汇总于 G102 表指标 02 项/10000
自备水	万立方米	04	汇总于 G102 表指标 03 项/10000
水利工程供水	万立方米	05	汇总于 G102 表指标 04 项/10000
其他工业企业供水	万立方米	06	汇总于 G102 表指标 05 项/10000
废水治理设施数	套	07	汇总于 G102 表指标 06 项
设计处理能力	万立方米/日	08	汇总于 G102 表指标 08 项设施加和/10000
年实际处理水量	万立方米	09	汇总于 G102 表指标 11 项设施加和/10000
其中：处理其他单位水量	万立方米	10	汇总于 G102 表指标 12 项设施加和/10000
废水总排放口数	个	11	汇总于 G102 表指标 15 项
其中：直接进入海域	个	12	汇总于 G102 表指标 19 项选择 A 的
直接进入江河湖、库等水环境	个	13	汇总于 G102 表指标 19 项选择 B 的
进入城市下水道（再入江河、湖、库）	个	14	汇总于 G102 表指标 19 项选择 C 的
进入城市下水道（再入沿海海域）	个	15	汇总于 G102 表指标 19 项选择 D 的
进入城市污水处理厂	个	16	汇总于 G102 表指标 19 项选择 E 的
直接进入污灌农田	个	17	汇总于 G102 表指标 19 项选择 F 的
进入地渗或蒸发地	个	18	汇总于 G102 表指标 19 项选择 G 的
进入其他单位	个	19	汇总于 G102 表指标 19 项选择 H 的
进入工业废水集中处理厂	个	20	汇总于 G102 表指标 19 项选择 I 的
其他	个	21	汇总于 G102 表指标 19 项选择 K 的
废水排放量	万立方米	22	汇总于 G102 表指标 22 项排口加和/10000
化学需氧量产生量	万吨	23	汇总于 G102 表指标 23 项排口加和/10000
化学需氧量排放量	万吨	24	汇总于 G102 表指标 24 项排口加和/10000
氨氮产生量	万吨	25	汇总于 G102 表指标 25 项排口加和/10000
氨氮排放量	万吨	26	汇总于 G102 表指标 26 项排口加和/10000
总氮产生量	万吨	27	汇总于 G102 表指标 27 项排口加和/10000
总氮排放量	万吨	28	汇总于 G102 表指标 28 项排口加和/10000
总磷产生量	万吨	29	汇总于 G102 表指标 29 项排口加和/10000
总磷排放量	万吨	30	汇总于 G102 表指标 30 项排口加和/10000
石油类产生量	万吨	31	汇总于 G102 表指标 31 项排口加和/10000
石油类排放量	万吨	32	汇总于 G102 表指标 32 项排口加和/10000
挥发酚产生量	吨	33	汇总于 G102 表指标 33 项排口加和/1000
挥发酚排放量	吨	34	汇总于 G102 表指标 34 项排口加和/1000
氰化物产生量	吨	35	汇总于 G102 表指标 35 项排口加和/1000
氰化物排放量	吨	36	汇总于 G102 表指标 36 项排口加和/1000
总砷产生量	吨	37	汇总于 G102 表指标 37 项排口加和/1000
总砷排放量	吨	38	汇总于 G102 表指标 38 项排口加和/1000
总铅产生量	吨	39	汇总于 G102 表指标 39 项排口加和/1000
总铅排放量	吨	40	汇总于 G102 表指标 40 项排口加和/1000
总镉产生量	吨	41	汇总于 G102 表指标 41 项排口加和/1000
总镉排放量	吨	42	汇总于 G102 表指标 42 项排口加和/1000

图 8-4   按类型汇总的综表样表

8.2.2.3   重点流域汇总

在基层表和县（区、市、旗）级综合表数据的基础上，按照《重点流域水污染防治规划（2016—2020年）》中规定的流域范围对第二次全国污染源普查数据进行汇总，得到长江流域、黄河流域、珠江流域、松花江流域、淮河流域、海河流域、辽河流域七大流域水污染物排放数据。

8.2.2.4　重点区域汇总

在基层表和县（区、市、旗）级综合表数据的基础上，按照重点区域范围（表8-3）对第二次全国污染源普查数据进行汇总，得到京津冀及周边地区、长三角地区、汾渭平原地区三大重点区域大气污染物排放数据。

表8-3　重点区域汇总范围

重点区域	省（直辖市）	市
京津冀及周边地区	北京市	市辖区
	天津市	市辖区
	河北省	石家庄市、唐山市、邯郸市、邢台市、保定市、沧州市、廊坊市、衡水市、雄安新区，含定州、辛集市
	山西省	太原市、阳泉市、长治市、晋城市
	山东省	济南市、淄博市、济宁市、德州市、聊城市、滨州市、菏泽市
	河南省	郑州市、开封市、安阳市、鹤壁市、新乡市、焦作市、濮阳市、济源市
长三角地区	上海市	市辖区
	江苏省	全省
	浙江省	全省
	安徽省	全省
汾渭平原地区	陕西省	西安市、咸阳市、渭南市、宝鸡市、铜川市、杨凌示范区、西咸新区
	山西省	太原市、晋中市、吕梁市、运城市、临汾市
	河南省	洛阳市、三门峡市

9 普查数据质量管理

9.1 质量管理原则及技术路线

第二次全国污染源普查的质量目标就是确保普查数据"真实、全面、准确"。为达到该目标，本次普查过程建立了覆盖普查全过程的质量控制体系、责任体系和追责机制，针对各阶段工作重点开展调度、预警、督办工作，保证了质量控制贯穿始终。

全国污染源普查作为一项重大国情普查，涉及的环节繁杂，既存在大量的实地调查工作，同时也使用大量的数据模型参数的核算；既要考虑技术文件规定的标准操作规程，也必须考虑数据库管理和软硬件的要求；既要保证现场监测中的数据质量，更要保证数据整理和分析的质量。因此，全国污染源普查的质量管理工作必然是一项系统工程，要从源头、全过程保证第二次全国污染源普查工作的数据质量。

第二次全国污染源普查质量管理的原则包括：

一是全过程质量控制原则。普查质量控制必须贯穿于普查前期准备、数据收集（清查建库、现场调查填报）、数据处理、数据汇总审核、汇总发布、总结验收等普查工作的全过程，及时识别、消除、纠正事前、事中、事后影响普查数据质量的各类因素和行为，确保高质量完成各项普查任务。尤其是，抓住普查工作中容易出现质量问题的薄弱环节、关键部位等实施严格的质量控制措施和手段，对各项普查内容的核心指标和重要数据进行严格的审核把关。

二是全员质量管理原则。从事第二次污染源普查工作的全体人员都是质量控制的责任主体。各级污染源普查机构，要通过人员选聘、分工、责任落实工作，通过开展宣传动员和职业培训，通过建立健全岗位责任制，切实提高每一个普查工作人员的质量意识和责任感。通过建立明确的全员质量控制责任制度，明确各自岗位上的质量控制目标和要求，构建人人参与质量监督和质量把关的工作机制，构建严密的、全覆盖的质量控制体系，确保普查工作质量得到全方位的有效控制。

三是逐级、分类质量管理原则。逐级分类质量控制，就是把普查工作质量和普查数据质量实行逐级把关和分专业把关相结合的原则。逐级明确普查质量控制的责任和要求，尽可能将普查质量问题控制在下级普查机构、基层填表单位和数据采集现场，确保质量控制要求贯彻落实。充分发挥各技术支撑单位和统计、业务等专业技术人员作用，尽可能采取有针对性的方法和措施，针对不同调查对象和调查内容，分类做好普查质量问题分析与诊断，确保质量控制工作切实有效。

四是统一标准、严格执行原则。质量控制工作必须严格执行全国统一制定的规定、方法和质量控制标准。不符合质量控制标准的阶段性数据成果必须返工重做，不符合质量控制标准的上报数据成果必须退回重报。

五是以定量为主、以定性为辅的质量控制原则。为确保普查质量控制工作客观公正和可操作性，通过抽样评估、不确定性评估等技术手段，尽可能量化各类质量控制指标和标准，建立科学的质量监测评价体系。

第二次全国污染源普查质量管理体系见图9-1。

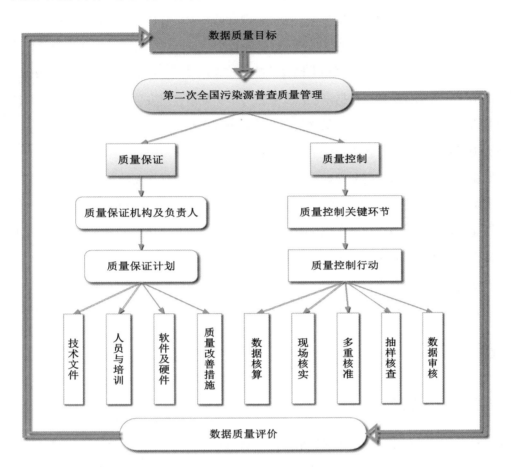

图 9-1　第二次全国污染源普查质量管理体系

第二次全国污染源普查质量管理体系包括三个主要的方面：

（1）质量保证

质量保证，即通过体制建设和管理机制设计，保障数据质量目标所需要的资源，保证普查工作的顺利进行。第二次全国污染源普查领导小组办公室负责制定第二次全国污染源普查技术方案及相关的技术文件等；制订由上至下的质量保证要求和质量保证计划。各级普查机构均需制订质量保证计划需要包括机构的建设情况，人员配备及人员培训安排，软件、硬件及办公地点的支撑，质量改善措施等，质量保证计划需要提交至上一级普查机构进行审核汇总。

（2）质量控制

质量控制，即在普查方案设计、前期准备、调查研究、普查实施、数据处理等方面，采取全过程质量控制措施；尤其针对关键环节，确定定性与定量的质控指标，指示数据质量状态。由于第二次全国污染源普查的数据来源多种多样，既有普查员的入户调查资料，也有其他部门的数据接入，同时还包括产排污系数研究等数据模型的测算和应用，也包括污染源现场监测的采样、分析和报告各环节，质量控制措施需要包括对所有这些环节的控制。总体来说，可以归纳为五个方面的内容，数据核算、现场核实、多重校准，抽样核查、数据审核。数据核算，是通过收集的数据进行核对，通过逻辑性、可比性和常识性算法查找问题数据，进一步在录入系统后，通过数据库系统质控纠错功能，核算数据问题进行修正；现场核实，在入户调查时存在数据模棱两可的情况，调查员必须进行现场核实，对于后期已经收集的数据，如果存在疑问也需要进行进一步的现场核实；多重校准，是通过多种方法例如环境统计的方法对所采用数据进行校准，查看数据的精确度和准确度；抽样核查，是上一级普查机构对下一级别抽样核查，对数据质量的情况进行抽样了解；数据审核，主要指对二手数据和研究项目纳入污染源普查的情况，需要对数据质量进行把控，同时也需要对最终的汇总数据进行审核。

（3）数据质量评价

在普查数据采集尾声阶段，需要根据质量保证的执行情况，质量控制的关键节点，开展对第二次全国污染源普查数据从精确度、准确度、可比性和完整度四个方面进行系统评估，是否达到数据质量目标。

在第二次全国污染源普查中，基于以上原则，实施了全过程、全方位的质量保证和质量控制措施，确保了第二次全国污染源普查依法开展、依规操作、有效推进，确保了普查对象应查尽查、不重不漏、完整规范，确保了普查数据真实可靠、来之有据、科学权威，确保了普查成果质量符合第二次全国污染源普查的各项目标要求，确保了普查工作规范到位、普查成果权威可靠。

9.2　质量保证

9.2.1　普查质量保证制度

质量保证体制运行的要求，一是建立健全质量控制制度和规范。各级普查机构应按照分级负责的原则，建立质量控制责任人制度，承担普查质量控制相应的责任，建立质量控制岗位责任制度。二是加强业务培训，确保培训重点突出、培训方式适用、注重培训效果检查。三是建立有效的沟通反馈机制。各级普查机构应建立信息反馈机制，及时反映和通报普查质量控制信息，建立报告和通报制度，反映普查工作中存在的质量问题，宣传质量控制工作的典型经验和做法，提出对策措施建议。四是建立形式多样的检查核查机制。各级普查机构应结合普查工作进程和不同普查对象和内容，开展包括自查、经常性检查、定期检查、专项检查等各种形式的检查，重点核查质量保证计划是否得到有效实施。

在第二次全国污染源普查中，第二次全国污染源普查领导小组办公室发布了一系列的文件，用于指导和规范各层级的普查质量工作，对各级普查机构开展质量管理和质量核查工作提出了指导意见的要求，保证了各层级数据质量。

在清查建库阶段制定了《关于第二次全国污染源普查质量管理工作的指导意见》（国污普〔2018〕7号），建立健全普查责任体系，提出了质量管理的工作要求；在全面入户阶段制定了《关于做好普查入户调查和数据审核工作的通知》（国污普〔2018〕17号）、《关于印发〈第二次全国污染源普查质量控制技术指南〉的通知》（国污普〔2018〕18号）、《关于进一步做好第二次全国污染源普查质量控制工作的通知》（国污普〔2018〕19号），明确普查数据质量控制的技术要求，在不同阶段制定不同的技术规范，有针对性地确保每个阶段的普查数据质量符合要求。第二次全国污染源普查质量管理文件见表9-1。

表 9-1 第二次全国污染源普查质量管理文件

序号	文件名称及编号	文件主要内容
1	关于第二次全国污染源普查质量管理工作的指导意见（国污普〔2018〕7号）	明确了普查质量管理工作的内容
2	关于做好第二次全国污染源普查质量核查工作的通知（国污普〔2018〕8号）	明确了各个阶段普查质量核查的工作内容、工作要求、技术要点和评估标准
3	关于印发《第二次全国污染源普查清查工作抽查检查方案》的通知（国污普〔2018〕11号）	检查普查清查的工作质量情况，明确检查的工作内容、评估指标等
4	关于做好普查入户调查和数据审核工作的通知（国污普〔2018〕17号）	提出了入户调查和数据审核工作安排
5	关于印发《第二次全国污染源普查质量控制指南》的通知（国污普〔2018〕18号）	提出了数据采集、汇总审核、质量评估阶段的普查质量控制工作内容
6	关于进一步做好第二次全国污染源普查质量控制工作的通知（国污普〔2018〕19号）	在入户调查阶段，确保入户调查工作质量，提出的工作要求和工作调度督办
7	关于强化污染源普查数据审核和质量核查工作的通知（国污普〔2019〕2号）	针对普查表填报、审核过程中发现的问题，明确各级普查机构数据质量管理责任，保障普查表填报质量提出工作要求
8	关于进一步做好第二次全国污染源普查数据审核与汇总阶段相关工作的通知（国污普〔2019〕5号）	在数据审核和汇总阶段，明确各级普查机构数据质量管理责任，提出工作要求
9	关于开展第二次全国污染源普查质量核查工作的通知（国污普〔2019〕6号）	为提升第二次全国污染源普查数据质量、确保普查数据真实、准确、全面，对选定核查区域开展质量核查工作

9.2.2 普查质量保证内容

9.2.2.1 建立健全各级普查责任体系

在第二次全国污染源普查中，明确普查工作的主体责任、监督责任和相关责任。各级普查机构要建立健全普查责任体系，明确主体责任、监督责任和相关责任。普查对象对提供的有关资料以及填报的普查表的真实性、准确性和完整性负主体责任。普查员对普查对象数据来源以及普查表信息的完整性和合理性负初步审核责任；普查指导员对普查员提交的普查表及入户调查信息负审核责任。

各级普查领导小组办公室（工作办公室）对辖区内普查数据审核、汇总负主体责任；对登记、录入的普查资料与普查对象填报的普查资料的一致性，以及加工、整理的普查资料的准确性负主体责任。各级普查领导小组成员单位根据职责分工对其提供的普查资料的真实性负主体责任。各级普查领导小组对普查质量管理负领导和监督责任。

地方各级普查机构对其委托的第三方机构负监督责任，并对第三方机构承担的普查工作质量负主体责任。第三方机构对其承担的普查工作依据合同约定承担相应责任。

9.2.2.2 建立普查质量管理岗位责任制

在各级普查机构建立普查质量管理岗位责任制，地方各级普查机构应明确一名质量负责人，对普查的每个环节实施质量管理和检查。质量管理人员应熟悉各相关环节的工作及其质量要求和质量管理措施，负责收集、整理、分析各阶段工作质量指标的数据，及时向同级普查机构反映情况和存在的问题，提出保证普查质量的建议和措施。

各级普查机构应通过检查、抽查、核查等多种方式，及时发现普查各阶段工作存在的问题并提出改进措施，防止出现大范围的系统性误差。在清查和入户调查阶段，应至少选择一个区域，派人深入基层，检查普查指导员和普查员工作情况，及时发现问题并纠正。

9.2.2.3   建立普查数据质量溯源制度

建立普查数据质量溯源制度，数据产生、记录、汇总、核查等各主要环节都要建立健全工作记录。清查过程中，各级普查机构对未列入上一级普查机构下发的清查基本单位名录册（库）的单位，以及清查基本单位名录册（库）中未列入普查单位基本名录的单位，由负责清查的工作人员填写说明，并由质量负责人签字。

在普查表填报过程中，普查对象负责人要对填报的普查表信息进行签字确认；普查员要对经普查对象负责人确认的普查表进行现场审核并签字；普查指导员要对普查员提交的普查表进行审核并签字。普查表审核过程中发现问题的，要按照有关技术规范进行整改并保留记录，相关人员需再次签字确认。要做好普查对象与普查员、普查员与普查指导员、普查指导员与普查机构之间普查表的交接记录。

数据汇总与审核，以及质量核查都要保留相关的工作记录并签字或盖章。

9.2.2.4   开展质量核查工作

按要求开展质量核查工作，对前期准备、清查建库、入户调查等工作进行质量核查与评估，未达到要求的要限期整改，逾期未完成任务的予以通报、约谈；第二次全国污染源普查领导小组办公室统一组织普查质量核查工作。各省级普查领导小组办公室负责组织对辖区各地市普查进行质量核查，各地市级普查领导小组办公室负责组织对各县（市、区）普查进行质量核查，核查未达评估标准或评估结果为"差"的，要按整改要求限期整改，逾期未完成整改任务的，将视情况予以通报、约谈和专项督察。质量核查主要内容、区域选取与抽样数量、核查技术要点及评估标准另行规定。

9.2.2.5   严惩普查违法违规行为

严惩普查违法违规行为。任何地方、部门、单位和个人均不得提供不真实、不完整的普查资料，不得拒报、迟报普查资料，不得伪造、篡改普查资料。对普查对象提供不真实、不完整普查资料，拒报、迟报普查资料，推诿、拒绝或者阻挠普查，以及转移、隐匿、篡改、毁弃与污染物产生和排放有关原始资料的，普查工作人员不执行普查方案，伪造、篡改普查资料，以及授意普查对象提供虚假普查资料的，任何地方、部门、单位的负责人擅自修改普查资料，强令、授意他人伪造或者篡改普查资料，以及对拒绝伪造、篡改普查资料的有关人员进行打击报复的，依据《中华人民共和国统计法》《中华人民共和国统计法实施条例》《全国污染源普查条例》的有关规定进行处理；构成犯罪的，依法追究刑事责任。

各级普查机构及其工作人员，对普查对象的技术和商业秘密，必须履行保密义务。各级普查机构及其工作人员和参与普查工作的第三方机构泄露在普查中知悉的普查对象商业秘密的，对直接负责的主管人员和其他直接责任人员依法依纪给予处理；对普查对象造成损害的，应当依法承担民事责任。

9.3 质量控制

9.3.1 质量控制技术路线

质量控制的核心：通过事前控制，杜绝隐患，提前消除可能引起质量问题的因素；通过事中控制，发现问题，及时纠正，避免再次发生；通过事后控制，减少并尽可能消除质量问题的不良后果。

各级普查机构应重点在清查建库、入户调查和数据汇总阶段，按照质量控制工作流程，分阶段组织做好数据审核、检查核查、第三方评估等质量控制工作。

一是数据审核。各级普查机构应根据清查建库、入户填表、数据汇总阶段的工作要求，针对数据采集、录入和汇总上报等环节，做好普查数据的审核工作，逐级做好数据质量把关。

二是检查核查。各级普查机构应及时组织开展检查核查活动，确保各阶段普查工作规范进行、实施到位。上级普查机构应通过巡回检查、专项检查等形式，及时发现、分析和报告下级普查机构工作中存在的质量问题，提出整改措施和建议。各级普查机构应结合各阶段工作重点、难点，适时组织开展专项检查，随机抽取一定的普查区域或普查对象，及时了解下级普查机构的工作情况和问题，并从行政、业务和技术层面，有针对性地做好督促、指导和整改工作。

三是抽查评估。各级普查机构应根据各阶段普查数据成果上报情况，组织做好普查数据质量的事中抽查和事后抽查工作，及时进行数据质量的现场复核和分析评估。编制质量抽查评估工作方案，明确抽查任务、内容和时间安排。根据普查关键指标相对误差质量控制要求，针对各类普查对象的特点、数量和分布，确定最小的抽样单元，采取分层、随机、等距、整群抽样的方法，进行样本选取，确保各类普查对象样本的代表性。抽样比例和样本量的确定应考虑实际操作可行性。

四是现场核查。应结合重点工业源，开展现场核查工作，通过第三方机构或者专业技术人员，对工业源活动水平数据进行证据采集和现场复核，核查活动水品信息的真实性、完整性，核查排放因子（监测数据）选择的合理性和科学性，核查计算方法的准确性。数据质量控制思路和技术路线见图 9-2，不同机构的质量控制责任见图 9-3。

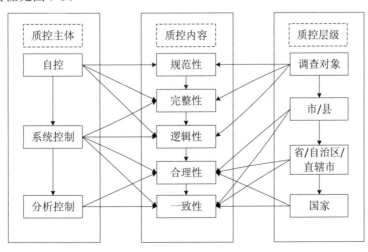

图 9-2　数据质量控制思路和技术路线

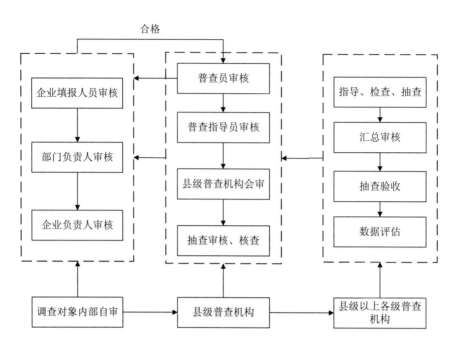

图 9-3　不同机构的质量控制责任

9.3.2　普查质量控制内容

1）前期准备质量控制。方案和技术规定等文件规范科学，充分调研及专家咨询，内容全面具体，可操作性强；各级普查质量控制机构和人员选聘到位、结构合理、专业对口；质量控制制度及质量控制岗位责任制建立，普查报表的数据审核制度完善、软件审核功能建立；产排污系数的合理性及不确定性评估；试点工作的有效性；数据处理设备到位、资料收集到位。

2）普查对象清查。各级普查机构应针对普查对象清查工作，对象清查工作准备和开展情况、对象清查数据填报、录入和汇总上报情况等组织做好清查工作的专项检查、审核验收和质量抽查等三项质量控制工作。

3）普查数据采集质量控制。检查督导、数据预审和事中质量抽查等三项质量控制工作；普查数据全面获取情况、普查数据预处理情况、电子工作底图，图表一致性检查，软件审核记录等。

4）普查表填报质量控制。依据清查结果，准确发放普查表。各级普查机构应针对填表上报的正式普查数据，逐级组织做好审表验表、录入检查、数据审验、质量抽查评估等四项质量控制工作。通过专业机构和专业技术人员对普查表进行现场核查，确保各项活动水平数据有据可查、真实完整，普查数据项之间逻辑关系一致、数据取值合理，核算方法和程序准确无误。普查数据修订、补录。增减变动的普查对象名录是否补录；是否按照普查数据录入检查要求，对普查数据录入质量进行抽检，抽检过程是否有记录，有无抽检报告。

5）数据处理质量控制。录入质量控制、普查数据的软件审核、审核反馈结果的处理及责任落实、汇总成果的审核与校核，各项普查指标之间的协调与平衡，与有关行业成果的协调。汇总结果的一致性；

审核结果的处理情况及责任落实及记录；对普查数据进行了计算机审验和普查对象图表一致性审验，有无计算机审核出错清单和审核结果处置报告，有无退回重报记录；是否按审核验收有关要求，分专业进行了数据详审，是否按审核验收有关要求，进行数据成果验收，验收程序是否严格规范，有无终验报告，上报数据质量是否满足验收要求。

9.3.3　普查质量控制措施

在第二次全国污染源普查中，实现对全国普查工作数据质量管理的全覆盖，重点对清查建库、全面普查、数据汇总三个关键阶段，开展清查抽查、质量核查和集中审核。

9.3.3.1　清查建库

（1）国家普查机构

开展清查，建立普查对象名录是普查的一个重要环节。在清查建库过程中，第二次全国污染源普查工作办公室首先根据有关部门行政管理中依法获取建立的基本单位名录和第三次全国农业普查名录等名录，结合生产经营用电情况，对名录进行数据清洗整合，形成清查底册。制作了清查采集、录入工具下发各地，制定了清查数据字段属性要求规则，组织复核与质量抽样核查，明确整改要求，经过县级自查、市级质量核查、省级抽样复核等，通过抽样审核与全面审核、人工审核与软件审核相结合，发现并整改问题，各级普查机构严格执行清查技术规定和有关质量管理要求，经过 3 轮次的多级审核与整改核实，进一步提高了清查数据质量，保证了清查对象"应查尽查、不重不漏"，顺利完成了清查定库工作。

2018 年 8—9 月，抽调农业农村部有关司局、部内司局、部属单位、地方普查机构的骨干力量 270 余人次，根据《第二次全国污染源普查清查工作抽查检查方案》（国污普〔2018〕11 号），对各省份清查工作开展质量抽查，每个省级行政区域随机抽取 6 个普查小区开展现场检查工作，检查清查对象漏查和清查表填报错误情况，全国共随机抽取了 186 个普查小区开展现场地毯式排查工作，共核实普查对象6 387 个，反馈整改意见 143 条，指导地方开展复核整改。

（2）地方各级普查机构

地方各级普查机构在部普查办印发的清查底册基础上，逐级开展名录的筛查比对工作，从本级统计、工商、质检等部门获取同级名录库，并结合上级底册开展筛查比对。通过名录筛查比对基本上掌握了清查对象和清查工作量，同时组织普查员与村委会、社区工作人员和网格员相结合，按划分的普查小区开展地毯式摸底排查，对照清查底册，排重补漏，按照生产经营活动性质，分类填报清查表、核实完善普查对象信息，采集普查对象的地理信息坐标，建立各类普查对象的入户调查名录。按照汇总表式进行汇总，并逐级上报。

9.3.3.2　全面普查

（1）地方各级普查机构

在全面普查阶段，各级普查机构采用联网填报、移动采集终端、纸表填报的方式，采集普查对象的基本信息、生产活动水平数据，以及废水、废气排放口坐标，对普查表进行五级审核。按照各类污染源产排污系数，组织开展污染物排放量核算工作。

1）数据采集准备阶段。

①普查机构。提前告知普查对象普查数据填报的内容、注意事项以及普查对象的权利和义务等相关事项，对填报难度较大的企业可采取集中宣讲培训方式。协调软件技术服务部门做好数据采集期的技术支持和咨询服务。

②普查员及普查指导员。配备普查证件、移动采集终端设备、入户调查数据质量控制清单等，做好入户调查准备。准确理解调查内容，制订数据采集计划，在约定时间开展数据采集工作。普查指导员指导并监督普查员做好入户调查及质量控制准备工作。

对普查名单中无法填报的普查对象需备注说明原因，并提供佐证材料，报告普查指导员，经普查指导员核实后上报区县级普查机构汇总。发现清查名录中遗漏的普查对象应及时报告当地普查机构，纳入普查。

③普查对象。应指定专人，收集准备普查对象基本信息、物料消耗记录、原辅材料凭证、生产记录、污染治理设施运行和污染物排放监测记录以及其他与污染物产生、排放和处理处置相关的原始资料，负责普查表的接收、填报，做好普查相关文件及清单的交接记录，同时做好普查数据的建档备查。

2）数据采集阶段。

①数据采集时，普查机构要排除人为干扰，普查对象要坚持独立报送普查数据。普查表原始数据填报、缺漏指标补报、差错修改等均须由普查对象完成，或由普查员协助指导完成，并经普查对象确认。

②普查员负责向普查对象解释普查内容以及填报指标，解答普查对象在普查过程中的疑问，无法解答的，及时向普查指导员报告；要保证在规定时间内，按时准确采集数据。

③普查对象登录普查软件系统或使用电子表格和纸质报表，独立或在普查员指导下，严格按照《第二次全国污染源普查制度》和《第二次全国污染源普查技术规定》填报数据。

a．数据填报完整规范。根据所属行业确定应填报表，做到报表不重不漏。据实、全面填报统计指标，应填尽填；正确理解填报要求，规范填报。

b．数据来源真实可靠。单位名称、统一社会信用代码、行业代码、行政区划代码等普查对象基本信息正确填报，单位名称、社会信用代码要与工商登记备案一致。主要产品、原辅材料用量、污染治理设施运行状况等活动水平数据与实际情况相符，并有完整规范的台账资料等供核查核证。

④农业源、生活源、移动源普查的综合报表数据应由地方人民政府或国家普查机构协调相关管理部门提供，确保数据完整准确。

⑤伴生放射性矿普查数据质量控制在执行本指南前提下同时参照执行《第二次全国污染源普查伴生放射性矿普查质量保证工作方案》。

⑥纸质普查表用钢笔（碳素墨水）或黑色水性笔填写，需要用文字表述的字迹工整、清晰；需要填写数字的一律用阿拉伯数字表示，所有指标的计量单位、保留位数按规定填写。

3）入户调查重点核证指标。

各类普查对象报表重点核证指标包括但不限于以下内容：

①工业源。基本信息、主要产品和生产工艺基本情况、主要原辅材料使用和能源消耗基本情况、取水量、燃料含硫量、灰分和挥发分、污染治理设施工艺、运行时间和去除效率等。

②工业园区。基本信息、清污分流情况、污水集中处理情况、危险废物集中处置情况、集中供热情况。

③畜禽规模养殖场。基本信息、畜禽种类、存/出栏数量、废水处理方式、利用去向及利用量、粪便处理方式、利用去向及利用量等。

④生活源。社区（行政村）燃煤和生物质使用量，农村常住人口和户数、住房厕所类型、人粪尿处理情况、生活污水排放去向，全市/市区/县城/建制镇建成区人口和用水量，人均日生活用水量，房屋竣工面积、人均住房建筑面积、公路/道路长度。

⑤非工业企业单位锅炉。基本信息、锅炉额定出力、年运行时间、燃料类型、燃料消费量、燃料硫分与灰分、废气治理设施工艺名称。

⑥入河（海）排污口。排污口规模、排污口类型、受纳水体、监测数据。

⑦集中式污染治理设施。

a. 污水处理厂：基本信息，设计污水处理能力、污水实际处理量、污水监测数据、污泥产生量及处置量等。

b. 生活垃圾集中处置场：基本信息，不同处置方式处垃圾处理情况、能源消耗、焚烧残渣和飞灰处置和综合利用情况、废水（含渗滤液）处理情况等。

c. 危险废物集中处置厂：基本信息，不同处置方式处（危险、医疗）废物处理情况、能源消耗、焚烧残渣和飞灰处置和综合利用情况、废水（含渗滤液）处理情况等。

⑧油品储运销企业。

a. 储油库：分油品储罐罐容、年周转量、油气回收处理装置建设及运行情况。

b. 加油站：总罐容、年销售量、油气回收处理装置建设（一阶段、二阶段、后处理装置、自动监测系统等）及运行情况。

c. 油罐车：运输总量、保有量、油气回收改造油罐车数量。

4）污染物产生量与排放量核算阶段。

①掌握普查对象主要生产工艺（设备）和产排污节点，明确对应排污环节的污染物种类，做到产排污环节全面覆盖、污染物指标应填尽填。

②按照普查技术规定等相关要求，采用适当的核算方法核算污染物产生量和排放量。

③采用监测数据法核算时，应重点做到：

a. 监测数据规范性。监测机构资质、监测设备运行维护、监测采样分析等数据产生全过程应符合监测技术要求，监测数据报告加盖监测机构公章或数据报告章。

b. 监测数据代表性。各产排污环节污染物产排量核算应选用对应点位的监测数据，且监测频次应满足规定要求。对于监测工况不能代表全年平均生产负荷的手工监测数据，参照《国控污染源排放口污染物排放量计算方法》（环办〔2011〕8 号）进行修正。

c．监测数据处理合规性。根据《固定污染源烟气（SO_2、NO_x、颗粒物）排放连续监测技术规范》（HJ 75—2017）和《水污染源在线监测系统数据有效性判别技术规范（试行）》（HJ/T 356—2007），对自动监测数据的缺失时段进行规范性补充替代。对多次废水手工监测数据，污染物浓度取废水流量加权平均值。不随意截取某时段或某时期数据作为核算依据，确保监测数据完整性。

④采用产排污系数法核算时，系数选用合理、符合普查对象实际情况，核算过程规范正确，按照实际运行情况如实填报治污设施去除效率及运行参数。注意数据单位转换或参数转化，并确保数据转化计算准确。

5）现场数据审核及录入阶段。

①普查员进行现场人工审核，发现错误信息提醒普查对象及时修改或备注说明。普查指导员对普查员采集的相关数据进行审核。

a．完整性审核。包括调查报表完整性审核和指标完整性审核。重点审核普查对象是否按照污染源属性或行业类别填报报表，做到报表不重不漏。普查对象基本信息、活动水平数据是否完整正确，对于空值数据应认真核实，做到应报指标不缺不漏。

b．规范性审核。数据填报是否符合指标界定。普查对象排放量核算口径、方法是否规范正确，产排污环节是否完整覆盖，核算采用的数据是否准确可靠。零值、空值填报是否符合填报要求。

c．一致性审核。填报信息与统计资料、原始凭证等台账资料是否一致，台账资料与单位内部有关职能部门之间相关业务、财务资料是否一致，录入数据与报表数据是否一致。

d．合理性审核。指标单值、单位产品能耗水耗等衍生指标是否在合理值范围内，产品产量和产能，取水量、排水量，固体废物产生处置量等指标间定量关系是否匹配。

e．准确性审核。燃煤硫分、污染治理设施去除效率等重要核算参数的计算过程是否符合技术要求，计算结果是否准确。

②普查对象法人代表或负责人对普查数据负责，填报后签字确认。普查表、相关佐证资料、台账报表、核算台账以及核实、修改等记录等由普查机构储存归档。普查员现场填写入户调查数据质量控制清单并签字。

③纸质报表完成并经普查对象签字确认后录入系统。

（2）国家普查机构

第二次全国污染源普查领导小组办公室印发了《第二次全国污染源普查质量控制指南》（国污普〔2018〕18 号）、《普查基层表式审核细则》，具体指导入户调查阶段的数据采集质量控制工作。《第二次全国污染源普查质量控制指南》梳理了普查机构、普查员及普查指导员、普查对象数据采集质量控制工作内容，《普查基层表式审核细则》根据入户调查工作需要和各类普查对象报表填报审核要求，逐个对应普查制度指标的审核规则与数据格式提出了具体的审核细则。

在入户调查阶段，国家普查机构采用了多种信息技术手段，开展数据审核。在普查软件系统开发过程中增加了质量审核模块，将审核规则嵌入普查软件系统中。

9.3.3.3　数据汇总审核

（1）地方各级普查机构

在汇总审核阶段，各级普查机构按照管辖权限对辖区数据进行审核，应指定专人负责、专人检查，数据审核通过后逐级上报。各级普查机构采取集中审核、多部门联合会审和专家审核等方式审核汇总数据，同时抽取一定比例的普查对象原始数据进行细化审核。对于不满足数据质量要求的退回整改。

1）区域汇总数据审核。

①完整性审核。普查区域覆盖是否全面，普查对象是否全面无遗漏，报表数据是否齐全。

②逻辑性审核。汇总表数据是否满足表内、表间逻辑关系以及指标间平衡关系。

③一致性审核。区域、行业等汇总数据应与统计、城建、行业协会等管理部门掌握的社会经济宏观数据保持合理的逻辑一致性。

④合理性审核。考察区域、行业总量数据的合理性。采用比较分析、排序等方法，对比汇总表表内或表间相关指标，分析指标间关系的协调性；对比社会经济及部门统计数据，考察同一地区各类源、各工业行业产能、产量及主要污染物排放占比的合理性；对比不同区域或不同区域同一行业排污浓度、单位能源废气排放强度、人均生活废水产生强度、污染物平均去除效率等衍生指标，分析总量数据的合理性；对比不同或相似经济、行业、社会发展水平的地区数据，分析区域、分源、行业总量数据区域分布的合理性。

2）各级普查机构抽样选取一定数量的普查对象开展数据现场复核或报表审核。

①普查指导员开展普查小区数据审核。负责对普查员提交的全部报表进行审核，其中现场复核比例建议不低于5%，参照入户调查数据质量控制清单填写复核结果。

②有条件的地区，乡镇对全部报表开展初审，对照入户调查对象名录审核普查对象完整性。按照完整性、逻辑性、规范性要求重点审核辖区普查对象基础数据。

③县级普查机构重点审核数据的完整性、逻辑性、一致性和规范性，组织开展分源数据随机抽样复核。抽样复核比例建议不低于10%，或抽样复核数不低于200家。

④市级普查机构重点审核数据的完整性、逻辑性、一致性、规范性和合理性，组织开展分源数据随机抽样复核。以辖区各区县为单位，抽样复核比例建议不低于1%，且确保重点排污单位100%复核。

3）各级普查机构加强对重点区域、重点行业、重点污染源的数据审核。对于区域总量和行业分布明显不合理的，要追本溯源，核实原始报表数据。

（2）国家普查机构

在第二次全国污染源普查中，第二次全国污染源普查工作办公室组织行业专家、系数专家和地方普查骨干根据《普查数据质量情况进一步细化关键指标的审核规则》（国污普〔2019〕6号），从60张普查表1 796个指标中选取重点指标579个，编辑开发了配套软件审核小工具，下发至各级普查机构，帮助各级普查机构通过汇总统计，开展行业间、区域间、同行业同区域企业间的数据比对，快速排查异常值，从而更加准确地定位问题企业，并进行整改。此外，各地也可根据需要将软件工具进行功能扩展，自编程加入需要的审核规则。

国家普查机构开展多轮集中审核，分批次督促各级整改，组织行业协会、各技术支持单位、地方技术骨干 100 多人分三轮开展普查数据集中审核，下发 26 批次问题清单，做到重点区域、重点流域、重点行业污染源信息审核全覆盖，专门组织技术指导组赴重点省份开展专项指导，督促各地举一反三、以点带面，有力促进了普查数据质量提升。通过对第二次全国污染源普查数据集中审核，保证各类普查对象、各区域普查报表填报完整，各类污染源数量、结构和分布状况真实可靠，区域、流域、行业污染物产生、排放和处理情况合理。

数据汇总阶段，组织各省普查办主任和技术骨干集中在北京"现场反馈、现场整改"，通过"边分析、边发现、边反馈、边核实"的方式对数据质量再次审核把关。此外，还对技术力量相对薄弱的青海、西藏、新疆等地开展了点对点帮扶工作，确保普查数据质量。

1）名录比对和宏观经济数据比对。

按照《关于开展污染源基本单位名录比对核实工作的通知》（国污普〔2019〕4 号）要求，对比四经普，重点是普查对象清单与排污许可、环境统计、污染源监测、重点区域大气强化督查等相关管理名录相对比，重点审核未纳入普查对象的企业。

根据国民经济统计年鉴和统计公报，对普查制度中相关产品产量、工业产值、原辅材料用量、能源消耗等指标进行对比审核。

按照运行、停产、关闭、其他四种状态分门类审核普查对象数量情况，重点审核停产、关闭和其他状态占比较大的地区，以及企业状态为其他的企业信息。

2）工业污染源数据审核。

按照废水、废气、固体废物、涉及挥发性有机物、伴生放射性矿、工业园区六个方面对污染物源普查数据进行全面审核，审核指标间的逻辑性和合理性，对出现逻辑错误的指标进行重点审核，并追溯到具体企业。

3）农业源数据审核。

按照县级行政区划，筛查规模畜禽养殖场填报覆盖是否全面；审核数据的完整性、规范性、合理性，按照养殖规模审核污染物产排量核算数据；按照县（区、市、旗）相应的行政区划审核农业源综合表式是否存在漏填或重复填报情况，审核数据的完整性、规范性、合理性。

4）生活源数据审核。

审核生活源调查覆盖范围是否全面或存在重复，审核行政村、生活源锅炉、入河（海）排污口、城市生活污染基本信息、县域城镇生活污染基本信息填报的完整性、规范性、合理性等方面的情况。

审核指标建逻辑关系，对比相关部门统计数据是否匹配，按区域审核污染物排放量数据是否合理。

5）集中式污染治理设施数据审核。

对比 2017 年环境统计和相关部门 2017 年度部门统计数据，查找漏填情况；审核各行政区内各类集中式污染治理设施数量、设计处理能力、实际处理量等基本信息的完整性、规范性、合理性，按区域审核污染物及污泥、渗滤液等二次污染物的产生排放量数据是否合理（污水处理厂审核去除量）。

6）移动源数据审核。

以地区为单位，根据统计年鉴数据，对比分析各省加油站销售量汇总数据的合理性；对比分析加油站销售量、储油库周转量、油罐车运输量的合理性。

以地市为单位，根据统计年鉴数据，对比分析各车型保有量及排放量数据的合理性。

9.3.3.4 数据质量核查

（1）地方各级普查机构

各级普查机构按照普查的不同阶段，组织污染源普查数据质量核查。按照《关于做好第二次全国污染源普查质量核查的通知》（国污普〔2018〕8号），采取抽样的方法开展分阶段质量核查，编制数据质量评估报告。运用历史数据比较、横向数据比较、相关性分析和专家经验判断等方法对普查数据进行数据合理性评估。结合地区经济和社会发展情况，对普查数据的准确性、可比性和衔接性进行评估，分析数据异常波动的情况、相关指标之间的逻辑关系。

（2）国家普查机构

为了检查各地普查工作质量，推进普查数据质量不断提升，根据普查工作总体安排和进展情况，国家普查机构根据《关于做好第二次全国污染源普查质量核查工作的通知》（国污普〔2018〕8号）的要求，共组织了三次全国范围的核查检查，分前期准备及清查、入户调查与数据采集、数据汇总等三个阶段进行核查。一是在前期准备阶段，全国抽取了83个地级市、132个县（市、区）的普查前期工作情况进行检查，发现各类问题300余个；二是清查建库阶段，对所有省份抽取了186个普查小区开展现场地毯式排查，共核实普查对象6 387个，反馈整改意见143条，各省均认真落实整改意见，组织力量开展了再核查，提升清查数据质量；三是全面普查阶段，对所有省份和新疆生产建设兵团的普查数据开展质量核查工作，共核查五类源关键指标616 154个，核查结果及时反馈各地，要求举一反三，全面整改。

各级普查机构质量核查的基本要求为：

1）质量核查总体原则。

①全过程核查原则。核查工作覆盖普查全过程，主要包括前期准备、普查员和普查指导员选聘及管理、清查、入户调查与数据采集、数据汇总等环节。

②分级核查原则。国务院第二次全国污染源普查领导小组办公室统一组织对各省（区、市）普查进行质量核查。各省级、地市级普查领导小组办公室分别负责组织对本行政区域内的普查进行质量核查。

③抽样核查原则。核查采取抽样的方法进行。原则上采取随机抽样的方法对核查的区域和入户调查对象进行抽取。

2）核查内容。

①前期准备。重点核查地方各级普查领导小组及其办公室（工作办公室）等机构设立、人员配备、办公条件落实情况，实施方案或工作方案编制情况，经费预算编报与落实保障情况以及普查工作动员部署情况。

②普查员和普查指导员选聘及管理。重点核查普查员和普查指导员选聘、证件发放、培训质量等情况。

③清查。重点核查各类污染源普查调查单位名录是否全面、准确。

④入户调查与数据采集。重点核查入户调查记录，普查表填报的完整性、真实性、合理性及相关指标间的逻辑性。

⑤数据汇总。重点核查区域普查数据汇总过程中普查对象是否存在遗漏。

3）工作要求。

①分阶段进行核查。根据普查工作总体安排和进展情况，分前期准备及清查、入户调查与数据采集、数据汇总等三个阶段进行核查。

②编制质量核查与评估报告。三个阶段都要编制质量核查与评估报告，报告应如实反映质量核查的有关情况、核查结论、整改要求及下一步工作建议，并及时报送上一级普查领导小组办公室。

③强化结果运用。对各项核查指标均达到评估标准的，予以通报表扬；对核查指标未达到评估标准或评估结果为"差"的，要按整改要求限期进行整改；逾期未完成整改任务的，将视情况予以通报、约谈和专项督察。各阶段质量核查的综合结果将作为评估各地普查质量和总结表彰的重要依据。

9.3.3.5 第三方评估

在第二次全国污染源普查过程中，为独立、客观地评价本次污染源普查工作完成情况和普查数据质量，国家普查机构邀请第三方评估机构对国家和省级普查工作和数据质量进行独立评估。

第三方评估综合应用抽查和实地调查的方法，通过查阅档案、调查问卷、专家打分、软件审核、现场复核等手段，从国家和省级两个层面对第二次全国污染源普查工作的完成情况、数据质量进行评估。为确保评估方法的科学性和可操作性，在对评估方案进行多次讨论和论证基础上，第三方评估机构选择部分省份开展了预评估，不断优化评估操作细节和工作流程。分三轮开展正式现场评估，每轮周期7天，每轮评估10～11个省，覆盖全国31个省级行政区域和新疆生产建设兵团，同步开展国家层面评估。经过现场评估、数据汇总、校核分析、报告编制、整改完善等过程，最终完成评估报告。

评估结果表明，数据质量符合普查质量预期要求。第二次全国污染源普查对象遗漏率为1.8‰，指标综合差错率为5.3‰，远低于2%数据差错率目标，表明本次全国污染源普查工作的全过程核查、分级核查、抽样核查等各类质量控制手段以及国家、地方多轮数据汇总审核方法成效明显，数据质量达到了本次普查的质量要求。

10　普查公报与技术分析报告编制

10.1　普查公报编制与发布

10.1.1　背景及目的

《全国污染源普查条例》明确规定，全国污染源普查公报根据全国污染源普查领导小组的决定发布，地方污染源普查公报经上一级污染源普查领导小组办公室核准发布。《第二次全国污染源普查公报》是普查工作成果的重要体现，发布普查公报是普查工作的法定要求。

第二次全国污染源普查经历了前期准备、全面普查和总结发布三个阶段，对全国有污染排放的 358 万多个单位和个体经营户进行了全面调查，获取了全国工业污染源、农业污染源、生活污染源、集中式污染治理设施和移动源相关基本信息和污染物排放信息，相关的普查成果体现在《第二次全国污染源普查公报》中，以便于公众知悉。

10.1.2　主要内容

参考《第一次全国污染源普查公报》和其他普查公报，《第二次全国污染源普查公报》主要包括各类普查对象数量、污染物排放量等总体情况；工业源的基本情况、水污染物、大气污染物、工业固体废物、伴生放射性矿；农业源的基本情况、种植业、畜禽养殖业、水产养殖业；生活源的基本情况、水污染物、大气污染物；集中式污染治理设施的基本情况、集中式污水处理情况、生活垃圾集中处理处置情况、危险废物集中利用处置（处理）情况；移动源的基本情况、机动车污染源、非道路移动污染源；相关注释等内容，并将储油库和加油站纳入生活源汇总。之后，为方便公众更好地深入了解普查数据，陆续出版了《第二次全国污染源普查文献汇编》《第二次全国污染源普查技术报告和工作总结》《第二次全国污染源普查数据集》《第二次全国污染源普查图集》等资料。地方各级政府陆续发布了本地区的污染源普查公报。

10.1.3　编制步骤

部普查办于 2019 年 8 月启动普查公报编制工作，由生态环境部环境规划院提供技术支持，制定公报编制工作方案，明确工作内容、任务分工、时间节点等有关要求；9 月形成公报大纲，并组织各类源有关技术支持单位分工编写主体内容；10 月向赵英民副部长汇报 2 次，并根据指导意见修改完善；11 月形成征求意见稿，广泛征求普查领导小组成员单位、部内各司局及有关专家的意见，同时组织普查领导小组办公室会议论证，根据有关意见修改完善后形成审议稿；12 月经部长专题会、普查领导小组办公室会议和部常务会审议，根据审议情况修改完善后形成终稿报送国务院；2020 年 6 月 10 日，国务院新闻办召开新闻发布会，生态环境部副部长赵英民宣布了普查结果，生态环境部第二次全国污染源普查工作办公室主任洪亚雄以及国家统计局能源统计司司长刘文华、农业农村部科技教育司司长廖西元参加了发布会，共同回答了记者提出的问题，同一天《第二次全国污染源普查公报》正式发布。

10.2　技术分析报告编制

10.2.1　目的及意义

　　第二次全国污染源普查数据是生态环境部门目前掌握的污染源最全面、最准确的数据，普查成果开发是整个普查工作的重要组成部分。参考一污普的惯例，在公报编制的过程中，根据普查数据，开展了相关普查成果梳理工作，包括技术分析、数据比对分析、专题分析等报告和专家解读文章的编制。

　　技术分析报告编制工作是数据审核的一种十分有效和必要的手段，也是后续普查成果的一个体现。在数据审核阶段，技术分析报告的编制可体现出审核数据的方法、审核规则、审核发现的共性问题和个性问题、整改的对策建议等，方便指导地方整改和国家层面督办；普查数据定库后，技术分析报告等相关成果可为准确判断我国当前环境形势，制定实施有针对性的经济社会发展和生态环境保护政策、规划，不断改善环境质量，加快推进生态文明建设，补齐全面建成小康社会提供基础支撑。

10.2.2　报告框架

　　为做好普查成果总结发布工作，部普查办编制印发《关于印发〈第二次全国污染源普查工作总结报告提纲〉〈第二次全国污染源普查数据分析报告提纲〉的通知》，要求各地在认真总结普查全过程工作和汇总分析普查数据的基础上组织编写，省、市级普查机构需编写《第二次全国污染源普查数据分析报告》，鼓励县级普查机构编写《第二次全国污染源普查数据分析报告》。2019 年 10 月，地市级以上普查机构完成了数据分析报告。第二次全国污染源普查数据分析报告提纲见表 10-1。

表 10-1　第二次全国污染源普查数据分析报告提纲

一级标题	二级标题	三级标题
一、概述	1.1　普查对象和内容	1.1.1　普查时点
		1.1.2　普查对象与范围（工业污染源、农业污染源、生活污染源、集中式污染治理设施移动源）
		1.1.3　普查内容（工业污染源、农业污染源、生活污染源、集中式污染治理设施移动源）
		1.1.4　普查的组织实施（基本原则、普查组织、普查实施、普查培训、宣传动员）
	1.2　普查的技术路线和方法	1.2.1　普查的技术路线
		1.2.2　普查的技术准备
		1.2.3　清查及普查对象的确定
		1.2.4　污染物产生、排放量的核算方法

一级标题	二级标题	三级标题
一、概述	1.3　普查数据质量管理	1.3.1　清查过程的质量管理
		1.3.2　入户调查阶段的质量管理
		1.3.3　数据汇总审核
		1.3.4　质量核查（前期准备、清查、入户调查）
		1.3.5　普查数据质量评估
		1.3.6　对普查范围完整性、普查数据质量的可靠性整体评价
二、第二次全国污染源普查总体结果分析	2.1　全国污染源普查对象概况	2.1.1　全国污染源普查对象数量
		2.1.2　各地区污染源普查对象数量
	2.2　全国主要污染物排放情况	2.2.1　全国主要污染物排放总量
		2.2.2　全国主要污染物排放数据宏观结构分析
		2.2.3　全国主要污染物排放数据空间分布分析
	2.3　各类源主要污染物产排情况	2.3.1　工业污染源主要污染物产排情况
		2.3.2　农业污染源主要污染物产排情况
		2.3.3　生活污染源主要污染物产排情况
		2.3.4　集中式污染治理设施主要污染物产排情况
		2.3.5　移动源主要污染物产排情况
	2.4　重点区域、流域主要污染物产排情况	2.4.1　重点区域主要大气污染物产排情况
		2.4.2　重点流域主要水污染物产排情况
	2.5　重点行业主要污染物产排情况	
三、工业污染源普查结果分析	3.1　工业污染源普查对象概况	
	3.2　工业废水普查结果及分析	3.2.1　工业废水及其主要污染物产排情况
		3.2.2　主要污染物排放量占比80%以上的行业及排放量
		3.2.3　重点流域工业废水主要污染物排放量
	3.3　工业废气普查结果及分析	3.3.1　工业废气及其主要污染物产排情况
		3.3.2　主要污染物排放量占比80%以上的行业及排放量
		3.3.3　重点区域工业废气主要污染物排放量
	3.4　固体废物普查结果及分析	3.4.1　一般工业固体废物情况
		3.4.2　危险废物情况
	3.5　伴生放射性矿普查结果及分析	
	3.6　工业园区环境管理普查结果及分析	
	3.7　小结	
四、农业污染源普查结果分析	4.1　农业污染源普查对象概况	
	4.2　种植业普查结果及分析	4.2.1　种植业主要水污染物产排情况
		4.2.2　秸秆产生与利用量普查结果及分析
		4.2.3　地膜使用与回收、化肥和农药施用普查结果及分析
	4.3　畜禽养殖业普查结果及分析	4.3.1　畜禽养殖业主要水污染物产排情况
		4.3.2　畜禽养殖业氨气产排情况
	4.4　水产养殖业普查结果及分析	4.4.1　水产养殖业主要污染物产排情况
		4.4.2　主要水产养殖品种污染物产生与排放量特征
	4.5　小结	

一级标题	二级标题	三级标题	
五、生活污染源普查结果分析	5.1 生活污染源普查对象概况		
	5.2 生活源主要水污染物产排情况	5.2.1 城镇生活源主要水污染物产排情况	
		5.2.2 农村生活源主要水污染物产排情况	
		5.2.3 入河（海）排污口情况	
	5.3 生活源主要大气污染物排放情况	5.3.1 城乡居民能源消费主要大气污染物排放情况	
		5.3.2 非工业企业单位锅炉主要污染物排放情况	
		5.3.3 其他生活源挥发性有机物排放情况	
	5.4 小结		
六、集中式污染治理设施普查结果分析	6.1 集中式污染治理设施普查对象概况		
	6.2 集中式污水处理厂	6.2.1 数量与分布总体情况	
		6.2.2 主要污染物削减量	
	6.3 生活垃圾集中处置场（厂）	6.3.1 数量与分布总体情况	
		6.3.2 主要污染物排放量	
	6.4 危险废物集中处置厂	6.4.1 数量与分布总体情况	
		6.4.2 危险废物处理处置情况	
		6.4.3 主要污染物排放量	
	6.5 小结		
七、移动源普查结果分析	7.1 移动源普查对象概况		
	7.2 机动车数量及污染物排放情况	7.2.1 机动车保有量总体情况	
		7.2.2 机动车污染物排放情况	
	7.3 非道路移动源数量及污染物排放情况	7.3.1 工程机械保有量及污染物排放情况	
		7.3.2 农业机械总功率及污染物排放情况	
		7.3.3 营运船舶活动水平及污染物排放情况	
		7.3.4 铁路内燃机车活动水平及污染物排放情况	
		7.3.5 民航飞机活动水平及污染物排放情况	
	7.4 油品储运销环节污染源数量及污染物排放情况	7.4.1 加油站数量及污染物排放情况	
		7.4.2 储油库数量及污染物排放情况	
		7.4.3 油罐车数量及污染物排放情况	
	7.5 小节		
八、普查反映的生态环境保护问题与对策建议	8.1 普查反映的生态环境问题分析		
	8.2 对策建议	8.2.1 产业结构改善对策	
		8.2.2 产业布局调整对策	
		8.2.3 废水污染治理对策	
		8.2.4 废气污染治理对策	
		8.2.5 固体废险/危险废物污染治理对策	

注：编写报告时，在保证整体框架结构不变的前提下，可根据实际情况对三级、四级标题进行增加或删减。

10.2.3 主要内容

技术分析报告包括 10 个章节，包括总体情况、分源情况、总体结论与建议三个大的部分。第一章，全面概括介绍了本次污染源普查的总体情况，包括普查时点、对象、内容、技术路线、污染物核算方法等；第二章，对普查对象数量及其分布情况进行了分析说明；第三章，对全国主要污染物总量情况及重点流域、重点区域情况进行了分析说明；第四章至第八章，分别对工业源、农业源、生活源、集中式污染治理设施、移动源普查结果进行了分析；第九章，主要结合农业面源入水体系数研究成果，对此次普查各类污染源污染物入水体负荷情况进行了分析；第十章，主要结论和建议部分，是依据分析结果对发现的主要结论进行了归纳，并围绕打好污染防治攻坚战和"十四五"生态环境保护规划等工作，提出了相关建议。

10.3 专题分析与论文

为保障第二次全国污染源普查数据科学公布，部普查办组织编制了与生态环境部已公开发布的相关数据包括第一次全国污染源普查结果《中国统计年鉴 2018》《2018 年全国大、中城市固体废物污染环境防治年报》《中国机动车环境管理年报（2018）》，按照相同口径开展比对分析工作，编制了《与第一次全国污染源普查结果比对分析报告》和《与我部已公开发布数据比对分析报告》，做到与生态环境部公开发布数据同口径可比，存在差异可衔接、可解释。

根据部常务会关于做好普查成果总结的相关要求，在做好普查公报等上报国务院文件及公报发布后舆情应对口径准备相关工作的同时，普查办组织技术力量围绕此次普查形成的数据成果，围绕打赢污染防治攻坚战和"十四五"生态环境保护规划需要，选定重点领域、重点区域、重点流域编制普查结果的专题分析报告，如氮氧化物普查结果分析报告、工业源挥发性有机物普查结果分析报告、锅炉和炉窑普查结果分析报告、集中式污水处理场普查结果分析报告、基于普查结果的环境风险源预警分析报告、苏鲁豫皖交界区域普查结果分析报告、黄河流域和长江经济带普查结果分析报告、农村普查结果分析报告等。

为配合《第二次全国污染源普查公报》发布，便于公众更好地了解污染普查工作，普查办组织专家编制完成了《我国生态环保工作取得积极进展——从两次污染源普查看环境形势变化》《工业污染治理成效显著 但仍任重道远》《摸清生活源排放底数 补齐污染防治短板》《移动源污染防治的重要性日益凸显》《推动环境治理 促进乡村振兴》《夯实污染物排放量核算科学基础》《挥发性有机物管控任重道远》等多篇专家解读文章，逐一刊发在《中国环境报》上，对公报进行了深入解读，宣传普查工作的意义和取得的成果。

为做好普查成果应用和宣传工作，第二次全国污染源普查工作办公室组织编写了一系列普查成果解读文章，部分成果集中发表，供有关研究和决策参考。在中华人民共和国生态环境部主管的《环境保护》杂志上，发表了《第二次全国污染源普查实践与思考》《第二次全国污染源普查工业污染源挥发性有机物产污系数及排放量核算方法建立》《我国氮氧化物排放治理状况分析与建议》《农业污染源氮磷排放特征与"十四五"时期的对策建议》《普查大数据分析与生态环境统计数据质量控制》《全国伴生放射性矿普查结果分析及监管建议》，在《环境科学研究》上发表了《非重点行业炉窑典型大气污染物"十四五"减排潜力研究》《我国农村生活污水污染排放及环境治理效率》《黄河流域水污染排放特征及污染集聚格局分析》《基于二污普数据果菜茶畜禽粪污氮承载评估》等文章。

10.4　注意事项

国家普查办编制了《第二次全国污染源普查数据统计汇总问题的解释》，明确了公报编制的注意事项。公报和技术分析报告编制的规范性主要体现在数据处理的一致性、规范性和逻辑性。首先，数据整合汇总的界定范围需要明确，地方需要严格和国家保持一致，如普查对象数量和污染物排放总量的统计口径、发布口径等，相关注释的内容地方需要和国家保持一致。其次，需反复校核各类源同种污染物加和的数据逻辑性，如工业源分行业加和与分地区加和数据是否相等，分固体废物类型加和与分行业、分地区固体废物类型加和是否相等；数据单位问题、数据四舍五入处理问题；排放量居前三位的占比计算是否存在逻辑不一致的情况；需要自行汇总的公式是否正确，如工业源危险废物综合利用和处置量的核算公式为送持证单位量+自行综合利用量+自行处置量−接收外单位量；且相关术语的规范性表述前后要一致。

11　档案整理与移交

11.1　工作目标

按照《环境保护档案管理办法》（部令第 43 号）、《污染源普查档案管理办法》（环普查〔2018〕30号）等文件要求，全面做好第二次全国污染源普查工作办公室（以下简称"普查办"）相关文件材料的整理归档与移交工作，确保归档文件材料完整、准确、系统、安全和有效利用。

11.2　工作原则

11.2.1　全面性

普查办各组在整个普查工作中涉及的所有具有保存价值的文字、图表、声像、电子及实物等各种形式的文件材料都应纳入档案整理范围。

11.2.2　规范性

严格按照《污染源普查档案管理办法》及档案整理技术规范要求，对污染源普查过程中形成的管理类、污染源类、财务类、声像实物类和其他类文件材料进行整理、归档和移交。

11.2.3　便捷性

按照普查文件材料的形成规律和特点，根据文件材料之间的有机联系及保存价值进行归档整理，同时建立电子档案库，便于档案资料的查阅和利用。

11.3　整理归档内容

为保证普查档案整理的纸质档案与电子档案相互补充、相互印证，实现档案的数字化，方便查阅利用，档案整理内容主要包括以下五个方面：一是将纸质文件材料（含打印的照片）分类、分件、排列、装订、编号、盖章、编目、填写备考表、装盒；二是对保管期限为 30 年和永久的纸质文件进行数字化处理；三是将电子档案及数字化的纸质材料，分类编号存入档案专用光盘；四是建立具有简单查询向导功能的电子档案数据库；五是将电子档案及数字化的纸质档案录入生态环境部档案系统，并按程序完成移交（图 11-1）。普查资料整理归档的具体流程如图 11-2 所示。

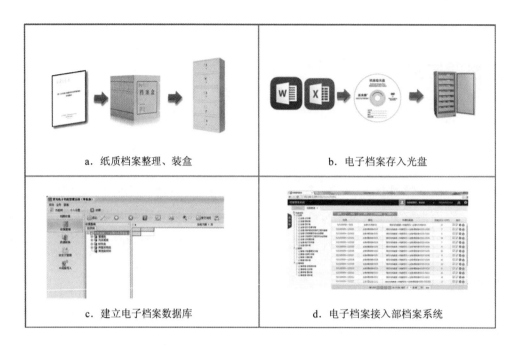

图 11-1　档案整理内容示意图

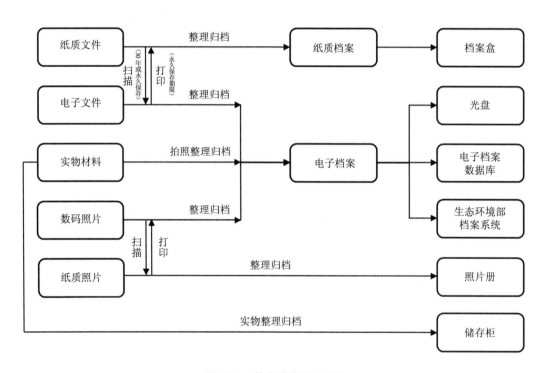

图 11-2　普查档案整理流程

11.3.1　管理类

　　管理类的文件材料主要是指在普查工作过程中形成的用于管理和指导普查工作开展的相关文件材料。归档范围包括：有关污染源普查的通知文件、请示报告；会议文件材料；技术指导材料；普查成果和阶段性总结报告；宣传、人事、表彰材料等，详见表 11-1。

表 11-1　管理类文件材料归档范围

序号	归档文件材料	保管期限
1	①党中央、国务院印发的有关污染源普查工作的通知、文件等；②党中央、国务院意见及批复的正式打印件、签发底稿和重要公文的修改稿	永久
2	党和国家领导人对第二次污染源普查工作的重要讲话、批示、题词和相关报道等材料	永久
3	①普查办向生态环境部提交请示、报告等材料；②生态环境部给予普查办的批复	重要的30年 一般的10年
4	普查领导小组的各类发文、通知等材料	重要的永久 一般的30年
5	普查办与其他部门业务工作往来的各类函等材料	重要的30年 一般的10年
6	地方各级污染源普查机构提交普查办的请示、报告等材料	重要的30年 一般的10年
7	第二次全国污染源普查文件汇编	永久
8	普查办相关规章制度、工作计划	重要的30年 一般的10年
9	污染源普查工作会议的报告、讲话、总结、决议、纪要等	重要的永久 一般的30年
10	普查办召开的专业会议文件及相关材料，主要包括：①召开的需要贯彻执行的会议主要文件材料，主要包括领导讲话及宣贯文件；②召开的综合性和专业性工作会议材料，主要包括会议记录；③其他反映各项工作的专业性的文件材料	重要的30年 一般的10年
11	第二次全国污染源普查技术培训相关文件材料，主要包括培训通知、培训材料、培训课件、参训人员名单等	10年
12	普查办进行第三方委托而产生的相关文件材料，主要包括：①招标采购的相关文件材料；②第三方提供的服务或相关成果材料；③第三方成果验收相关材料	重要的30年 一般的10年
13	普查办各技术支撑单位提供的技术支撑相关文件材料，主要包括：①技术支撑任务书；②技术支撑的成果材料；③技术支撑相关成果验收材料	重要的30年 一般的10年
14	第二次全国污染源普查有关管理办法、指导意见、实施方案、实施细则、技术规定等	重要的永久 一般的30年
15	普查办阶段性工作总结、工作简报、调研报告、大事记等	重要的30年 一般的10年
16	普查办开展清查、普查质量核查、验收等工作而产生的核查报告、验收报告等相关文件材料	重要的30年 一般的10年
17	第二次全国污染源普查技术报告相关材料，包括清查数据审核报告、试点片区汇总数据审核报告、集中审核报告、数据分析报告等	重要的30年 一般的10年
18	第二次全国污染源普查公报和成果图集	永久
19	公开出版或内部编印的第二次全国污染源普查材料（普查丛书、图集、数据集、专题报告等）	重要的30年 一般的10年
20	第二次全国污染源普查宣传方案、宣传材料、宣传画和报纸杂志发表的有关社论、评论和报道等	10年
21	普查办接待来宾的日程安排、来宾名单、谈话记录	重要的30年 一般的10年
22	国家普查机构设置、人事任免、工作人员名单	永久

序号	归档文件材料	保管期限
23	第二次全国污染源普查表彰决定、先进集体、个人名单	永久
24	全国行政区划代码本、地址编码本及相应电子数据	30 年
25	第二次全国污染源普查使用的计算机应用程序软件及说明等	30 年
26	第二次全国污染源普查相关的图册、水文、气象等数据资料及相应电子文件	重要的 30 年 一般的 10 年
27	其他与管理相关的文件材料	重要的 30 年 一般的 10 年

11.3.2　污染源类

污染源类文件材料主要是指普查过程中产生的各类表格、数据汇集及相关文件材料。归档范围包括普查填报表格、产排污系数手册、污染源名录库、普查数据汇总表等，详见表 11-2。

表 11-2　污染源类文件材料归档范围

序号	归档文件材料	保管期限
1	清查表、填表说明及相应电子文件	永久
2	入户调查表、填表说明及相应电子文件	永久
3	工业源产排污系数手册及相应电子文件	10 年
4	农业源产排污系数手册及相应电子文件	10 年
5	生活源产排污系数手册及相应电子文件	10 年
6	集中式污染治理设施产排污系数手册及相应电子文件	10 年
7	移动源产排污系数手册及相应电子文件	10 年
8	各类污染源名录库，包括国家下发污染源名录库、普查单位基本名录库（清查定库名录库）、普查名录库	30 年
9	工业源普查数据汇总表及电子数据	10 年
10	农业源普查数据汇总表及电子数据	10 年
11	生活源普查数据汇总表及电子数据	10 年
12	集中式污染治理设施普查数据汇总表及电子数据	10 年
13	移动源普查数据汇总表及电子数据	10 年
14	工业源清查数据汇总表及电子数据	10 年
15	农业源清查数据汇总表及电子数据	10 年
16	生活源清查数据汇总表及电子数据	10 年
17	集中式污染治理设施清查数据汇总表及电子数据	10 年
18	移动源清查数据汇总表及电子数据	10 年
19	工业源普查试点产生的文件材料及相关电子数据	10 年
20	农业源普查试点产生的文件材料及相关电子数据	10 年
21	生活源普查试点产生的文件材料及相关电子数据	10 年
22	集中式污染治理设施普查试点产生的文件材料及相关电子数据	10 年
23	移动源普查试点产生的文件材料及相关电子数据	10 年
24	其他与第二次全国污染源普查相关的文件材料	重要的 30 年 一般的 10 年

11.3.3 财务类

财务类文件材料主要是指普查办在处理相关经济业务时形成的具有保存价值的文字、图表等各种形式的会计资料，包括通过计算机等电子设备形成、传输和存储的电子会计档案等，财务类文件材料归档范围详见表 11-3。

表 11-3 财务类文件材料归档范围

序号	归档文件材料	保管期限
1	普查经费年度预算及预算执行情况报告	30 年
2	普查经费审计报告	永久
3	普查经费其他相关的财务类文件	重要的 30 年 一般的 10 年

11.3.4 声像实物类

声像实物类是指普查办在普查工作过程中形成的具有保存价值的照片、录音、录像、实物等材料，声像实物类文件材料归档范围详见表 11-4。

表 11-4 声像实物类文件材料归档范围

序号	归档文件材料	材料提供组	保管期限
1	污染源普查工作（含会议）照片、录音、录像等	宣传组	永久
2	领导来普查办检查工作照片、录音、录像等	宣传组	永久
3	普查办到地方调研、检查工作照片	技术组、综合组、督办组、宣传组	永久
4	普查工作教学、宣传录像	宣传组、综合组	永久
5	普查宣传活动照片	宣传组	永久
6	污染源普查工作证书、标志、奖牌、锦旗等	综合组	10 年
7	第二次全国污染源普查工作办公室印章	综合组	永久
8	其他相关的照片、音像、实物	技术组、综合组、督办组、宣传组	重要的 30 年 一般的 10 年

11.3.5 其他类

不属于管理类、污染源类、财务类、声像实物类的其他文件材料，归为其他类。

11.4 整理归档方法

普查档案整理归档技术路线如图 11-3 所示。

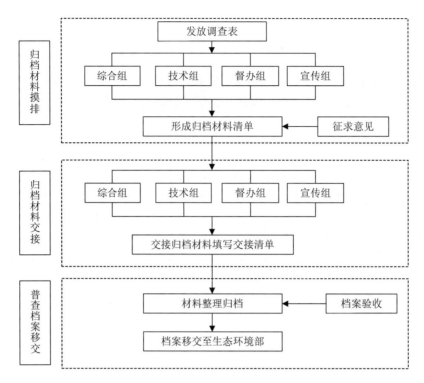

图 11-3 普查档案整理归档技术路线

11.4.1 归档材料摸排

在对归档材料整理前，通过发放归档材料调查表的方式对需要归档的文件材料进行摸排，厘清需要归档的文件材料类型、文件材料的名称和主要内容、文件材料的格式、文件材料的关键词、文件材料的负责单位、文件材料的负责人等信息，整理归档材料清单。需归档文件材料调查表如表 11-5 所示。普查办工作人员应按照要求填写归档材料调查表，普查档案的收集整理责任方应该为文件材料的形成方，"谁形成，谁负责收集整理"，并按规定移交档案管理员（普查办司秘）归档。

表 11-5 需归档文件材料调查表

负责单位（部门）			文件材料形成年度		
文件材料负责人			联系电话		
需归档文件材料目录					
序号	文件材料名称	主要内容	文件材料格式	关键词	档案类别	文件材料价值鉴定级别

填写说明：

1. "文件材料格式"一栏请填写"纸质类""电子类""实物类"；
2. "档案类别"一栏请填写"管理类""污染源类""财务类""声像类""实物类""照片类""其他类"；
3. "文件材料价值鉴定级别"一栏请填写"重大""重要""一般"；
4. 调查表根据文件材料的形成年度分开填写。

11.4.2　归档材料交接

　　普查办工作人员应按照归档材料清单将所负责的污染源普查文件材料移交至普查档案整理人员。双方应当对交接的文件材料进行认真检查并办理交接手续。接收档案时，应对照交接单，对归档的文件材料逐一核对，确认无误后，档案管理员与移交人员在文件材料交接清单上签字，归档文件材料交接清单一式两份，双方各执一份，不同类型的文件材料交接清单如表 11-6～表 11-10 所示。普查办工作人员应在离岗前，将负责的所有档案材料交接完毕，否则不予办理离岗手续。归档的文件材料应当做到字迹工整、数据准确、图样清晰、标识完整、手续完备、书写和装订材料符合档案保护的要求。归档的纸质文件材料除特殊情况外一般应当为原件。归档的电子文件或扫描件格式可为：PDF、OFD、JP（E）G、AVI、MP4 等。电子归档材料应存储在光盘中提交，并在交接表中对提交的电子材料文件的内容进行概括描述和说明。

表 11-6　纸质类归档文件材料交接清单

移出单位（部门）名称			文件材料形成年度	
移交人		姓名	联系方式	
文件材料相关说明				

归档文件目录

序号	档案（资料、文件）名称	份数	页数	档案类别	文件材料格式	保管期限	备注

移出部门负责人签名：	接收部门负责人签名：
移出部门经办人签名：	接收部门经办人签名：
移出日期：　　年　月　日	接收日期：　　年　月　日
移出单位（部门）盖章	接收单位（部门）盖章

注：此表一式两份，移交方与接收方各执一份，请妥善保存。

表 11-7   电子类归档文件材料交接清单

移出单位（部门）名称			文件材料形成年度			
移交人		姓名		联系方式		
文件材料相关说明						

归档文件目录

序号	电子文件材料名称	文件内容描述	文件格式	存储介质类型	存储介质名	保管期限	备注

移出部门负责人签名： 移出部门经办人签名： 移出日期：　　年　　月　　日 移出单位（部门）盖章	接收部门负责人签名： 接收部门经办人签名： 接收日期：　　年　　月　　日 接收单位（部门）盖章

注：此表一式两份，移交方与接收方各执一份，请妥善保存。

表 11-8   照片类归档交接清单

移出单位（部门）名称			照片形成年度		
移交人		姓名		联系方式	

归档文件目录

序号	电子/纸质照片文件材料名称	照片题名 （说明照片的主题及人物、地点、事由等内容）	拍摄日期 （年月日）	摄影者	照片文字说明 （对照片题名未及内容作出补充）	保管期限

移出部门负责人签名： 移出部门经办人签名： 移出日期：　　年　　月　　日 移出单位（部门）盖章	接收部门负责人签名： 接收部门经办人签名： 接收日期：　　年　　月　　日 接收单位（部门）盖章

注：此表一式两份，移交方与接收方各执一份，请妥善保存。

表 11-9　声像类归档交接清单

移出单位（部门）名称				声像形成年度					
移交人	姓名			联系方式					

归档材料目录

序号	电子文件名称	声像题名（说明声像的主题及人物、地点、事由等内容）	主题词	录制日期（年月日）	录制人	录制时长	录制地点	摘要	保管期限

移出部门负责人签名：	接收部门负责人签名：
移出部门经办人签名：	接收部门经办人签名：
移出日期：　　年　　月　　日	接收日期：　　年　　月　　日
移出单位（部门）盖章	接收单位（部门）盖章

注：此表一式两份，移交方与接收方各执一份，请妥善保存。

表 11-10　实物类归档交接清单

移出单位（部门）名称			实物形成年度	
移交人	姓名		联系方式	

归档材料目录

序号	实物物品名称	实物类型	物品文字说明摘要	保管期限

移出部门负责人签名：	接收部门负责人签名：
移出部门经办人签名：	接收部门经办人签名：
移出日期：　　年　　月　　日	接收日期：　　年　　月　　日
移出单位（部门）盖章	接收单位（部门）盖章

注：此表一式两份，移交方与接收方各执一份，请妥善保存。

11.4.3　材料整理归档

11.4.3.1　文件材料分类整理总体要求

纸质文件材料、电子文件材料以及实物材料的分类、分件、排列、编号均按以下要求执行。

（1）分类

1）按内容分类。

污染源普查文件材料按内容共分为管理类、污染源类、财务类、声像实物类和其他类五大类。其中，污染源类又分为工业污染源、农业污染源、生活污染源、集中式污染治理设施、移动污染源和污染源综合类；财务类又分为会计凭证、会计账簿、会计报告和其他类；声像实物类又分为照片、录音、录像、印章、证书、奖牌和其他类。

2）按材料分类。

普查档案按材料类型分为纸质文件、电子文件、实物材料、照片材料四大类，其中照片材料的分类虽然与其他类别有重合，但由于其整理归档方法的不同而单独列出。

（2）分件

管理类和污染源类文件材料均以"件"为单位进行整理。

1）管理类。

管理类文件材料一般以每份文件为一件。正文、附件为一件；文件正本与定稿（包括法律法规等重要文件的历次修改稿）为一件；转发文与被转发文为一件；原件与复制件为一件；正本与翻译本为一件；中文本与外文本为一件；报表、名册、图册等一册（本）为一件（作为文件附件时除外）；简报、周报等材料一期为一件；会议纪要、会议记录一般一次会议为一件，会议记录一年一本的，一本为一件；来文与复文（如请示与批复、报告与批示、函与复函等）一般独立成件，也可为一件。有文件处理单或发文稿纸的，文件处理单或发文稿纸与相关文件为一件。

2）污染源类。

污染源类的各类污染源汇总性文件材料各为一件，例如，工业污染源产排污系数手册、工业污染源普查数据汇总表等各为一件。

（3）排列

1）每"件"中不同稿本的排列。

按照重要程度排序，即结论性文件在前。正文在前，附件在后；正本在前，定稿在后；转发文在前，被转发文在后；原件在前，复制件在后；来文与复文作为一件时，复文在前，来文在后。有文件处理单或发文稿纸的，文件处理单在前，收文在后；正本在前，发文稿纸、定稿在后。

2）"件"与"件"之间的排列。

按照分类、事由、时间和重要程度进行排列。会议、活动文件材料，普查数据表册等成套性的文件材料应集中排列，同一事由的一组文件材料应集中排列，按照成文时间（或形成时间）先后顺序排列。信息、简报、情况反映等，按照编号排列。

（4）著录

各类文件材料应当按照分别著录下列有关内容：

文号、文件题名、责任者、成文日期、保管期限、页数、密级、机构、目录号（填写文件类别代码）、全宗号、司级盒号、件号。

其中文件类别代码分类如下

1）文件类别代码。

1—管理类；

2—污染源类，其中：2A—工业污染源，2B—农业污染源，2C—生活污染源，2D—集中式污染治理设施，2E—移动污染源，2F—污染源综合类；

3—财务类，填写 03；

4—声像实物类，其中：4A—照片，4B—录音，4C—录像，4D—印章，4E—证书，4F—奖牌，4G—其他类；

5—其他类。

对于质控、检查以及系数手册、汇总数据等相关文件，能按照各类污染源分开的，按照不同类别归入"污染源类"；不能按照各类污染源分开的，归入"2F 污染源综合类"。

2）成文日期。

年度根据文件材料的成文时间（或形成时间）进行编写。

文件一般按照签发时间（即落款时间）编号。多份文件为一件时（如来文与复文），判定"件"的日期，应以装订时排在前面的文件的日期为准。具体地说，正本与定稿为一件，以正本为准；正文与附件为一件，以正文为准；转发文与被转发文为一件，以转发文为准；来文与复文为一件，以复文为准。普查工作中的某些具体职能活动，如召开会议、调查核查等，跨年度形成文件的，一般在办结年度归档，分类时也都归入办结年度。对于内部文件（白头文件）没有标注日期的情况，需要分析文件内容、制成材料、格式、字体以及各种标识，通过对照等手段来考证和推断文件的准确日期或近似日期，并据以按年度合理归类。

3）件号。

按照件与件的排列顺序，将每件排列好后，应逐件编写件号，以固定每一件在年度中的位置。件号为流水件号，按最低一级类目下的件排列的自然顺序号编写。使用阿拉伯数字编流水件号，按照"不同类别—不同形成年度—不同保管期限"分别从"1"开始编写件号，例如工业源的 2A，每一个年度保存永久、30 年、10 年的档案都分别从"1"开始编写件号。注意同一类别、同一年度、同一期限的文件件号唯一，即档号唯一，以便精确检索定位。

11.4.3.2 纸质文件材料整理归档

纸质文件材料的整理归档，依照《中华人民共和国档案行业标准归档文件整理规则》（DA/T 22—2000）和《污染源普查纸质文件材料整理技术规范》的有关规定执行。其中财务类文件材料的整理归档，依照《会计档案管理办法》（财政部、国家档案局令第 79 号）的有关规定执行。

归档的文件材料应当为原件。归档的纸质文件材料应当做到字迹工整、数据准确、图样清晰、标识完整、签字盖章手续完备、书写和装订材料符合档案保护的要求，形成可溯源的档案文件。

（1）扫描

保管期限为永久和 30 年的纸质文件装订前应进行扫描，扫描件的整理归档按照本方案中电子文件整理归档办法执行，并在电子档案数据库建成后归入数据库。扫描归档的电子文件应当和纸质文件保持一致，并与相关联的纸质档案建立检索关系。

（2）装订

装订以"件"为单位进行，以固定每件文件材料的页次，防止文件材料张页丢失，便于文件材料归档后的保管和利用。

装订前，应对破损的纸张进行修裱，修裱应采用糨糊或专用胶水，不得用胶带粘贴；应对字迹模糊的、易扩散的、易磨损的、易褪色的文件材料进行复制；应去除纸张上易锈蚀的金属物，如铁质订书钉、曲别针、大头针、推钉、鱼尾夹等；应对过大的纸张进行折叠，对过小纸张进行托附，对装订线内有字迹的纸张贴补纸条等。

装订时，采用的装订材料应符合档案保护要求，不得包含或产生可能损害文件材料的物质。装订方法应能较好地维护文件材料的原始面貌，符合国家综合档案馆的统一标准要求，原装订方式符合要求的，应维持不变。一般来说，采用左上角装订的，应将左侧、上侧对齐；采用左侧装订的，应将左侧、下侧对齐。永久保管的归档文件，宜采取线装法装订。页数较少的，使用直角装订（图 11-4）；文件较厚的，使用"三孔一线"装订（图 11-5）。永久保管的归档文件，使用不锈钢订书钉或浆糊装订的，装订材料应满足归档文件长期保存的需要。

装订后，文件材料应牢固、安全、平整，做到不损页、不倒页、不掉页、不压字、不影响阅读，有利于保护和管理。

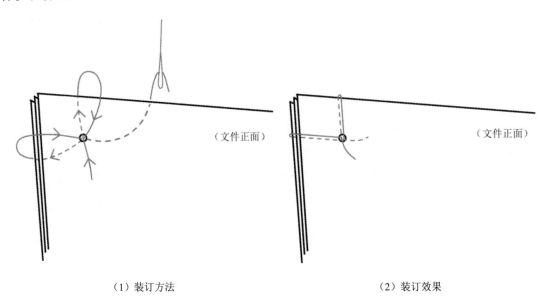

（1）装订方法   （2）装订效果

图 11-4　直角装订示意图

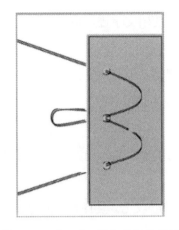

图 11-5 "三孔一线"装订示意图

（3）编页

将每件文件材料稿本排列、装订后，应编写每一件文件材料的页码，以固定每一页在文件材料中的位置。文件材料中凡是有图文的页面都必须编写页号，空白页不编号。当文件材料有连续页码时，则无须重编页号；无页码或无连续页码时，每件需从"1"开始，使用阿拉伯数字编流水页号。编写位置：正页面右上角、反页面左上角的空白处。页码使用黑色铅笔编写，以便修改和补充漏页。

（4）盖章

1）制作归档章。

归档章项目包括全宗号、年度、件号、机构或问题、保管期限、页数等。其中，全宗号、年度、件号、保管期限等为必备项目，其他项目为选择项。归档章的规格一般为长 45 mm，宽 16 mm，分为均匀的 6 格，详见图 11-6。

图 11-6 归档章示意图

2）盖章。

归档章一般应加盖在文件材料首页上端居中的空白位置。如果领导批示或收文章占用了上述位置，可将归档章加盖在首页上端的其他空白位置。文件材料首页确无盖章位置时，或属于重要文件材料须保持原貌的，也可在文件首页前另附纸页加盖归档章。光荣册等首页无法盖章，也无法在文件首页前另附纸页的，可在材料内第一页上端的空白位置加盖归档章。统计报表等横式文件，在文件右侧居中位置加盖归档章。

盖章时，归档章不得压住文件材料的图文字迹，也不宜与收文章等交叉。

3）填写归档章项目。

填写归档章项目应使用钢笔或蓝黑墨水笔。年度、件号和保管期限应与"分类"部分的对应项目保持一致；页数应填写本件文件材料的实有页数。

（5）编目

污染源普查档案应依据分类和件号的顺序装入档案盒，编制归档文件目录。编目应准确、详细，逐件编目，便于检索。

归档文件目录一般设置：序号、档号、文号、责任者、题名、日期、页数、备注等项目，详见图 11-7。

归 档 文 件 目 录

序号	档　　号	文号	责任者	题名	日期	页数	备注

图 11-7　归档文件目录示意图

序号：填写归档文件顺序号。

档号：按照"编号"中档号编写要求填写。

文号：填写文件的发文字号。没有发文字号的，不用标识。

责任者：填写制发文件材料的组织或个人，即文件材料的发文机关或署名者。

题名：填写文件标题。规范性的文件标题应体现三要素：文件责任者、文件内容、文种。文件标题应据实抄录；如果没有标题、标题不规范，或者标题不能反映文件材料主要内容、不方便检索的，应全部或部分自拟标题，自拟的内容外加方括号"[ ]"。

日期：填写文件材料的形成时间，以国际标准日期表示法标注年月日，如 2018 年 4 月 8 日标注为20180408。日期不全的应考证；考证不出来的，用"0"充填，如 20180000。

页数：填写每件文件材料的实有总页数。

备注：填写需要说明的事项。一般为空。

归档文件目录用纸采用国际标准的 A4 幅面纸张，电子表格编制、横版打印。目录打印一式二份，盒内一份，装订成册一份。盒内的目录应排在盒内文件材料之前。

归档文件目录装订成册时可按照"同一年度—同一保管期限—同一文件类别"的先后顺序逐一进行。同一保管期限、同一年度的档案必须装订在一起，不同类别的可以装订在一起，而不同保管期限、不同年度的档案由于移交和销毁时间不一样，切忌交叉。排列好的文件目录应制作《污染源普查档案归档文件目录》封面，于左侧装订。

目录封面格式详见图 11-8，页面宜横向设置，封面设置全宗号、全宗名称、年度、保管期限、机构

（问题），其中全宗名称即立档单位名称，填写时应使用全称或规范化简称，图11-8为普查办2018年永久档案的归档文件目录。

污染源普查档案

归 档 文 件 目 录

全 宗 号 _____G 258_____

全宗名称 _____生态环境部_____

年 度 _____2018_____

保管期限 _____永 久_____

机 构 _____普查办_____

图 11-8 归档文件目录封面示意图

（6）填写备考表

备考表用以说明盒内文件材料的状况，置于盒内所有文件材料之后。备考表一般设置盒内文件情况说明、整理人、检查人和日期等项目，填写要求如下。

盒内文件情况说明：主要填写盒内材料的缺损、修改、补充、移出，以及与本盒文件材料内容相关的情况等。

整理人：填写负责整理该盒文件材料的人员姓名，应由整理人签名或加盖个人名章，以示对文件材料整理情况负责。

检查人：填写负责检查该盒文件材料整理质量的人员姓名，应由检查人签名或加盖个人名章，以示对整理质量检查情况负责。

日期：分别填写整理和检查完毕的日期。

备考表的外形尺寸、页边和文字区尺寸，以及表中各项目的具体位置、尺寸详见图11-9。

（7）装盒

将归档文件材料按件号装入厚度适中的档案盒中，前后分别放入归档文件目录和备考表。应视文件的厚度选择厚度适宜的档案盒，尽量做到文件装盒后与档案盒形成一个整体，站立放置时不至于使文件弯曲受损。不同年度、不同保管期限的归档文件材料不得装入同一个档案盒。归档文件材料装盒时，不得过多或过少，以能空出一根手指厚度为宜。

档案盒的封面和盒脊有关项目需要按要求进行填写，以便于保管和利用档案。档案盒的盒脊和封面以及尺寸等需要按照生态环境部办公厅文档统一规定的格式和档案盒要求执行，否则可能导致无法移交。

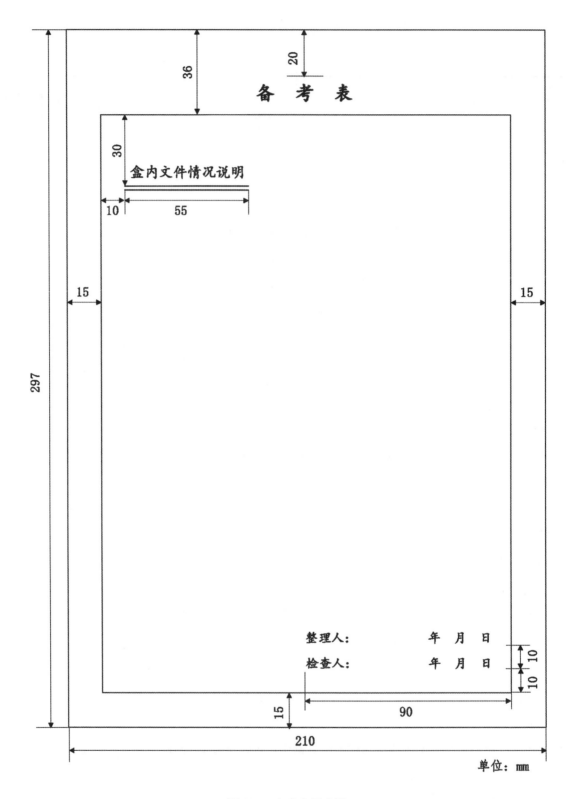

图 11-9 备考表示意图

11.4.3.3 电子类文件整理归档

电子文件（含电子数据）的整理归档，依照《电子公文归档管理暂行办法》（档发〔2003〕6 号）、《电子文件归档与电子档案管理规范》（GB/T 18894—2016）、《CAD 电子文件光盘存储、归档与档案管

理要求 第一部分：电子文件归档与档案管理》（GB/T 17678.1—1999）等文件的有关规定执行。其中录音、录像资料的整理归档，依照《磁性载体档案管理与保护规范》（DA/T 15—1995）、《电子文件归档与电子档案管理规范》（GB/T 18894—2016）等文件的有关规定执行。

归档的电子文件应当以开放格式存储并能长期有效读取，采取在线或离线方式归档，并在不同载体和介质上储存备份。普查报表电子表单以 XLSX、XLS 等格式归档，数据报表佐证资料以 PDF、CEB 等格式归档。

普查数据审核过程中普查数据审核的关键阶段应将软件系统中的有关数据（电子版汇总数据表的修改记录或数据库的运行记录）整体导出并以电子文件的形式保存和备份。具有重要价值的电子文件应当同时转换为纸质文件归档。

录音录像应做到声音、图像清晰、完整，体现主体内容、主要人物、场景特色，归档时须由形成部门或摄影人员负责撰写标题和简要说明，包括录制内容、录制时间、责任者、地点、播放时长、光盘数、类别、制作人等，文字说明应做到简练、表述准确。录音类电子文件以 WAV、MP3 等格式归档，录像类电子文件以 MPG、MP4、FLV、AVI 等格式归档。

（1）文件存储与命名

污染源普查电子文件主要以光盘（归档专用蓝光光盘）方式进行存储，光盘内文件采用建立层级文件夹的形式进行存储，文件夹内以"件"为单位按照件与件的排列顺序进行整理排列。其中永久保存期限的电子档案档号应与纸质档案的档号保持一致。录音录像类文件应编写文字说明，文件和说明文件（TXT 格式）统一用档号命名。

（2）说明文件

每张光盘需填写一个说明文件，文件名称为 SM.TXT 的文本字符文件，说明文件主要包括光盘名、日期、光盘类型、文件类型、制作日期、制作人等，用以说明本盘各类信息。录音录像文件刻录光盘时应加上对其内容的文字说明。光盘名概括描述光盘中电子文件的内容；光盘类型包括 CD-R、DVD 等；日期包括光盘中电子文件的起始日期和终止日期，用 8 位阿拉伯数字表示；文件类型：文本文件格式一般为 PDF，电子表格为 XLS、XLSX 等；制作日期即制作光盘的日期，用 8 位阿拉伯数字表示；制作人为制作光盘人员的姓名。

（3）编目

用 Excel 电子表格逐张登记文件的题名、档号、文件日期、责任者等项目。编目表格参照纸质文件归档目录。

（4）光盘刻制

归档的光盘应为档案级光盘。光盘数据刻录时，采用中速刻录，即 CD-R 光盘采用 24～40 倍速刻录速度，DVD±R 光盘采用 8～12 倍速刻录速度；刻制光盘时应选择"一次性写入"方式。归档光盘数据刻录完成后应设置成禁止写操作的状态。

归档光盘一式 3 份，一份供查阅使用（套别 A），一份封存保管（套别 B），一份异地保存（套别 C）。

归档光盘禁止使用粘贴标签。归档光盘必须使用专门的"光盘标签笔"（非溶剂基墨水的软性标签笔）在标签面书写，也可通过喷墨光盘打印机直接打印的方法制作光盘标签。光盘标签包括档号、容量、读取格式、刻录人、刻录时间、套别等信息。

（5）入册

光盘应放在光盘档案盒/光盘册内，垂直置于光盘架内存放，并填写光盘档案盒脊背、首页纸、标签纸、盒内目录、备考表。

光盘应置于洁净度较高的环境中。禁止将光盘放置在高温、高湿环境或温度、湿度迅速变化的环境中，禁止将光盘长时间暴露在日光或紫外光下，防止光盘的机械碰撞和挤压变形。

电子档案整理归档后除分件存入光盘外，也须在专用电脑及隔离硬盘上分别备份，以便之后导入电子档案数据库并与生态环境部档案系统对接。

11.4.3.4　实物类材料整理归档

实物类材料归档时，由形成部门负责撰写物品名称。归档前应先拍照并归入电子档案，再整理保存至储存柜。

实物类材料的收集范围主要包括普查工作中的各类印章、奖品（锦旗、奖牌、证书、奖状等）、宣传品，以及其他能反映普查工作的有代表性的、有保存价值的实物。

（1）标签及说明

对每样实物制作标签，将档号和物品名称打印，规范粘贴到实物档案实体上，这一步等同于盖归档章。档号标签粘贴应注意：不应遮挡实物上的有效信息；平面实物应粘贴在实物正面右下方空白处；立体实物应粘贴在实物底座。

（2）编目

按件编制实物档案目录，每件写一条目录。编目应准确、详细，便于检索。

实物档案目录一般设置：档号、实物名称、责任者、实物类型、日期、保管期限、备注等项目（图 11-10）。

实 物 档 案 目 录

档　　号	实物名称	责任者	实物类型	日期	保管期限	备注

图 11-10　实物档案目录示意图

实物档案目录用纸采用国际标准的 A4 幅面纸张，电子表格编制、横版打印。实物档案目录装订成册时应制作《污染源普查档案实物档案目录》封面，于左侧装订。

目录封面格式详见图 11-11，页面宜横向设置，封面设置全宗号、全宗名称、年度、保管期限、机构（问题），其中全宗名称即立档单位名称，填写时应使用全称或规范化简称，图 11-11 为普查办 2018 年永久档案的实物档案目录示例。

```
┌─────────────────────────────────────────────────────────┐
│                                                           │
│                   污染源普查档案                          │
│                   实 物 档 案 目 录                       │
│                                                           │
│                                                           │
│           全 宗 号 _____G 258_____                    │
│           全宗名称 _____生态环境部_____                  │
│           年    度 _____2018_____                   │
│           保管期限 _____永 久_____                │
│           机    构 _____普查办_____                │
│                                                           │
│                                                           │
└─────────────────────────────────────────────────────────┘
```

图 11-11　实物档案目录封面示意图

（3）数字化

实物材料归档前须对归档实物拍照，应尽量展示原貌，多角度拍摄。每样实物拍摄的照片统一归入一个 PDF 文档中，并以该实物的档号命名，按照电子文件整理归档方法归档。

实物类的拍摄照片文件存储时在全宗内按"年度—保管期限"分类，按照逻辑关系建立层级文件夹管理存储。一般在"实物类"总文件夹下依次按不同年度、不同保管期限建立层级文件夹，并以年度和保管期限代码命名层级文件夹。同一文件夹内按编号排列。实物类的拍摄照片文件用光盘进行离线备份时，可以以最低一级文件夹为单位进行存储。

11.4.3.5　照片类材料整理归档

照片资料的整理归档，依照《照片档案管理规范》（GB/T 11821—2002）、《数码照片归档与管理规范》（DA/T 50—2014）、《电子文件归档与电子档案管理规范》（GB/T 18894—2016）等文件的有关规定执行。

照片的收集范围主要包括记录普查主要职能活动和重要工作成果的照片，上级领导和著名人物视察、指导普查工作的照片，组织或参加重要活动的照片，以及其他具有归档保存价值的照片。

照片应做到图像清晰、完整，体现主体内容、主要人物、场景特色。数码照片应为未经过技术修改的原始照片。

（1）纸质照片整理归档

1）填写照片说明。

归档照片按照件与件的排列顺序编号后形成照片说明，包括题名、照片号、参见号、日期、摄影者、文字说明等项目。说明文字由形成部门或摄影人员负责撰写，积存照片的说明文字由档案部门组织相关人员考证并撰写。说明应采用横写格式，分段书写。图 11-12 为单张照片说明填写于右侧时示例。

（照片）

题　名：
照片号：
参见号：（相关档案种类）　档号
日　期：
摄影者：
文字说明：

图 11-12　照片说明填写示意图

题名应概括说明照片的主题及人物、时间、地点、事由等内容；

照片号填写照片的档号；

参见号填写与本张照片有密切联系的其他载体档案的档号，没有可不填；

日期用 8 位阿拉伯数字填写公元纪年时间，第 1～4 位表示年，第 5～6 位表示月，第 7～8 位表示日，如 2018 年 1 月 18 日写作 20180118；

摄影者一般填写个人姓名，必要时可加写单位；

文字说明应对题名未及内容作出补充，人物（含人物的单位、职务、姓名、方位）、时间、地点、事由、背景等要素尽可能齐全，其他需要说明的事项亦可在此栏表述，例如照片归属权不属于本单位的，应注明照片版权、来源等。

一组（若干张）联系密切的照片可拟写组合说明，应概括揭示该组照片所反映的主要信息内容及其他需要说明的事项，并标明本组照片的起止照片号和数量。采用组合照片说明的照片，其单张照片说明可以从简，不填写重复项。同组中的每一张照片均应在单张照片说明的左上角或右上角标出组联符号，组联符号按组依次采用“①”“②”“③”……同组中的照片其组联符号相同。如册内只有一组照片和其他散片时，组联符号采用“①”。组联符号不宜越册。

单张照片的说明，可根据照片固定的位置，在照片的右侧、左侧或正下方书写。大幅照片的说明可另纸书写，与照片一同保存。组合照片说明可放在本组第一张照片的上方，也可放在本册所有照片之前。

2）编目。

纸质照片归档时应编制照片档案目录，编目应准确、详细，逐件编目，便于检索。

照片档案目录一般设置：照片档号、题名、日期、摄影者、册号、页号、备注等项目（图 11-13）。其中册号、页号为照片归档的照片册号及在照片册中的页号。以一组照片为单位著录时，照片号、页号均应著录起止号，时间应著录起止时间，参见号、摄影者可以著录多个。对于大幅照片、底片，应在备注栏内注明“大幅”和存放地址。以一组照片为单位著录时，还应在备注栏内注明其中所含的大幅照片的照片号。

照片档案目录用纸采用国际标准的 A4 幅面纸张，电子表格编制、横版打印。目录打印一式二份，照片册内一份，装订成册一份。照片册内的目录应排在册内所有照片之前。

照 片 档 案 目 录

照片档号	题名	日期	摄影者	册号	页号	备注

图 11-13　照片档案目录示意图

照片档案目录装订成册时应制作《污染源普查档案照片档案目录》封面，于左侧装订。

目录封面格式详见图 11-14，页面宜横向设置，封面设置全宗号、全宗名称、年度、保管期限、机构（问题），其中全宗名称即立档单位名称，填写时应使用全称或规范化简称，图 11-14 为普查办 2018 年永久档案的照片档案目录示例。

污染源普查档案
照 片 档 案 目 录

全　宗　号　　　　G 258
全宗名称　　　　生态环境部
年　　　度　　　　2018
保管期限　　　　永　久
机　　　构　　　　普查办

图 11-14　照片档案目录封面示意图

3）填写备考表。

照片册备考表填写与格式参照纸质文件备考表，册内备考表应放在册内最后位置。

4）入册。

将照片按编号顺序装入照片册，前后分别放入照片档案目录和备考表。常规尺寸的照片档案装具应使用国家规范的照片档案册（采用无酸材料制作），大幅照片可卷放或平放在档案盒中。照片册的册脊和封面以及尺寸等需要按照生态环境部办公厅文档处统一规定的格式和要求执行，否则可能导致无法移交。

（2）数码照片整理归档

归档的数码照片应为 JPEG、TIFF 或 RAW 格式，推荐采用 JPEG 格式。每张数码照片应编写文字说明，说明编写方法同纸质照片。数码照片和说明文件（TXT 格式）统一用档号命名。

数码照片在全宗内按"年度—保管期限"分类，按照逻辑关系建立层级文件夹管理存储。一般在"数码照片档案"总文件夹下依次按不同年度、不同保管期限建立层级文件夹，并以年度和保管期限代码命名层级文件夹。同一文件夹内的照片按编号排列。数码照片用光盘进行离线备份时，可以以最低一级文件夹为单位进行存储。

纸质照片（有数码照片的除外）应采用数字翻拍或数字化扫描等方式转换成数码照片，与数码照片合库，建立照片档案目录数据库，统一管理和利用。同样，应将无纸质版的数码照片打印冲洗，与纸质照片整理合库。

11.5　普查档案移交

普查办形成的所有文件材料按要求完成整理归档后，应该于普查工作完成后 1 年内向生态环境部办公厅文档处移交。档案移交时，文档处工作人员应该对移交档案进行认真检查，并按办公厅有关要求办理档案移交手续。

11.6　普查档案保管

普查档案存放及管理主要遵循以下规定：

1）污染源普查档案库房应当符合国家有关标准，具备防火、防盗、防高温、防潮、防尘、防光、防磁、防有害生物、防有害气体等保管条件，严格控制库内的温湿度并每天做好记录，保持库内清洁，定期全面清扫，确保档案安全。

2）库房内的档案柜要统一编号，入库的档案要按类别、期限有序存放。

3）档案库实行专人管理，无关人员未经许可不得进入库房。

4）库房工作人员要熟悉与档案库有关的供电、供热系统情况，并经常检查是否完好，离开库房时要注意关闭电源并落锁。

5）爱护档案。在搬移、上架和提供利用过程中轻拿轻放，保持档案整洁，发现破损时要及时修补。

6）发现档案丢失、损坏时要及时报告。

后 记

　　《第二次全国污染源普查成果系列丛书》（以下简称《丛书》）是污染源普查工作成果的具体体现。这一成果是在国务院第二次全国污染源普查领导小组统一领导和部署、地方各级人民政府全力支持下，全国生态环境、农业农村、统计及有关部门普查工作人员和几十万普查员、普查指导员，历经三年多时间，不懈努力、辛勤劳动获得的。及时整理相关材料、全面总结实践经验、编辑出版这些成果资料，使政府有关部门、广大人民群众、科研人员及社会各界了解污染源普查情况、开发利用普查成果，是十分必要且非常有意义的一件大事。

　　在《丛书》编纂指导委员会指导下，《丛书》主要由第二次全国污染源普查工作办公室的同志编纂完成，技术支持单位研究人员和地方普查工作人员参与了部分内容的编写。在编纂过程中，得到了生态环境部领导、相关司局的关心和支持。中国环境出版集团许多同志不辞辛苦，作了大量编辑工作。中图地理信息有限公司参与了《第二次全国污染源普查图集》的制作。在此一并表示由衷的感谢！

　　从第二次全国污染源普查启动至《丛书》出版，历时 4 年多时间，相关数据、资料整理过程中会有不尽如人意之处，希望读者谅解指正。

主编

2021 年 6 月